高职高专公路运输管理专业系列教材

管理学概论

王　龙　李佑珍　黄海兰　主编

人民交通出版社

内 容 简 介

《管理学概论》是管理科学的一门基础课，该课程的教学旨在让学生树立现代管理的思想观念，掌握和运用管理学的基本原理、工具和方法，提高自身的管理素质。

本书根据高等职业教育的特点，融合了作者多年的教学经验和成果，在内容、体系等方面力求做到题材新颖、选材得当、突出案例、注重运用。全书分绪论、管理思想与管理理论的发展、组织环境与社会责任、决策、计划、组织、领导、激励、沟通、控制、组织文化共十一章。本书各章节均采用导入案例，以引起学生的学习兴趣与思考，各章末尾附有本章提要、复习思考题、案例分析题、讨论题、技能测试题等，以便于学生课后复习与进行技能训练。

以本书的框架结构为基础，本书编者开发出了配套《管理学基础》国家级精品课程网站（网址：http://www.gdcp.cn/jpkc/glxjc/），为教师提供了教学大纲、实训大纲、教案、ppt 课件、实训指导书等丰富的课程教学资源。为学生提供了案例库、习题库、试题库、管理游戏、管理故事、管理电子书、名家视频讲坛等自主学习资源，并为学生开发了在线测试、在线答疑、技能自我测试问卷、创业论坛等在线学习沟通平台，增加了本书的实用性。

本书可作为高职高专管理类各专业教材，也可供高职高专工科类各专业和中等职业学校管理类各专业选用。

图书在版编目（CIP）数据

管理学概论／王龙等主编．--北京：人民交通出版社，2005.9

ISBN 978-7-114-05701-4

Ⅰ.①管… Ⅱ.王… Ⅲ.管理学-概论 Ⅳ.C93

中国版本图书馆 CIP 数据核字（2005）第 088402 号

高职高专公路运输管理专业系列教材

书　　名：管理学概论
著 作 者：王　龙　李佑珍　黄海兰
责任编辑：张征宇　赵瑞琴
出版发行：人民交通出版社
地　　址：（100011）北京市朝阳区安定门外外馆斜街 3 号
网　　址：http://www.ccpcl.com.cn
销售电话：（010）59757973
总 经 销：人民交通出版社发行部
经　　销：各地新华书店
印　　刷：北京市密东印刷有限公司
开　　本：787×1092　1/16
印　　张：15.75
字　　数：393 千
版　　次：2005 年 8 月　第 1 版
印　　次：2023 年 8 月　第 13 次印刷
书　　号：ISBN 978-7-114-05701-4
印　　数：31001-32500 册
定　　价：28.00 元
（有印刷、装订质量问题的图书由本社负责调换）

高职高专公路运输管理专业系列教材

编　委　会

前言 QIANYAN

自从有了人类历史就有了管理。任何组织，小至企业，大至国家，都需要管理活动。管理活动的重要性伴随着组织规模的扩大和作业活动的复杂化而愈益明显。当今，人们把先进的管理和先进的科学技术比喻成推动现代社会经济发展的"两个轮子"。如果没有先进的科学技术，现代化的作业活动乃至管理活动就无法有效地开展。同样，没有有效的管理活动，先进的科学技术也难以充分地发挥其应有的作用。所以，管理是一个极具挑战性的领域。

管理是一门科学性与艺术性有机结合的实用性很强的科学，掌握了这门学问，将使一个人受益非浅。在现实生活中，每一个人都既是管理者又是被管理者，因此，学习和研究管理学不论是对企业家还是政府官员，或是对一般管理人员和作业人员同样具有重要的现实意义。

《管理学概论》是管理科学的基础课程之一。本课程的教学旨在让学生树立现代管理的思想观念，掌握管理学的基本原理、工具和方法，培养管理者的素质，懂得运用管理学的基本原理、工具、方法和过程进行管理实践。本教材的编写，力求突出以下特点：

1.强调基础性。根据高职高专的教学目的，在内容选择上，力求突出管理的基本思想、基本原理与基本方法等基础知识的介绍。

2.突出实用性、实践性和管理技能的培养。注重案例、讨论题、复习思考题、技能测试题的设计，以体现高职高专"以应用为目的，以必需、够用为度"的教材特色。本书每章节都配备导入案例，以引起学生的学习兴趣和思考。

3.力求通俗、生动、精炼。管理是一个令人兴奋的领域，一本好的管理教科书应当使人读起来趣味盎然。本教材在编写时，尽可能多的采用图表和生动的有典型意义的案例，以使概念、原理、方法变得生动、易于接受。

4.力求增加最新管理思想与理念。我们生活在动态的时代，变化正以前所未有的速度发生，"变化"已成为管理学永恒不变的主题，像管理这样的动态领域的教科书，应该而且必须反映该领域中最新的理论和实践。

5.配备了教学支持资源与学生自主学习资源。以本书的框架结构为基础，本书编者开发出了配套《管理学基础》国家级精品课程网站（网址：http://www.gdcp.cn/jpkc/glxjc/），为教师提供了教学大纲、实训大纲、教案、ppt课件、实训指导书等丰富的课程教学资源。为学生提供了案例库、习题库、试题库、管理游戏、管理故事、管理电子书、名家视频讲坛等自主学习资源，并为学生开发了在线测试、在线答疑、技能自我测试问卷、创业论坛等在线学习沟通平台，增加了本书的实用性。

本书由王龙、李佑珍、黄海兰任主编，王龙统编定稿。编写人员的分工情况如下：第一、二章由李佑珍、王龙编写，第三、四章由刘曦、滕向昌编写，第五、六章由姜军编写，第七、十章由黄海兰编写，第八、九、十一章由王龙编写。林峰参加了第五、六章的编写。本书由广东交通职业技术学院的阎子刚副教授主审。

由于编者的水平有限，加之管理科学在不断发展，书中难免存在不完善之处，恳请读者批评指正。

编　者
2007年7月

目录 MULU

第一章　绪　论

【学习目的与要求】

1. 理解并掌握管理的含义、性质及基本职能；
2. 了解管理学的概念、研究对象与研究方法；
3. 理解管理者的含义，明确管理工作的对象；
4. 了解管理者的分类和应具备的技能。

管理作为一种人类社会最普遍的活动，广泛存在于现实社会生活的各个领域。人类历史的实践证明，有效的管理可以改变社会和经济结构，是任何国家及组织走向成功的基础。正如著名管理学家彼得·德鲁克所言，在人类历史上，几乎没有一种制度能像管理那样迅速兴起并产生巨大影响。管理既是一种活动，又是一门科学，还是一门艺术。

第一节　管　　理

导入案例 1-1

法国工程师法约尔1900年6月23日在国际采矿和冶金大会闭幕式上的演说中，有这样一段话："……现在我必须谈谈管理问题。这是我想引起你们注意的问题，因为在我看来，我们工作中在技术方面行之有效的互相学习同样可以应用在管理方面。一个企业的技术和供销的职能是有明确规定的，而管理职能却不是这样。很少人熟悉管理的结构和力量，我们意识不到它怎样工作……"经营管理之父法约尔在演讲中如此强调管理及其职能，想引起当时的人们对此问题的关注。时至今日，我们对管理及其职能等问题又是怎样认识的呢？

一、管理的概念

"管理"起源于人类的共同劳动，伴随着人类社会的发展而不断发展，管理的概念是管理学中最基本的范畴和起始概念。由于管理的广泛性和复杂性及研究的侧重点不同,对管理所下定义也各异。具有代表性的如:泰罗认为管理就是要“确切地知道要别人干什么,并注意他们用最好最经济的方法去干。”法约尔认为“管理就是实行计划、组织、指挥、协调和控制。”西蒙认为“管理就是决策”。孔茨认为“管理就是设计一种良好的环境,使人在群体里高效率地完成既定目标”。哈比森和迈尔斯从更广阔的范围着眼,认为管理是一种职权系统、是一种经济资源、是一个阶层或一批优秀人物。

归纳各种论述我们认为,管理就是在一定的环境下,对组织所拥有的资源进行有效的计划、组织、领导和控制,通过组织资源的优化配置,以有效实现组织目标的活动。这一表述包含了以下几个观点:

(1)管理的目的是为了实现组织的目标。

(2)管理工作要通过综合运用组织中的各种资源来实现组织目标。

(3)管理工作的过程是由一系列相互关联、连续进行的活动所构成的,这些活动包括计划、组织、领导、控制等,它们成为管理的基本职能。

(4)管理的本质是协调。协调就是使个人的努力与组织的预期目标相一致。每一项管理的职能、每一次管理的决策都要进行协调。

(5)管理工作是在一定的环境条件下进行的,有效地管理必需充分考虑组织内外的特定环境条件。组织中的作业与管理活动如图 1-1 所示。

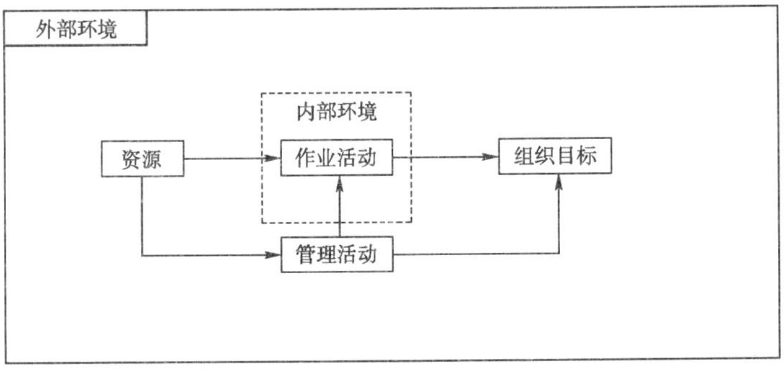

图 1-1　组织中的作业与管理活动

二、管理的性质

(一)管理的二重性

马克思在分析资本主义生产过程的管理时指出:“凡是直接生产过程具有社会结合过程的形态,而不是表现为独立生产者的孤立劳动的地方,都必需会产生监督劳动和指挥劳动,不过它具有二重性。”管理具有二重性,这是马克思主义关于管理问题的基本观点。

管理的二重性是指管理的自然属性和社会属性,一方面管理是由许多人进行协作劳动而产生的,是有效组织共同劳动所必需的,具有同生产力和社会化大生产相联系的自然属性;另一方面,管理又体现着生产资料所有者指挥劳动、监督劳动的意志,因此,它又有同生产关系和社会制度相联系的社会属性。管理的二重性是相互联系、相互制约的。

1. 管理的自然属性

现代化生产是社会化大生产,为了保证社会化大生产能够持续稳定地进行,就要按照社会化大生产的要求,合理地进行计划、组织、领导和控制,最有效地利用人力、物力和财力资源提高经济效益。管理是社会化大生产的客观需要,不进行有效的管理生产就无法顺利进行。管理的重要性在于如何合理组织生产力,促进生产力的提高,这就是管理的自然属性,在任何时期、任何国家都是相同的。

管理也是生产力。任何社会任何企业，其生产力是否发达，都取决于它所拥有的各种经济资源、各种生产要素是否得到有效的利用；取决于从事社会劳动的人的积极性是否得到充分的发挥，而这两者都有赖于管理。在同样的社会制度下，企业外部环境基本相同，有不少企业其内部条件如资金、设备、能源、原材料、产品及人员素质和技术水平基本类似，但经营结果、所达到的生产力水平却相差十分悬殊。同一个企业有时只是更换了企业主要领导，例如换了厂长，企业就可能出现新的面貌。事实证明管理也是生产力。科学技术是生产力，但科学技术发展本身需要有效的管理，并且也只有通过管理，科学技术才能转化为生产力。

管理的上述性质并不以人的意志而转移，也不因社会制度、意识形态的不同而有所改变，这完全是一种客观存在，所以，我们称之为管理的自然属性。

2．管理的社会属性

管理是为了达到预期目的所进行的具有特殊职能的活动。谁的预期目标？什么样的预期目标？实质上就是“为谁管理”的问题。在人类漫长的历史中，管理从来就是为统治阶级，为生产资料的占有者服务的。管理是一定社会生产关系的反映。国家的管理、企业的管理以至于各种社会组织的管理概莫能外。

3．管理二重性的现实意义

(1)管理的二重性理论体现着生产力和生产关系的辩证统一关系。这对我国的管理理论和实践的发展有重要的指导意义。必须认真总结我国历史上以及建国50多年来管理的经验教训，遵循管理的自然属性的要求，并在充分体现社会主义生产关系的基础上，分析和研究我国的管理问题。这是建立具有我国社会主义特色的管理科学体系的基础。

(2)学习和掌握管理的二重性理论，明确西方的管理理论、技术和方法是人类长期从事生产实践的产物，是人类智慧的结晶。它同生产力的发展一样，具有连续性，是不分国界的。这使我们对资本主义的管理理论、技术和方法有了正确评价。因此，我们要在继承和发展我国过去科学的管理经验和管理理论的同时，注意学习、引进国外先进的管理理论、技术和方法，使其适应我国的情况，成为我国管理科学体系的有机组成部分。

(3)由于管理总是在一定生产关系下进行的，体现着一定的统治阶级的意志，因此，我们要科学地鉴别管理的社会属性，我们的管理理论和实践不能简单地照抄西方的一切，而要有鉴别、有选择地为我所用，走自己的道路。

(4)任何一种管理理论、技术和方法的出现，总是同一定的生产力水平相适应的。因此在学习和运用某些管理理论、原理、技术和手段时，必须结合本部门、本单位的实际情况，因地制宜，这样才能取得预期的效果。

(二)管理的科学性

管理作为一个实践活动过程，其间存在着一系列的客观规律。人们通过长期的管理实践，不断地收集、归纳、整理经验，提出一些管理思想，并抽象总结出一系列反映管理活动过程中客观规律的管理理论和一般方法。人们用这些理论和方法指导自己的管理实践，又用管理活动的结果，验证管理过程中使用的管理理论和方法的准确性，从而使管理的理论得到丰富。因此说，管理是一门科学，它能以反映管理过程中的客观规律和方法为指导，分析、解决管理中的问题。

(三)管理的艺术性

管理的艺术性就是强调其实践性，没有实践就无所谓艺术。管理的艺术性是指在掌握一定理论和方法的基础上，灵活运用这些知识和技能。管理的艺术性强调的是管理人员必须在管理实践中发挥积极性、主动性和创造性，因地制宜地将管理知识与具体的管理活动相结合，才能进行有效的管理。管理的艺术性还意味着仅仅学习书本上的管理理论、能熟记管理的原理和原则，是不可能成为成功的管理者的。成功的管理者必须学会熟练地掌握实际情况，学会因势利导，学会总结经验，学会理论联系实际。

从管理的科学性与艺术性可知，有效的管理艺术是以对它所依据的管理理论的理解为基础的。因此，二者之间不是互相排斥，而是互相补充的。管理既是一门科学，又是一门艺术，是科学与艺术的有机结合体。在当代，既注重管理基本理论的学习，又不忽视在实践中因地制宜地灵活运用，是每一个管理者走向卓越的重要保证。

(四)管理的创新性

管理的创新性是指管理本身是一种不断变革、不断创新的社会活动。我国古代杰出的思想家管子非常强调管理的创新精神，“不慕古、不留今，与时变、与俗化”是对其创新思想的高度概括。通过管理的变革，推动社会和经济的发展，在一定条件下，管理还可以创造新的生产力。

三、管理的职能

管理职能，即管理的职责和权限，就是管理者为了有效地管理必须具备的功能，或者说是管理者在执行其职务时应该做的工作。考察管理职能，要回答两个问题：一要回答管理是要干什么的？二要回答管理的既定目标是如何达到的？

管理活动具有哪些最基本的职能？至今仍有许多观点。最早系统地提出管理各种具体职能的是法国的亨利·法约尔。他认为管理具有计划、组织、指挥、协调和控制五种职能。他的这些观点为后人的研究奠定了基础。之后，又有“三职能派”、“四职能派”或“七职能派”等说法的出现(见表 1-1)。

西方管理学者对管理职能划分的各种说法 表 1-1

年份	管理职能 / 学者	计划①	组织	指挥②	协调	控制③	激励④	人事	调集资源	沟通⑤	决策	创新
1916	法约尔	△	△	△	△	△						
1934	戴维斯	△	△			△						
1937	古利克	△	△	△	△	△		△		△		
1947	布朗	△	△	△		△			△			
1947	布雷克	△			△	△	△					
1949	厄威克	△	△			△						
1951	纽曼	△	△	△		△			△			
1955	孔茨和奥唐纳	△	△	△		△		△				
1964	艾伦	△	△			△						
1964	梅西	△	△			△		△			△	
1964	米	△	△			△	△				△	△
1966	希克斯	△	△			△	△			△		△
1970	海曼和斯科特	△	△			△	△	△				
1972	特里	△	△			△	△					

注：①计划包括预测；②指挥包括命令、指导；③控制包括预算；④激励包括鼓励、促进；⑤沟通包括报告。

我国管理学者对管理职能的划分也很不一致，有人先赞同法约尔的五职能，有人主张计划、组织、控制三职能，还有人认为可概括为组织一职能。本书划分的管理职能是：计划、组织、领导、控制（见图1-2）。

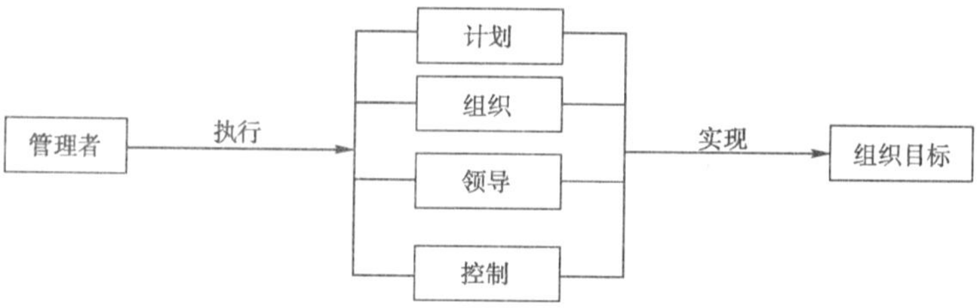

图1-2 管理的四项基本职能

（一）计划

计划是未来行动的方案，包括未来行动所要达到的目标及相应的措施。管理的计划职能是决定实现组织总体目标、各部门的目标、各阶段性目标的行动方案，通过优化资源配置、制订政策程序等为管理活动提供基本依据。

孟子说："凡事预则立，不预则废"，这反映了古人对计划重要性的认识。管理是人们有意识的活动，表现为在活动之前人们的头脑中已对该行动进行规划和安排。计划是人类行为特有的职能，正如马克思所说："最蹩脚的建筑师从一开始就比最灵巧的蜜蜂高明的地方，是他在用蜂蜡建筑蜂房以前，已经在他自己的头脑中把它建成了。"建筑师在头脑中建筑房屋的过程就是一个计划过程。

（二）组织

组织一词最直观的意思就是机构或企业的代名词。从管理活动实践的角度看，作为管理的一项基本职能，它的含义是指静态的人的集合组成的机构和动态的组织活动过程的统一。具体来说，动态的组织活动过程是通过分工与合作，设置相应的职位机构，使每一个职位的权利与责任相结合，以达到某种特定的目标。因此，管理的组织职能实质上就是要设计和维持一整套职位系统，使人们在从事集体活动中合理分工合作，以完成共同目标。

组织是管理的一项重要职能，其主要内容是：根据组织目标，在任务分工的基础上设置组织部门；根据各部门的任务性质和管理要求，确定各部门的工作标准、职权、职责；制订各部门之间的关系及联系方式和规范等等。组织还是管理的基础性工作。任何部门、任何层次的管理者都首先表现为组织中各部门的人员构成部分；管理者进行管理的信息指令都要借助于组织各部门按特定次序传递；管理的目标要通过合理的组织设计和有效的组织行为来实现。可见，组织不仅是管理的职能，而且是管理的基础。

（三）领导

领导是指挥、带领和感召部下去实现目标的过程。配备在组织机构中各个岗位上的人员，由于各自的个人目标、需求、偏好、性格、素质、价值观及工作职责等方面存在很大差异，在相互合作中必然会产生各种矛盾和冲突，因此就需要有权威的领导者进行领导、指导人们的行为，沟通人们之间的信息，增强相互的理解，统一人们的思想和行动，激励每个成员自觉地为实现组织目标共同努力。所以说领导的实质体现在感召力和追随上，人们愿意追随那些能够满足他们需要和要求的人，有效的领导是管理成功的关键。

管理的领导职能是一门艺术，它贯穿在整个管理活动中。管理者必须懂得如何调动和保护人的积极性，了解个体和群体的行为规律和沟通方式，掌握有关的领导理论和模式。

（四）控制

无论计划制订得如何周密，由于各种各样的原因，人们在执行计划的活动中总是会或多或少地出现与计划不一致的现象，为了保证目标及为此而制订的计划得以实现，就需要对组织活动进行控制。控制是促使组织活动按照计划规定的要求开展的过程。控制职能用一定的计划、标准对组织活动各方面的实际情况进行检查，发现差距，分析原因，采取措施，予以纠正，保证工作按原计划顺利进行。或者根据实际情况变化，对计划作出适当调整，使其更符合实际。控制职能和计划职能密不可分，计划是控制的前提，为控制提供目标和标准，控制是实现计划的手段，一个有效的控制系统可以保证各项行动完成的方向是朝着达到组织目标方向进行的，控制系统越完善，管理者实现组织的目标就越容易。

第二节　管理学的研究对象与方法

导入案例 1-2

齐威王喜欢赛马，田忌马力不及，屡次败而失金。一次，田忌引谋士孙膑同观赛马，孙膑见双方马力相差不大，而田忌三场皆负，就私下告诉田忌说：明日再赛，我可以让你获胜。田忌信孙膑定有办法，于是请示齐威王说："臣之比赛屡屡失败。明日再赛愿倾家荡产，每棚以千金为赌注，一决输赢。"齐威王笑而应允。次日赛场，田忌问孙膑：先生有什么制胜诀窍？孙膑回答说："齐国的好马，均在齐王的马厩里，而你想与他依次比赛取胜是很困难的。而我能以战术取胜之。比赛三次有上、中、下之别。若以您之下等马，对他的上等马；以您之上等马，对他的中等马；以您之中等马，对他的下等马。这样虽输一场，但可赢两场。"田忌依计，果然赢得千金。

"田忌赛马"的典故可谓妇孺皆知，人们在赞叹孙膑智慧的同时却很少去探究深层次的东西。而其中蕴涵的古代管理思想、技巧和组织方法等，恰恰是管理学关注和研究的问题。

一、管理学的概念

管理学是一门系统地研究人类管理活动的普遍规律、基本原理和一般方法的科学。由于管理领域的不同，人们研究管理内容的侧重点也各不相同，在此基础上形成了许许多多专门的管理学科，如国民经济管理、企业管理、工商行政管理、农业管理、旅游管理、教育管理、医院管理、军队管理等。现在，越来越多的人已经或正在认识到，各个领域、各类组织的管理活动尽管各有特殊性，但是这些特殊的管理活动中却都蕴涵着一些共同的东西，即无论在社会的什么领域或什么类型的组织中，管理活动都是按照一定的规律进行的，而且这些规律不会因组织的性质或类别的不同而不同。因此，从社会普遍存在的管理活动中概括总结出来的基本规律（包括一般的原理、理论、方法和技术），就构成了一般管理学的内容。

二、管理学的研究对象

管理学的研究对象是管理工作的客观规律性，即如何遵循客观规律的要求来建立一定的理论、原则、组织形式、方法和制度，指导管理的实践，实现管理的预期目标。管理学是一门综合运用现代社会科学、自然科学和技术科学的理论和方法，研究现代社会条件下管理活动的基本规律和一般方法的综合性学科。它是管理实践在理论上的概括和反映，是人类长期从事管理实践及其经验的科学总结。它来源于管理实践，接受管理实践的检验，反过来又指导管理实践。

管理学的研究对象有广义和狭义之分。广义的研究对象包括生产力、生产关系和上层建筑三方面的问题。在生产力方面主要是研究生产力的合理组织问题;在生产关系方面,主要是研究如何正确处理国家与企业之间,国家与部门、地区之间,各个部门之间,各个地区之间,各部门、各地区与企业之间,以及各个企业之间和企业内都的经济关系、协作关系和分配关系,建立和完善管理体制;在上层建筑方面主要是研究如何结合本部门实际贯彻执行国家政策、法令、法规,健全规章制度等。上述三个方面是紧密结合、不可割裂的。例如合理组织生产力,既是生产力问题,又涉及生产关系问题。所以,在研究管理学的广义对象时必须对上述三个方面同时进行研究,不可忽略某一方面。

管理学的狭义研究对象,主要包括管理原理、管理职能、管理方法、管理者和管理历史等。

(一)管理的基本原理。

现代管理学首先研究管理的基本规律,即研究适用于一切社会和个别社会形态的各种基本规律。诸如管理的对象、过程、核心、目的,以及管理的实质与内容等。

(二)管理的职能

管理的各种职能,既体现管理的基本任务,又反映了管理的全过程,而且管理的原理、原则都要通过管理的功能发挥作用。

(三)管理的方法、技术和手段

管理功能的执行和完成是靠管理方法、技术和手段来实现的。管理方法、技术和手段的研究是管理学的重要内容,体现了管理学的较强的应用性。

(四)管理者和管理者群体

管理者是管理活动的主体,能否实施有效的管理,管理者起着关键作用。所以,管理者的个体素质,管理者的群体结构,以及它们之间的关系和联系,都是管理学研究的重要课题。

(五)管理环境

任何组织都是在特定的外部环境下运行的,都要与外部环境进行物质、能量和信息的交流。管理要达到自己的目标,就必须对组织环境进行研究,把握组织与外部环境之间的联系方式和途径,以最有效地从外部获取所需资源和最大限度地进行功能输出。

(六)管理思想及实践的发展历史

着重从历史的角度研究管理实践以及管理思想、管理理论的形成、演变和发展。

(七)管理效果

良好的管理应该是既有效率、又有效益,即能达到组织的目标,且又充分利用组织的资源。理想的管理效果是管理的意义所在,管理活动效果的分析和评价是管理学研究的又一重要内容。

三、管理学的研究方法

(一)历史研究法

历史研究法就是运用有关管理理论与实践的历史文献,全面考察管理的历史演变,重要的管理思想和流派,重要的管理案例,从中找出规律性的东西,寻求对现在仍有重要意义的管理原则、方式和方法。无论是中国的历史,还是外国的历史,都有大量的关于管理思想的记载,有许多值得研究的管理案例。用历史的方法研究管理学,要求我们全面地、发展地看待一切管理思想、管理理论,在深入研究前人留下的管理精华的基础上,有所创新和发展。

(二)案例分析法

案例分析法是指在学习研究管理学的过程中,通过对典型案例的分析讨论,总结出管理的经验、方法和原则。案例分析法对于管理学的研究是行之有效的，许多已被实践证明的科学管理原理都是从大量的案例分析中得出的。例如，泰罗所提出的定额管理原理、计件工资原理、操作标准化和工具标准化原理，都是来自于他对米德维尔钢铁厂大量实际案例和试验案例的潜心研究。研究管理学必须掌握案例分析法，将自己置身于模拟的管理情境，运用所学的原则、原理和方法去指导实践。

（三）比较研究法

比较研究法是指把不同或相类似的事物加以比较、对照，从而确定它们之间的相同点和差异点的一种研究方法。20世纪50年代，由于比较研究法在管理理论研究中的广泛运用，形成了管理科学的一门新学科——比较管理学。到了80年代，由于在比较管理学的深入研究中，人们发现企业文化在经济管理中的极端重要性，从而开辟了管理科学研究中的新领域，为提高管理水平提供了新途径。由此可见比较研究法在管理理论研究中能发挥重要的作用。当然借鉴、应用他国的管理理论与方法，不能简单地照搬，这就要求我们学会用比较研究的方法，分辨出一般性的东西和特殊性的东西，可为我们借鉴的东西和不可借鉴的东西、真正做到博采众长，从而丰富我国管理学的内容。

（四）归纳演绎法

归纳和演绎是两种不同的推理和认识事物的科学方法。归纳是指由个别到一般、由事实到概括的推理方法；演绎是指由一般到个别、由一般原理到个别结论的推理方法。在实际管理理论的研究中，特别是在一般管理原理的研究中，都要通过归纳推理和演绎推理的过程进行反复论证，只有这样，才能使所得结论是全面的、可靠的，并能经得住实践的检验。否则，如果只有归纳没有演绎，那么所得的结论就可能是片面的或不具有一般性；而如果只有演绎没有归纳，演绎就既没有前提，也不会得出正确的结论。

第三节　管理者与管理工作

导入案例 1-3

杰克·韦尔奇，曾经是美国通用电器（GE）第八任总裁，在他主政期间，GE的年收益从250亿美元增长到1005亿美元，净利润从15亿美元上升到93亿美元，该公司股价也从94美分上升到40美元。凭此惊人的业绩和他创立的崭新的经营理念和不凡的人格魅力，被誉为"全球第一CEO"。杰克·韦尔奇偏好"领导人"的提法而不喜欢"管理者"。他说："一些经理们，把经营决策搞得毫无意义地复杂和琐碎。他们将管理等同于高深复杂，认为听起来比任何人都聪明就是管理。他们不懂得去激励人。我不喜欢管理所带有的特征——控制、抑制人们，使他们处于黑暗中，将他们的时间浪费在琐事和汇报上。"

杰克·韦尔奇的管理工作业绩和关于"管理者"的理念，引发了我们对什么是"管理者"，管理者应具备哪些素质以及管理工作对象等问题的兴趣。

一、管理者的概念

对于谁是管理者这个问题，历史上曾有不同的定义。传统观点认为，管理者是"对其他人的工作负有责任的人"，或者是指在一个组织中主要从事指挥别人工作的人员。管理者和非管理者的区别在于前者有下属，后者则没有。这一含义符合当时的社会现实情况，它明确区分了管理者和"所有者"的职能。对于现代管理来说，这个定义显得过于狭窄，著名管理学家德鲁克对管理者的定义提出了新的观点。他在《管理:任务、责任和实践》一文中指出,在确定一组织中谁是负有责任的人时,最首要的标志并不是谁最有权力命令别人,而是判别他的贡献和职能,因为管理人员之所以成为管理人员,是因为他对其所经营的事物负责,而不是对他人的工作负责,管理人员的责任在于对其本身的工作负责。由此可知,管理者的定义有两种观点:一个是强调组织中正式职位和职权的传统观点;另一个是德鲁克强调的在组织中应承担责任的观点。事实上,职权与责任是同一事物的两个方面,这两种观点不是对立的,而是相互补充的。用现代管理标准来衡量,管理者应是既拥有正式的主管职位行使权力,也能通过决策等管理工作对组织承担责任、作出贡献的人。

二、管理者的分类

(一)按管理者在组织中所处的地位划分

1. 高层管理者

指负责制订组织的发展战略和行动计划,有权分配组织拥有的一切资源的管理人员。例如:西方企业中的 CEO(首席执行官)、COO(首席运营官)、CFO(首席财务官),我国工商组织中的经理、厂长等都属于高层管理者。组织的兴衰存亡取决于他们对环境的分析判断,以及目标的选择和资源运用的决策。他们还代表组织协调与其他组织的关系,并对组织所造成的社会影响负责。

2. 中层管理者

指负责制定具体的计划及有关细节和程序,贯彻执行高层管理者作出的决策和计划的管理人员。大型组织的地区经理、分部负责人、生产主管等都属于中层管理人员。中层管理人员不直接指挥、协调第一线人员的活动,他们主要是将高层管理者的决策和指示传达给基层管理者,同时将基层的意见和要求反映到高层管理部门,是联系高层管理者和基层管理者的桥梁和纽带。中层管理者还要负责协调和控制基层生产活动,保证完成各项任务,实现组织目标。

3.基层管理者

即一线管理人员,他们的主要职责是传达上级计划、指示,直接分配每一个成员的工作任务,随时协调下属的活动,控制工作进度,解答下属提出的问题,反映下属的要求。例如工厂的班组长。他们工作的好坏,直接关系到组织计划能否落实,目标能否实现,所以基层管理者在组织中有着十分重要的作用。

(二)按管理者的职责任务划分为

1. 决策指挥者

指在组织各层次中拥有决策指挥权的管理人员。他们的基本职责是负责组织或组织内各层次的全面管理任务,拥有直接调动下级人员,安排各种资源的权利。

2. 职能管理者

指负责组织中某一专门管理职能的管理人员。如计划管理人员、财务管理人员、生产管理人员等。这类管理人员的职责是负责组织或组织内某一层次中的某一专门管理职能,以他们的专业知识对组织目标的实现做出贡献。

3. 决策参谋人员

指为各级决策指挥人员提供决策建议的智囊人员。这类人员没有直接的决策指挥权,但他们以自己的知识影响组织决策,有时这种影响还比较大,所以通常将他们也称之为管理人员。决策参谋人员的职责是收集、整理、提供与决策相关的各种信息,为决策者提供合理的建议和方案。

三、管理者的素质与技能

由于管理者担负着特殊的职能，因此对他们的素质和能力也有着特殊的要求，因为管理者素质与技能的优劣，关系到他所辖的组织效能的高低。一般地说，管理者的素质与技能要求包括以下内容：

(一)管理者的素质要求

1. 政治素质

就政治素质而言，不同社会制度的国家有不同的要求。我国是社会主义制度的国家，对于管理者，特别是对领导干部政治素质的要求主要包括三个方面：一是要精通马克思主义的基本原理，并能用于解决实际问题；二是要坚持党的基本路线，既要坚信社会主义道路，又拥护改革、开放；三是要全心全意为人民服务，永远做人民的公仆。

2. 品德素质

品德即道德品质，是一个人在依据一定社会的道德准则去行动时所表现出来的行为特征。尽管不同社会、不同阶级对“品德”有着不同的理解和要求，但把品德作为选才用人的首要条件却是一切统治者所遵循的共同原则。作为现代管理者应具备的道德素质主要有以下几点：一是强烈的事业心和高度的责任感；二是公道正派，与人为善；三是谦虚谨慎，作风民主；四是以身作则，清正廉洁。

3. 知识素质

管理活动是涉及到政治、经济、技术、文化等社会各个方面的复杂活动，管理者对某一方面知识的缺乏，都会导致管理上的失误。因此，对于一个管理者来说，没有无用的知识，只不过是由于精力有限和其他条件的限制不能把所有的知识都掌握罢了。一般说，对于一个管理者应力求掌握以下几方面的知识：一是自然科学知识；二是社会科学知识；三是专业知识。总之对于管理者来说，所谓知识化，不能仅是精通某一门知识的专才，而应是具有广博知识的通才。

4. 业务素质

作为管理者所应具备的专业素质，并不是指某一学科或某一技术领域的专业知识与技能，而主要是指管理知识与技能，如科学决策能力、知人善任能力、组织协调能力、开拓创新能力等。

(二)管理者的技能要求

从管理者的职能和角色可以看出，管理者所承担的任务是多方面的和复杂的，因而管理者需要掌握许多方面的技能。许多管理学者从不同的角度列举了管理者应该具备的许多技能，但多数提法都未能深入人心。罗伯特·卡兹曾在《哈佛商业评论》中发表了一篇题为《能干的管理者应具有的技能》的论文，指出管理者需要三种基本技能，即技术技能、人际技能和概念技能(或译“构想技能”)。任何管理者，不管其所处的管理位置如何，或多或少都要具有这三种技能，如图 1-3 所示。卡兹的观点是对管理者所需技能的高度概括，且较为准确，因而得到广泛的认同。

1. 概念技能

概念技能是指对事物的洞察、判断、抽象和概括的能力。管理者应看到组织的全貌和整体，了解组织与外部环境是怎样互动的，了解组织内部各部分是怎样相互作用的，能预见组织在社会上所起的作用，知道自己所管部门在组织中的地位和作用。判断和概括问题的能力是概念技能的重要表现之一。

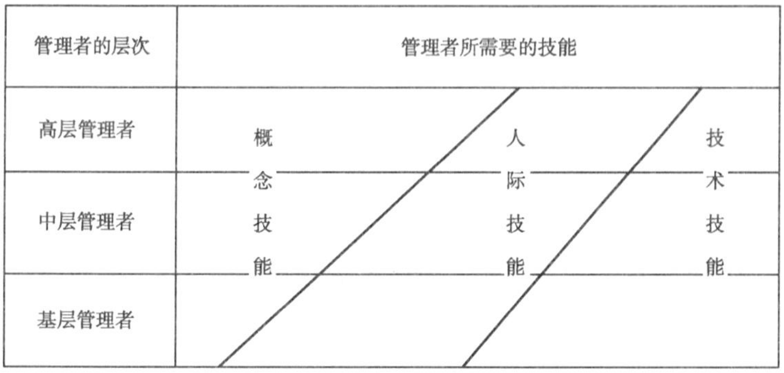

图 1-3　管理层次与管理技能之间的关系

2．技术技能

技术技能是指从事自己管理范围内的工作所需的技术和方法。如果是生产车间主任，就要熟悉各种设备的性能、使用方法、操作程序，各种材料的用途、加工工序，各种成品或半成品的指标要求等。如果是办公室管理人员，就要熟悉组织中有关的规章、制度及相关法规，熟悉公文收发程序、公文种类及写作要求等。如果是财务科长，就要熟悉相应的财务制度、政策、记账方法、预算和决算的编制方法等。技术技能对基层管理者来说尤为重要，因为他们大部分时间都是从事训练下属人员的工作或回答下属人员有关具体工作方面的问题，因而必须知道如何去做下属人员所做的各种工作。

3．人际技能

人际技能就是与上下左右的人打交道的能力，包括联络、处理和协调组织内外人际关系的能力，激励和诱导组织内人员的积极性和创造性的能力，正确地指导和指挥组织成员开展工作的能力。人际技能要求管理者了解别人的信念、思考方式、感情、个性以及每个人对自己、对工作、对集体的态度，并且认识到别人的信念、态度、观点与自己的不一样是很正常的，承认和接受不同的观点和信念，这样才能与别人更好地交换意见。

其次，要求管理者能够敏锐地察觉别人的需要和动机，并判断组织成员的可能行为及其可能后果，以便采取一定措施，使组织成员的个人目标与组织目标最大限度地一致起来。再次，要求管理者掌握评价奖励员工的一些技术和方法，最大限度地调动员工的积极性和创造性。许多研究表明，人际技能是一种重要技能，对各层管理者都具有同等重要的意义。在同等条件下，人际技能可以有效地帮助管理者在管理工作中取得更大的成效。

总之，一个成功的管理者必须具有上述三个技能，但是，不同层次的管理者在技能的掌握上并不完全相同。例如，高层管理者的技术技能要求就要比基层管理者低一些，而概念技能对高层管理者来说要求就更高了。

四、管理工作的对象与范围

管理的对象也称管理的客体，是指能够被一定管理主体影响和控制的客观事物，即管理者对什么实施管理活动。在现代，由于管理几乎无所不包，无处不在，而且还在不断开辟新的领域，因此，管理的对象也具有极为广泛的外延。我们可以从下面角度来考察管理对象的范围：

1．从管理组织的角度看，管理的对象主要表现为国家、地区、部门、企事业单位等各种社会组织。

2. 从管理领域的角度看，管理的对象主要表现为社会、经济、文化、教育、军事、科技等不同领域和不同产业。

3. 从管理资源的角度看，管理的对象主要表现为人、财、物、信息、时间等各种资源。

4. 从管理业务的角度看，管理的对象主要表现为生产、分配、流通、消费、行政等不同社会活动范畴。

5. 从管理性质的角度看，管理的对象主要表现为不同国家制度和不同所有制条件下的政治经济实体和活动领域。

上述管理对象的范围划分还可以根据研究需要继续细分，从而看到它更加具体的存在形式和涉及范围。

本章提要

1. 管理是管理者在组织系统中通过计划、组织、控制、领导职能，合理配置和有效运用各种资源，以实现组织预定目标的活动。管理具有二重性（自然属性和社会属性）、科学性、艺术性和创新性。

2. 管理职能即管理的职责和权限。管理具有两种基本职能，即合理组织生产力和维护生产关系，具体表现为计划、组织、控制、领导 4 个职能。

3. 管理学是一门系统地研究人类管理活动的普遍规律、基本原理和一般方法的科学。研究方法有历史研究法、案例分析法、比较研究法、归纳演绎法等。

4. 管理者是既拥有正式的主管职位行使权力，也能通过决策等管理工作对组织承担责任、做出贡献的人。管理者按地位分为高层、中层和基层管理者；按职责分为决策指挥者、职能管理者和决策参谋人员。作为管理者必须具备一定的政治、品德、知识和业务素质，还必须具备概念技能、人际技能和技术技能。

5. 管理的对象也称管理的客体，是指能够被一定管理主体影响和控制的客观事物。对管理的对象考察的角度不同，其范围亦不同。

案例分析

海尔 OEC 激活休克鱼

1995 年红星厂整体划归海尔，根据张瑞敏“盘活资产先盘活人”的管理理念和 80/20 管理原则，海尔派去的柴永森凡事从转变人的观念入手，企业里发生的任何一件过错，要求管理者承担至少 80%的责任。一段时间之后，红星的不少干部深有感触地说：企业要发展，关键在人，人的问题关键在干部，红星厂干部的问题关键在于从来没有动过真格。

为了转变观念，当时柴永森做了很多工作。1995 年 7 月 12 日，已更名的海尔洗衣机有限公司，公布了一则处理决定：某质检员由于责任心不强，造成选择开关插头插错和漏检，被罚款 50 元。这时洗衣机的产品开箱和社会返修率与第一名牌的要求还有很大差距。海尔管理者认为这绝不是质检员一个人造成的，主要是管理上的漏洞，使这名质检员由“偶然”变为“必然”。海尔要求掌握全局的管理干部，要承担责任在前，先检查管理上的问题，即质检员的上级要负责任，只有这样才能使下面的员工减少差错。

《海尔报》点名指出质检员的“上级应负什么责任?”，这件事在原红星厂引起强烈震动，在此之前，该厂从未因产品质量问题而追究过其上级领导的责任，其他工作也一样，从未有“80/20原则”的思路。因此，人们都很震惊。当然多数工人认为这样做公平，因为“领导就必须承担领导责任”。海尔洗衣机分管质量的负责人触动很大，决定自罚300元，并做了书面检查，同时，制订措施，从体系上对洗衣机的质量进行整改。这样，不是采用简单的撤换管理人员的办法，而是采用以公开监督、披露信息的办法，促使海尔OEC管理模式在红星建立。

海尔OEC管理法也叫日清管理法，其含义是全方位地对每人、每日所做的每件事情进行控制和清理，做到“日事日毕、日清日高”，今天的工作今天必须完成，今天的效果应该比昨天有提高，明天的目标要比今天的目标高。

分析导读：红星厂从“休克鱼”变成“大活鱼”，是因为引入了海尔的管理理念和经营模式，转变了职工的思想观念，调动了人的积极性。这足以说明在相同的资源条件下，企业能否成功取决于管理水平的高低，我们也可从中感受到管理的重要性。

思考与练习

一、复习思考题

1. 什么是管理？其性质有哪些？

2. 谈谈你对管理职能的认识。

3. 作为一名管理者，具备哪些基本技能才能胜任管理工作？

二、案例分析题

案例1-1　节约后的致歉

如果有人能给公司带来1000万美元的节约，大多数的管理人员会对此给予赞赏的，除非这意味着要砍掉一个他们所喜爱的项目。但是，一位刚走出校门的年轻人却从此举中得到了深刻的教训。

从表面上看，情况似乎一清二楚。这家拥有700个床位的美国中西部医院门前有一个停车场，在高峰期间常常拥挤不堪，给病人及其家属带来了诸多的不便。而医院管理人员只从财务方面考虑，未给予重视。于是最近有越来越多的患者另寻他处就医，从而给医院带来了很大的损失，迫使医院的院长助理查尔斯想办法解决问题。

查尔斯吩咐刚从大学拿到工商管理硕士学位的莫里对这种情况作一调查，并提出改进意见。他解释说，要是问题尚不严重，医院可能会设法将楼前的一块地方腾做停车场用；要是问题非常严重，就要考虑建一个新的多层停车场，为此得投资1000万美元。查尔斯在对莫里作了交代以后，便到外地休假3个星期。

希望自己能一显身手的这位年轻人，在接受任务后进行了两周的调查，分析了停车场发出的印有停车时间标记的票据，最后发现一个不曾预料到的事实：停车场所以拥挤，完全是因为医院的职工不顾院规将车停放在这里，而不是停在靠近高速公路的一个较不方便的宽敞的停车场。医院并不需要作1000万美元的投资，它需要的只是强化已颁布的职工停车条例。

因为院长助理仍在休假中，这位年轻人便把他的发现直接在一次大型的会议上报告给了院高层管理人员。听到这条令人振奋的消息后，这些高层管理人员对莫里说了一番鼓励和感谢的话，然后要求他的部门做进一步的研究。

在院长助理返回前，一切都进展顺利。可是，这天查尔斯回来了，听说他提议的1000万美元的投资项目被取消了——这使他看起来像个低能者。而且更令他难受的是，在院白领职工中很少得到遵守的停车条例，现在得到了三令五申。不幸的莫里，在他的上司责备下，不得不向院长助理道歉，并且又承担了寻找能落实院停车条例最有效的方式的任务！

在思量了各种方案后，莫里最后向一个副总裁和几位部门负责人提议，下午5点钟在门前停车场会合，准备当面逮住那些违规停车的职工，并要求他们缴纳停车时间内的所有停车费。如此进行了两天后，院门前的这块停车场在高峰期间也有一半是空的。

年轻的莫里，不久就离开了医院，在一家私人公司找到了新的工作。他离开时对曾经同窗过的一些朋友们说，自己得到了一次深刻的教训，现在明白了“过度”的坦诚与“精明”为人之间，应有何等的区别。

根据案例所提供的情况，请回答下列问题：

1. 莫里成功地发现解决问题的办法，这是归功于他(　　)。

A. 所学的科学管理知识　　B. 高度的工作热情

C. 学以致用的工作方法　　D. 管理者的基本素质

2. 莫里向查尔斯道歉的主要原因是什么？(　　)

A. 莫里的报告使查尔斯提议的1000万美元投资项目取消了

B. 莫里的报告使医院停车条例得到了重视和执行

C. 莫里越过查尔斯向高层管理人员汇报

D. 莫里的报告使问题的解决复杂化了

3. 这位年轻的毕业生不久就离开了这家医院，其最有可能的原因是什么？(　　)

A. 莫里的工作能力不够

B. 医院里的人际关系复杂

C. 医院不注重经济效益，用不上所学的管理知识

D. 医院的人事管理存在严重问题

4. 莫里在这家医院的经历无疑使他得到了一次深刻的教训。这次教训(　　)

A. 使他认识到坦诚待人的重要性，从而对他以后的工作会产生积极的影响

B. 使他意识到要精明为人，这点对他以后的工作会产生消极的影响

C. 使他认识到了管理理论与管理实践的关系

D. 使他认识到管理者需要具备哪些技能

5. 这个案例表明，管理工作内容与管理工作效果的关系是(　　)。

A. 管理工作的效果取决于管理工作内容

B. 管理工作的效果不取决于你做什么，而取决于你怎么做

C. 实际中管理工作的内容往往比书本上介绍的要简单许多，但简单的工作并不一定能取得如期的效果

D. 只有既研究工作内容，又注意处理工作关系，才能取得好的管理工作效果

案例1-2　忙碌的生产部长

金星公司是南部一家专门生产住宅建筑上用的特殊制品的合资企业。王雷是该厂的生产

部长,他的直接上级是公司总经理。张立是装配车间的主任,归王雷领导。张立手下有7名工人负责装配住房中的各种用锁。

夏季的一天上午,公司总经理打来电话对王雷说:“我们收到好几次客户投诉,说我们的锁装配得不好。”王雷对此事很快作了调查,然后来到总经理办公室,向上司汇报说:“我可以放心地跟您说,对那些蹩脚的锁的装配,没有我的责任。那是装配车间主任张立的失职,他没有去检查手下的工人是否按正确的装配程序工作了。”

王雷同时向总经理汇报了他在这个星期所做的几件重要的工作:A. 对工厂的下半年生产进度与人员使用作了初步安排;B. 在装卸码头指导搬运工人们使用一台新买的起重机;C. 对一位求职者进行面试,填补了厂里质量管理职位的空缺;D. 包装生产线上一位操作工去看病,他顶班在生产线上干了大半天;E. 将生产系统中有关人员间的关系做了一点调整,让工程师们以后直接向工厂的总监汇报工作,不必再通过总工程师;F. 与总会计师一起查阅报表,检查厂里上半年的经费开支和生产情况。

王雷向总经理出示了他摘录的以下几项数字记录:

	上半年实际	下半年计划
1. 经费开支		
设备维修与折旧	1000万元	
水电等公用事业费	100万元	
电脑使用与信息费	300万元	
原材料	10000万元	?
其他生产用品	500万元	
工资	6000万元	6 100万元
现金开支	100万元	
总支出	18000万元	
2. 生产结果		
总产量	2000万件	1900万件
其中:报废品	200万件	50万件
合格品售价	10元/件	10元/件
3. 利润额	?	?

王雷还向总经理说明了他个人对企业盈利情况的分析。他认为目前的形势已不容乐观,所以他计划下半年要在监督和激励工人方面再下点功夫,宁可多花点钱,也要确保将废品控制在50万件以内,不过总产量也许会跌到1 900件。他估算了一下,劳动力成本会从6000万元上升到6 100万元,但原材料耗费自然会随着报废品的减少而降低,其他开支保持不变。王雷认为,采取这一措施是明智的,因为它在预期的开支与看来可能达到的成果之间是均衡的,因此,此举将使企业盈利得到改善。王雷将自己的计划意见交给了总经理,由他定夺是否采取新的方案。

那天从总经理那里汇报回来,王雷抓紧时间办妥了几件事:一是与工会处理了一桩劳资纠纷;二是向厂里的基层管理人员解释了在工伤赔偿政策上打算作哪些改动;三是同销售部经理讨论了产品的更新换代问题;再是打电话给一家供应厂商,告诉他们有一台关键的加工机器坏了,无法修理,请他们速来换一台;最后还考虑了如何改进厂里的制造工艺。待办完这些事,他一看表才知早已过了下班的时间。

根据案例所提供的情况,请回答下列问题:

1．王雷和张立分别是这家企业哪一层次的管理人员？（　　）

A．高层和中层的　　　　　　B．中层和基层的

C．高层和基层的　　　　　　D．都是中层的

2．关于锁装配不善问题，公司总经理应该首先责成谁负起最终责任？这依据的是什么原则？（　　）

A．装配车间主任，监督职责明确原则

B．装配车间的工人们，执行职责明确原则

C．生产部长，责任的不可下授原则

D．依据责权对等原则，没人该对此负责

3．王雷向总经理汇报说他这星期做了几件重要的工作，请在下列空格里依次写下这些工作所体现的活动或职能性质：

A．________________　B．________________　C．________________

D．________________　E．________________　F．________________

4．依据王雷所提供的资料分析，金星公司上半年的盈利情况怎样？如果按照王雷的方案对生产活动进行调整，下半年的盈利将会怎样？（　　）

A．上半年获得利润__________万元，下半年利润将增加到__________万元

B．上半年发生亏损__________万元，下半年亏损额将增大到__________万元

C．上半年有微利，下半年将发生亏损

D．上半年不盈也不亏，下半年将发生亏损

5．劳资纠纷的处理和工伤赔偿政策的解释都共同需要何种管理技能？（　　）

A．人际技能　　　　　　B．技术技能

C．概念技能　　　　　　D．根本不需要管理方面的技能

6．产品更新换代和制造工艺改进都对管理工作的职能和技能有些什么要求？（　　）

A．它们都是技术方面的问题，与管理工作无关

B．它们都涉及到管理中的决策职能，所以只要具备概念技能就可做好该类工作

C．它们是纯粹技术领域内的业务决策，做好该项决策需要有一定的管理技能，但主要限于技术技能方面

D．技术领域的决策是一项富有挑战性的管理工作，要求同时具备概念技能和技术技能，甚至有时还需要人际技能

7．打电话请供应厂商来换一台同目前用坏的机器一样的设备，这是设备简单替换问题，需要的管理技能主要是（　　）。

A．概念技能和技术技能　　　　　　B．人际技能和技术技能

C．技术技能　　　　　　　　　　　D．人际技能和概念技能

三、讨论题

下面是英美矿业集团首席执行官托尼·查汉的“在南非经商”演讲中的一段：

“好的管理方法无论是在企业内部还是在国内、国际水平上都是至关重要的，在那些拥有完备的管理方法和行政标准的国家里经商要容易得多，因此我们将支持推广这些。”

“我们这些在发展中国家经营的人都深切地体会到将社会、环境与经济评估综合到项目可行性研究中的必要性。每天我们面对的是一种对发展工作和基础近乎绝望的追切需要。这些需要对政府和商业，包括已经运营的和新投资的项目都有很大的挑战。我们应该鼓励并致力

于吸引新的资金流入发展中国家，以拓展其商业基础。非洲发展新伙伴关系（NEPAD）便是一个联合发展的世界投资力量的很好的例子。”

“当我们在津巴布韦经营时，人们总会问：‘为什么你们不从那个管理水平低下的国家撤出来呢？’”

“对于跨国公司来说，是否并且怎样在一个管理水平很低的国家经营便是最大的难题之一。很多公司已经面对过这个问题了。那些在非洲有不愉快经验的人认为，只要商业运作可行并有利，就应该继续经营下去，支持员工并帮助社会应对政府低效所带来的困难。我们应该将眼光放长远，同我们的整个公司蓝图联系起来，而不是以季度或年来衡量，活出我们的价值。”

1. 你是否赞成托尼·查汉“好的管理方法无论是在企业内部还是在国内、国际水平上都是至关重要的”的观点？

2. 看完上述这段话后，你有什么感触和想法？

第二章 管理思想与管理理论的发展

【学习目的与要求】

1. 了解西方早期管理思想及古典管理理论的内容；
2. 理解并掌握行为科学理论和西方现代管理理论主要学派的思想内容；
3. 了解企业战略、企业文化、学习型组织及企业再造的主要内容；
4. 了解中国古代管理思想的内容和现代管理思想的发展。

管理思想和理论发展成为比较完整的学科体系，经历了一个漫长的过程，出现了许多思想学派，对人类社会的进步和经济的发达发挥了巨大的作用，我们在惊叹人类智慧的同时，也由衷地感谢那些为管理科学的发展做出杰出贡献的管理工作者和学者。因此，学习了解管理思想和理论的形成发展过程，是我们掌握与应用先进管理思想理论，并不断进行创新的基础。

第一节 西方古典管理理论

导入案例 2-1

如果你向美国人问起亨氏公司的产品，他一定会如数家珍：番茄沙司、罐装金枪鱼、泡菜、婴儿营养粉……因为亨氏公司的产品已经渗透到美国人的每一间厨房、每一张餐桌，成为美国人生活的组成部分。

1869 年创始人亨利·约翰·海因茨，25 岁，与 L.C.诺贝尔合资创办了海因茨·诺贝尔公司，他们把海因茨菜地里的辣椒加工成瓶装出售，后来又增加了泡菜和酱菜的销售。1875 年，海因茨又与他的一个弟弟合资开办了 F&J 海因茨公司继续从事加工食品的业务。到 1888 年，海因茨已被人们誉为酱菜大王，公司也更名为 H·J 亨氏公司。

海因茨迅速崛起的秘诀之一在于他善于把握市场趋势，善于进行打动顾客的广告宣传。他提出了一个非常简短和具有诱惑力的广告“57 变”，是指亨氏公司在一年 52 周及 5 个重要节日内，可为顾客提供不同的佐餐食品，并把“57 变”的广告牌竖立在纽约繁华的大街上。海因茨另一个经营秘诀是融洽劳资关系。他善于体贴和关心工人，经常来往于工人之间，与他们谈笑风生，用自己的热情打动别人，极好地振奋了他人的精神，亨氏公司的劳资关系被认为是全美工业的楷模，赢得了许多褒奖。

从亨氏公司早期成功的做法中不难看出，当时先进的市场运作和融洽劳资双方关系的管理思想，对企业的发展起到非常积极的作用。而西方关于管理理论的研究也从那个时期进入盛期。

一、西方早期的管理实践与管理思想

管理思想来源于人类社会的管理实践，在长期的管理实践中，由于社会化生产的发展需要，管理思想逐渐形成系统的管理理论。14、15世纪，欧洲就产生了资本主义萌芽。到18世纪末期，英国及其他资本主义国家相继发生了产业革命。产业革命是以机器大工业代替工场手工业的革命。1769年，机械师瓦特发明的蒸汽机得到广泛的采用，手工业的生产转变为机器的生产，工厂这一新的组织形式代替了以家庭为单位的手工作坊。工厂制度的出现，要求机器大工业的管理必须采用新的科学的方法，那种依靠个人的主观经验和臆断行事的做法，显然已不适应工业革命后工厂制度所代表的生产力的要求，工厂制度的发展引起人们对管理的关注。英国产业革命时期的理查德·阿克莱特于1769和1771年设立毛纺织厂时，就关于连续生产、厂址选择、工厂纪律、劳动分工，机器、材料、人员和资本之间如何协调方面都有创造；1800年英国的索霍制造厂开始有了工作设计，按充分利用机器的要求进行的劳动分工和专业化，完善了工资支付办法，建立了完善的记录和成本核算制度。这一时期，尽管管理思想不够系统、全面，也没有形成专门的管理理论和学派，由于工厂不断的管理实践，管理思想已得到相应的发展，在西方特别在欧洲出现了一些早期管理思想家，具有代表性的有以下几位。

(一)罗伯特·欧文

罗伯特·欧文是空想社会主义者，他是19世纪初期最有成就的实业家之一，他最早注意到了企业内部人力资源的重要性。欧文认为，人是环境的产物，只有处在适宜的物质和道德环境下，人才能培养出好的品德。为了证明自己的哲学观点是正确的，为了培养人的良好品德，欧文在自己的工厂里进行了一系列劳动管理方面的尝试：停止雇佣10岁以下的童工，将原来雇佣的童工送入学校学习；工人每天工作时间不超过10小时3刻钟；禁止对工人体罚；为工人提供厂内膳食；设立按成本向工人销售生活必需品的商店；以及通过建造工人住宅与修筑道路来改善工人生活的社区环境等等。通过试验，他认识到，重视人的因素，尊重人的地位，可以使工厂获得更多的利润。欧文在人力资源管理方面的开拓性实践，成了行为科学管理理论的先导。

(二)亚当·斯密

亚当·斯密是资产阶级经济学古典学派的主要奠基人之一，是从工厂手工业到机器大工业过渡时期的经济学家。他的代表著作《国民财富的性质和原因的研究》(简称《国富论》)不仅是经济学史上的不朽巨著，而且是管理学宝贵的思想遗产。斯密注意到：在制针行业中，10个工人每人从事一项专门的工作，每天能生产4800枚针。但是，如果每个工人独立完成所有的制针工作，这10个工人最快也不过每天制作200枚针。为什么"同样数量的劳动者因为有了分工就能完成更多量的工作?"，他认为，分工能提高劳动生产率，降低产品成本，促进财富的增加，其原因有三个：

(1)劳动分工可以使劳动者专门从事一种单纯的操作，从而提高熟练程度，提高劳动效率。

(2)劳动分工可以减少由于变换工作而损失的时间。

(3)劳动分工可以使劳动简化，使劳动者把注意力集中在一种特定的对象上，有利于发现比较方便的工作方法，有利于促进工具的改进和机械的发明。

斯密的分工理论，适应了当时生产发展的需要，也成为企业管理理论的一条重要原理。此外，他还提出了生产合理化概念、"经济人"观点和经济效果概念等等。

(三)查理·巴贝奇

查理·巴贝奇是英国的数学家和机械学家，他一生都对经济问题和管理问题十分关注，他在亚当·斯密劳动分工理论的基础上，对专业化有关问题进行了系统的研究，1832 年发表了《论机器与制造业经济学》一书，在书中着重论述了专业分工与机器、工具的使用、时间研究、批量生产、均衡生产、成本记录等。他还提出了以专业技能作为工资与奖金的基础，主张实行有益的建议制度，并对有益的建议给予不同的奖励。该书是管理史上的一部重要文献。

(四)大卫·李嘉图

大卫·李嘉图是英国资产阶级金融家、古典政治经济学的杰出代表和完成者，他于 1817 年出版《政治经济学及赋税原理》，在经济学界产生了深远影响。他的研究从批判亚当·斯密把耗费劳动和购得劳动混为一谈开始，提出商品价值由劳动时间决定的原理，把价值与交换价值区别开来。尽管李嘉图未能解决资本与劳动相交换和价值规律的矛盾，不能解决等量资本获取等量利润规律与价值规律的矛盾，但他进一步研究了资本、工资、利润和地租，提出了比较成本学说。他认为，工资越低、利润越高，工资越高、利润越低，它们之间存在着制约关系。这些重大发现，为西方管理科学奠定了理论基础。

上述各种管理思想是随着生产力的发展，为适应资本主义工厂发展的需要而产生的。这些管理思想虽不系统、不完善，也没有形成专门的管理理论和学派，但对于促进生产的发展和科学管理理论的产生和发展，都产生了积极的影响。

二、西方古典管理理论

(一)科学管理理论

科学管理理论的创始人是美国的弗雷得里克·温斯落·泰罗(1856 ~ 1915 年)。泰罗出生在美国费城一个富裕的律师家庭，接受过良好的早期教育，幼年就爱好科学研究和实验。1874 年他考入美国哈佛大学，但因眼疾不得不辍学。1878 年进入费城米德维尔钢铁厂工作，先后当过技工、工长、车间主任、总机械师、总工程师等，期间开始进行劳动时间和工作方法的研究，总共获得 100 多项专利，相继发表了《计件工资制度》(1895 年)、《车间管理》(1903 年)等论著。1883 年，他通过函授学习和自学，获得了斯蒂芬工艺学院机械工程学位。泰罗长期从事企业管理工作，具有丰富的实践经验，为试验和推广科学管理，他为许多著名的公司当管理咨询顾问，醉心于科学管理原理的研究，并于 1911 年出版了《科学管理原理》一书。这是企业管理从经验向科学过渡的标志。由于泰罗在管理发展史上的特殊地位，他被后人称为"科学管理之父"。

1. 泰罗科学管理理论的主要观点

(1)科学管理的根本目的是提高劳动生产率。

泰罗认为，管理的真正目的是使劳资双方都得到最大限度的利益，最高的工作效率是工厂主和工人共同达到富裕的基础。科学管理是建立在劳资双方利益一致的基础上的，它能使较高的工资和较低的劳动成本结合起来，从而使工厂主得到最大的利润，工人得到最高的工资，进一步提高他们对扩大再生产的兴趣，促进生产的继续发展。因此，提高劳动生产率，是泰罗创建"科学管理"理论的基本出发点，是确定各种科学管理原理、方法的基础。

(2)科学的管理方法是实现最高工作效率的重要手段。

泰罗认为管理是一门科学，应该用科学的管理方法代替旧的经验管理。在管理实践中，建立各种明确的规定、条例、标准，使一切工作科学化、制度化，这是提高工作效能、达到最高效率的关键。

(3)实施科学管理的核心是要求管理人员和工人双方在精神和思想上来一次彻底的变革。

1912年，泰罗在美国众议院特别委员会所做的证词中强调指出：科学管理是一场重大的精神变革。他要求工厂的工人树立对工作、对同伙、对雇主负责任的观点；同时，也要求管理人员——领工、监工、企业主、董事会改变对同事、对工人以及对一切日常问题的态度，增强责任观念。通过这种重大的精神变革，可使管理人员和工人双方都把注意力从赢利的分配转到增加赢利数量上来。当他们用友好合作和互相帮助代替对抗和斗争时，他们就能够创造出比过去更加多的利润，从而使工人的工资大大增加。

2．泰罗科学管理的基本原则

(1)提出科学的劳动方法

对工人劳动的每种要素都要制订科学的工作方法，并以此取代陈旧的凭经验的工作方法，选用最合适的劳动工具，集中先进、合理的操作动作，制订出各种工作的标准操作规程。

(2)科学利用工时

通过对工人工时消耗的研究，规定完成合理操作的标准时间，制订各工种的劳动时间定额。

(3)科学挑选工人

用科学的挑选、训练和教育来取代工人的自选工作和摸索自学，使工人的能力与工作的需要相配合而成为“第一流的工人”。

(4)实行差别计件工资制度

为了鼓励工人努力工作，泰罗提出了差别计件工资制，即根据工人完成定额的不同而采取不同的工资率，而不是根据工作类别来支付工资。这样通过工人工资上的差别，让工人在竞争中自发地提高劳动强度，提高劳动生产率。

(5)实行职能工长制度

泰罗在工厂的基层管理阶层设立了各种各样的工长，如生产工长、质量工长等，实现管理工作专业化，以加强对工人劳动的管理。这些工长的任务是负责把科学的工作方法教给工人，保证工人按科学的工作方法进行劳动。工长担负的更重要的工作是监督和敦促工人劳动，防止工人偷懒和磨洋工。这种思想为以后的职能部门的设立和管理专业化提供了基础

(6)实行“例外管理原则”

把企业日常管理事务授权给下级管理人员处理，高层领导人员拥有对重大事情的决策权和监督权，保证高层领导能够集中精力抓大事。

泰罗的科学管理理论影响是广泛而深远的。科学管理促进了当时工厂管理的普遍改革，科学管理方法逐步代替了单凭经验的方法，并形成了一套管理制度，使得美国一些主要企业长期得以发展。科学管理理论对以后的管理理论的发展也产生了深远的影响。

案例2-2

联合邮包服务公司(United Parcel Service，UPS)雇佣了15万名员工，平均每天将900万个包裹发送到美国各地和180个国家。为了实现他们的宗旨：“在邮运业中办理最快捷的运送”，UPS的管理当局系统地培训他们的员工，使他们以尽可能高的效率从事工作。让我们以送货

驾驶员的工作为例，介绍一下他们的管理风格。

UPS的工程师们对每一位驾驶员的行驶路线都进行了时间研究，并对每种送货、暂停和取货活动都设立了标准。这些工程师们记录了红灯、通行、按门铃、穿过院子、上楼梯、中间休息喝咖啡的时间，甚至上厕所的时间，将这些数据输入计算机中，从而给出每一位驾驶员每天中工作的详细时间标准。

为了完成每天取送130件包裹的目标，驾驶员们必须严格遵循工程师设定的程序。当他们接近发送站时，松开安全带，按喇叭，关发动机，拉起紧急制动，把变速器推到1档上，为送货完毕的启动离开做好准备，这一系列动作严丝合缝。然后，驾驶员从驾驶室出溜到地面上，右臂夹着文件夹，左手拿着包裹，右手拿着车钥匙。他们看一眼包裹上的地址把它记在脑子里，然后以3ft/s的速度快步走到顾客的门前，先敲一下门以免浪费时间找门铃。送货完毕后，他们在回到卡车上的路途中完成登录工作。

这种刻板的时间表是不是看起来有点繁琐？也许是，它真能带来高效率吗？毫无疑问！生产率专家公认，UPS是世界上效率最高的公司之一。举例来说，联邦捷运公司（Federal Express）每人每天不过取送80件包裹，而UPS却是130件。在提高效率方面的不懈努力，无疑对UPS的净利润产生了积极的影响。虽然这是一家未上市的公司，但人们普遍认为它是一家获利丰厚的公司。

（二）一般管理理论

亨利·法约尔（1841～1925年）是西方古典管理理论在法国的杰出代表，他不仅是一般管理理论的创始人，而且是现代管理过程学派的开山鼻祖。法约尔出生在法国一个小资产者家庭，1860年从圣艾帝安国立矿业学院毕业后进入康门塔里——福尔香博采矿冶金公司，由一名工程技术人员逐渐成为专业管理者，长期担任公司总经理，有丰富的管理大企业的经验。与此同时，他还担任过法国陆军大学和海军学校的管理学教授，并对法国的许多公共机构如邮政、烟草等部门的管理做过调查和研究。法约尔认为，管理理论是"指有关管理的、得到普遍承认的理论，是经过普遍检验并得到论证的一套有关原则、标准、方法、程序等内容的完整体系"，有关管理的理论和方法不仅适用于公私企业，也适用于军政机关和社会团体，这正是其一般管理理论的基石。1916年，法约尔出版了他的代表作《工业管理和一般管理》。该书成为一般管理理论的最早的全面论述，对西方管理理论的发展有重大的影响。法约尔由此被誉为"经营管理理论之父"。法约尔的管理理论主要包括以下内容。

1．经营与管理是不同的概念

法约尔认为，经营活动可分为六大类，管理只是经营活动中的一种。企业经营的六类活动是：①技术活动，指生产、制造、加工等；②商业活动，指购买、销售、交换等；③财务活动，指资金的筹集和运用；④安全活动，指维护设备与保护职工安全；⑤会计活动，包括存货盘点，资产负债表的制作、核算、统计等；⑥管理活动，包括计划、组织、指挥、协调和控制等。在企业的经营活动中，法约尔认为管理处于核心地位。

2．管理的职能

法约尔首次提出管理的5大基本职能，认为这是管理人员应有的活动。

①计划。是管理的首要职能；

②组织。包括有关组织结构、活动和相互关系的规章制度，以及职工的招募、评价和训练；

③指挥。是对下属活动的指导，其目的是根据企业的利益，使本单位中所有职工能作出最大贡献；

④协调。就是指企业的一切工作都要和谐地配合,以便使企业的经营顺利进行;

⑤控制。就是为达到既定目标而完成的监督、考核、纠偏等活动。这5种职能形成了一个完整的管理过程,因此,又称为管理过程理论。

3. 管理的原则

法约尔十分重视管理原则的系统化。他努力探求确立企业良好工作秩序的管理原则,并根据自己长期管理经验,提出了著名的"十四项管理原则",即:

(1)分工。法约尔认为劳动专业化是各种机构、团体、组织前进和发展的必要手段。借助于分工,可以减少每个人所需掌握的工作项目,提高工作效率。

(2)权力与责任。权力是发布命令和强迫别人服从的力量。责任和权力是互为因果的,责任是权力的必然结果和重要的对等物。行使权力就必然产生责任;委以责任而不授以相应的权力就是组织的缺陷。

(3)纪律。纪律的实质是遵守公司各方达成的协议。纪律为管理所必须,没有纪律任何组织都难以发展,纪律应尽可能公正、严明。

(4)统一指挥。组织中的一个,只应接受一个领导者的命令,双重指挥经常是混乱和冲突的根源。

(5)统一领导。即对于同一目标的集体活动,只能在一个领导和一项计划下进行。

(6)个人利益服从整体利益。法约尔认为,整体利益大于个人利益的总和。一个人或一个部门的利益不能置于整个企业利益之上。它有赖于领导层的坚定性和良好榜样,以及签订公平的协定和经常的监督。

(7)人员报酬。报酬与支付方式要公平合理,尽可能使职工和组织都获得最大限度的满足。

(8)集权。任何组织权力的集中与分散的程度不是千篇一律、固定不变的。应根据组织的规模、条件和管理者的性格、道德、品质,以及下级人员的素质等因素来确定。

(9)等级链。"等级链"是从最上级到最下级的各层权力联成的等级结构。它是一条权力线,用以贯彻执行统一的命令和保证信息传递的秩序。一般情况下,不要轻易违犯这个链条。但在特殊情况下应该适当变动(即"跳板"形式,又称"法约尔桥")。

(10)秩序。法约尔的"秩序"是指人与物各得其所。要做到有"秩序",必须做到职位要适合于职工,职工要适合于职位。每个职工都必须处在他能作出最大贡献的岗位上。同时还要有条不紊地精心安排物资、设备的合适位置。

(11)平等。组织应以同样的原则和态度对待每一个成员。人们会因受到公平的对待,而以忠诚和献身的精神来完成他们的任务。

(12)人员的稳定。如果人员不断变动,工作将收不到良好的效果。一般来说,成功企业的管理人员和职工是稳定的。

(13)首创精神。法约尔认为首创性是事业发展壮大的巨大源泉,必须大力提倡,充分鼓励首创精神。

(14)集体精神。即努力在企业内部建立起和谐与团结的气氛。集体精神是企业的重要保证。

法约尔还认为管理能力可以通过教育来获得,他大力提倡在大学和专科学校中讲授管理理论,这就是他把管理视为一门科学的思想。法约尔关于管理职能、原则和过程等方面的研究,从较高层次上弥补了泰罗科学管理思想的不足,为形成一般管理学作出了巨大贡献。

(三)行政组织理论

马克斯·韦伯(1864～1920年)是德国社会学家、经济学家和德国古典管理理论的代表人物。韦伯出生于德国图林根的一个富有的中产阶级家庭,1882年就读于德国海德堡大学法学院并获得法学博士学位,先后在柏林大学、弗里堡大学和海德堡大学担任教授。韦伯毕生从事学术研究,在社会学、政治学、经济学、法学、哲学、历史学和宗教学等领域都有较深的造诣。他在管理理论上的研究主要集中在组织理论方面,主要贡献是提出了"官僚组织结构理论",或称"理想的行政组织体系理论",这集中反映在他的代表作《社会和经济组织的理论》一书中。所谓理想的行政组织体系理论,是指通过职务或职位而不是通过个人或世袭地位来管理,他所讲的"理想的"并不是指最合乎需要的,而是指现代社会最有效和合理的组织形式。由于韦伯是最早提出一套比较完整的行政组织体系理论的人,因此,被称为"组织理论之父"。

韦伯指出,任何组织都必须有某种形式的权力作为基础,才能实现目标。只有权力,才能变混乱为秩序。韦伯认为,存在三种纯粹形态的权力:理性—合法的权力,传统的权力,超凡的权力。在这三种纯粹形态的权力中,传统权力是世袭得来而不是按能力挑选的,其管理单纯是为了保存过去的传统,传统权力的效率较差。超凡的权力则过于带感情色彩,并且是非理性的,不是依据规章制度而是依据神秘或神圣的启示。只有理性—合法的权力才宜于作为理想组织体系的基础,才是最符合理性原则、高效率的一种组织结构形式。韦伯的理想行政组织体系理论的主要内容如下:

(1)实行职责分工。即组织内每个职位的权力和责任都应有明确的规定。

(2)自上而下的等级系统。组织内的各个职位按等级原则进行法定安排,形成自上而下的等级安排。

(3)人员的使用。组织中人员的使用,完全根据职务上的要求,通过正式考试或教育训练来实现。

(4)职业管理人员。管理人员有固定的薪金和明文规定的升迁制度,是一种职业管理人员。

(5)遵守规则和纪律。管理人员必须严格遵守组织中的规则和纪律。组织要明确规定每个成员的职权范围和协作形式,避免感情用事,滥用职权,以便正确行使职权,减少摩擦和冲突。

(6)组织中人与人之间的关系。组织中人与人之间的关系完全以理性准则为指导,不受个人情感的影响。这种关系不仅适用于组织内部,而且也适用于组织同外界的关系。

韦伯认为,理性的行政组织体系最符合理性原则,是达到目标、提高劳动生产率的最有效的形式。在精确性、稳定性、纪律性和可靠性等方面都优于其他组织。所以,它适用于各种管理工作和各种大型组织,如教会、国家机构、军队和各种团体。韦伯对完善古典管理理论作出了重要的贡献。

第二节　西方行为科学理论

行为科学是西方主要的管理理论,它是应用心理学、社会学和人类学研究组织中人的行为及其产生的原因,通过满足人的社会心理需求来调动积极性的一门综合性科学。行为科学管理理论大致可分为两个阶段。第一阶段是20世纪20年代的起源于霍桑试验的人际关系学说;第二阶段是20世纪50年代后,行为科学得到新的发展,出现了组织行为学的名称,它是研究在一定组织中人的行为的发展规律，重点则是研究企业组织中的行为。组织行为学分为三个层次：个体行为理论、团体行为理论和组织行为理论。

一、霍桑试验与人际关系理论

(一)霍桑试验

乔治·埃尔顿·梅奥是人际关系理论的主要创始人，梅奥出生在澳大利亚，是美国哈佛大学教授，梅奥受过心理学和社会学方面的系统训练，这使他有可能在管理的社会因素和人际关系领域作出贡献，主要著作有《工业文明的人类问题》、《工业文明的社会问题》等。从 1927 年开始，他负责美国国家研究委员会和西方电气公司合作进行的有关工作条件、社会因素与生产效率之间关系的试验。由于该项研究是在西方电气公司的霍桑工厂进行的，因此，后人称之为霍桑试验。霍桑试验分为 4 个阶段。

1. 工厂照明试验

此项试验旨在证明工作环境与生产率之间有无直接的关系。研究人员将接受试验的工人分为两组：一组采用固定照明，称为控制组；另一组采用变化的照明，称为试验组。研究人员原以为试验组的产量会由于照明的变化而发生变化。但结果是，两组的产量都大为增加，而且增加数量几乎相等。由此得出结论，照明度与生产率之间并无直接关系，工厂照明灯光只是影响员工产量的因素之一。两组产量都得到提高的原因，是因为被测试人员对测试发生了兴趣。

2. 继电器装配试验

试验的目的是企图发现各种工作条件变动对生产率的影响。研究人员将装配继电器的 6 名女工从原来的集体中分离出来，成立单独小组，同时改变原来的工资支付办法，以小组为单位计酬；撤销工头监督；工作休息时间免费供应咖啡；缩短工作时间，实行每周 5 日工作制，等等。结果发现工人产量增加了。接着，又逐渐取消这些待遇，恢复原来的工作条件，但生产率并没有因此而下降，反而仍在上升。据此梅奥推测，由于督导方法的改变，使员工的态度改善，产量提高。

3. 谈话研究

在上述试验的基础上，梅奥用两年多的时间对公司 2 万多名员工进行了调查。被访问者可以就自己感兴趣的问题，自由发表意见。研究者由此得出结论：任何一位员工的工作成绩都要受到周围环境的影响，即不仅取决于个人自身，还取决于群体成员。

4. 观察试验

为搞清楚社会因素对激发工人积极性的影响，研究人员选择了一个由 14 名工人组成的生产小组进行观察试验。这个小组以集体产量计算工资，根据组内人员的情况，完全有可能超过他们原来的实际产量，可是，进行了 5 个月的统计，小组产量仍维持在一定水平上。经过观察，发现组内存在着一种默契：往往不到下班时间，大家已经歇手；当有人超过日产量时，别人就会暗示他停止工作或放慢工作进度；不向上司告密等。大家都按照这个集体的平均标准进行工作，谁也不做超额生产的拔尖人物，谁也不偷懒，他们当中还存在着自然领袖人物。这就证实“非正式组织”是存在的，而这个组织对工人的行为有着较强的约束力，这种约束力甚至超过经济上的刺激。

梅奥等人通过上述试验得出的结论是：人们的生产效率不仅受到物理的、生理的因素的影响，而且还受到社会环境、社会心理因素的影响。梅奥的这个理论相对于“科学管理”只重视物质条件，而忽视社会环境、心理因素对工人生产效率影响的观点，是一个很大的进步。

(二)人际关系理论

在霍桑试验的基础上，梅奥创立了人际关系学说，提出了与古典管理理论不同的新观点、新思想。人际关系学说的主要内容有三点：

1．职工是“社会人”

从亚当·斯密到古典管理学派，都把人看作为追求最大经济利益而进行活动的“经济人”。梅奥等人则提出了与“经济人”不同的“社会人”的观点，强调金钱并非是刺激职工积极性的惟一动力，人与人之间的友情、安全感、归属感等社会的和心理的欲望的满足，也是非常重要的因素。

2．满足工人的社会欲望，提高工人的士气，是提高生产效率的关键

所谓士气，就是指工作积极性、主动性、协作精神等结合成一体的精神状态。传统的科学管理理论认为，生产效率与作业方法、工作条件之间存在着单纯的因果关系，只要正确地确定工作任务，采取恰当的刺激制度，改善工作条件，就可以提高生产效率。可是，霍桑试验表明，这两者之间并没有必然的直接的联系。生产效率的提高，关键在于工人工作态度，即工作士气的提高。而士气的高低则主要取决于职工的满足度，这种满足度首先体现为人际关系，如职工在企业中的地位，是否被上司、同事和社会所承认等；其次才是金钱的刺激。职工的满足度越高，士气也越高，生产效率也就越高。

3．企业存在着“非正式组织”

“人的组织”可分为“正式组织”和“非正式组织”两种。正式组织对个人具有强制性，这是古典组织理论所研究和强调的。梅奥认为，在共同的工作过程中，人们相互之间必然发生联系，产生共同的情感，自然形成一种行为准则或惯例，要求个人服从，这就构成了“非正式组织”。“非正式组织”与“正式组织”有重大的区别，在“正式组织”中以效率的逻辑为重要标准，而在“非正式组织”中则以情感的逻辑为重要标准。“非正式组织”与“正式组织”相互依存，对生产效率的提高有很大的影响。

人际关系学说的出现，开辟了管理理论研究的新领域，纠正了古典管理理论忽视人的因素的不足。同时，人际关系学说也为以后的行为科学的发展奠定了基础。

二、马斯洛的需要层次理论

马斯洛于1943年提出了著名的“需要层次理论”，他把人类的各种需要作了高度的概括，提出了最为基本的5种需要，即：生理需要、安全需要、社交需要、尊重需要和自我实现的需要。需要层次理论认为，人们一般是按照这个阶梯从低级向高级来追求各项需要的满足的。在一定的时期总有某一层次的需要在发挥主要的作用。只有在较低层次的需要得到合理满足后，较高级别的需要才会发展并起激励作用。

三、麦克雷戈的人性假设理论

1957年美国社会心理学家麦格雷戈发表了《企业的人性面》一文，文中提出了著名的“X-Y理论”，围绕“人的本性”来论述人类行为规律及其对管理的影响。

麦格雷戈将传统的管理观点叫做X理论，在这种观点下，对人性往往作出如下假设：

(1)人生而好逸恶劳，所以常常逃避工作；

(2)人生而不求进取,不愿负责,宁愿听命于人;

(3)人生而以我为中心,漠视组织需要;

(4)人习惯于保守,反对改革,把个人安全看得高于一切;

(5)只有少数人才具有解决组织问题所需的想像力和创造力;

(6)人缺乏理性,易于受骗,随时被煽动者当作挑拨是非的对象而做出一些不适宜的行为。

X 理论由于这样的人性假设,便强调外因与客观因素,把工人放在被动的位置上进行严密控制,认为管得严才能出效益。麦格雷戈认为在物质条件已经改善,人们的基本生理需求已获得满足,工作环境已有较大改进的现代社会中,采用 X 理论指导下之激励方法,显然是难于收到预期效果的。因此得出了与 X 理论相对立的新观点即 Y 理论。这一观点对人性作出了以下的假设:

(1)人并非生性懒惰,要求工作是人的本能;人们从事体力和脑力工作如同游戏和休息一样自然;

(2)一般人在适当状况的鼓励下,不但能接受,而且追求担负责任;

(3)外力的控制与处罚,并不是惟一使人朝向组织目标而努力的方法,只要管理适当,人们就会把个人目标与组织目标统一起来;

(4)个人目标与组织目标的统一,是人们对组织目标有了承诺,他就能运用自我指导和自我控制来使二者协调;

(5)所谓承诺,与达到目标后获得的报酬直接相关,它是达到目标的报酬的函数;

(6)一般人都具有相当高度的解决各项组织问题的想像力和创造力,只是一般人的智力潜能往往只有部分发挥,没有得到充分的利用。

Y 理论强调的是内因与主观因素,注意发挥人的主观能动作用,认为动机诱导与统一目标是管理的正确对策。长期以来的实践表明,Y 理论有着良好的发展前景。因为它建立在正确认识人们本性与人类行为关系的基础上,能适应工业化社会经济发展的需要,所以麦格雷戈主张,企业管理的指导思想应变 X 理论为 Y 理论。

需要指出的是,无论 X 理论还是 Y 理论都只是看问题的一个角度,都有其看到问题的本质的一个方面。美国的乔伊·洛尔施和约翰·莫尔斯在麦格雷戈的理论基础上,通过对比实验,提出了超 Y 理论。他们选了两个工厂和两个研究所作为试验对象,其中一个工厂和一个研究所按照 X 理论实施严密的组织和督促管理,另一个工厂和另一个研究所则按照 Y 理论实施松弛的组织和参与管理,并以诱导和鼓励为主。

实验结果如表 2-1 所示。

X 理论和 Y 理论试验结果表　　表 2-1

管理思想	任务容易测定的工厂	任务不易测定的研究所
X 理论	效率高(亚克龙工厂)	效率低(卡美研究所)
Y 理论	效率低(哈特福工厂)	效率高(史托克顿研究所)

实验结果表明,采用 X 理论和 Y 理论的效果,并没有绝对的好坏之分,都有其合理之处。Y 理论不一定比 X 理论好。

那么,到底应在什么情况下选用哪种理论呢? 洛尔施等人认为,管理方式要由工作性质、成员素质等来决定,并据此提出了超 Y 理论。其主要观点是:不同的人对管理方式的要求不同,有人希望有正规化组织与规章条例来要求自己的工作,而不愿意参与问题的决策去承担责任，这种人欢迎以X理论指导管理工作。有的人却需要更多的自治责任和发挥个人创造性的机会，这种人则欢迎以Y理论为指导的管理方式。此外，工作性质、员工的素质也影响到管理理论的选择，不同的情况应采取不同的管理方式。这实际上就提出了权变的观点，也就是说，管理理论的是否有效，取决于管理的对象、环境和管理者自身的条件。

四、组织行为理论

梅奥、马斯洛和麦格雷戈等人都对管理理论作出了重大贡献，但是当代的一些理论家们发现人际关系理论的许多假设都过于简单化了。如有关工人满意会导致绩效的改进这一假设，要说有效的话，只是有那么一点而已；相反，倒是好的绩效将导致满足，而不是先满足了才会取得好的绩效。因此，后期的行为科学研究的侧重点又发展为研究有关人的需要、动机和激励，组织中人的个性，非正式组织和群体行为，组织中的领导方式、组织结构等。

当代行为管理理论（即组织行为理论）主要产生于20世纪50年代后期，它认为人的行为要比人际关系学家所认识的远为复杂得多。组织行为学涉及的领域非常广泛，它是在吸收了诸如心理学、社会学、人类学、经济学和医学等多种学科的基础上建立起来的。它从一个通盘的视角来考察个人、群体和组织的行为过程。

组织行为理论是当代管理理论的一个重要组成部分。这个领域中人们目前感兴趣的课题有：工作满意的理论、行为改造理论、激励理论、领导科学、沟通理论、群体动力学、组织政治学、人际冲突理论、组织结构和组织设计等。此外，权变理论在该领域中的应用也很突出，它强调因地制宜，根据不同的情况运用不同的管理理论。

组织行为理论中影响比较大的理论主要有如下。

（一）支持关系理论

美国现代行为科学家伦西斯·利克特提出的，支持关系理论的要点是：

（1）对人的领导是管理工作的核心。必须使每个人建立起个人价值的感觉，把自己的知识和经验看成个人价值的支持。所谓“支持”是指员工置身于组织环境中，通过工作交往亲身感受和体验到领导者及各方面的支持和重视，从而认识到自己的价值。这样的环境就是“支持性”的，这时的领导者和同事也就是“支持性”的。

（2）把企业领导方式分为专权命令式、温和命令式、协商式和参与式4种。其中参与式效能最高，能最有效地发挥经济激励、自我激励、安全激励和创造激励的作用。参与式程度越高、管理越民主，企业的效率越高；反对单纯以生产或以人为中心。

（3）要求组织成员都认识到组织担负着重要使命和目标，每个人的工作对于组织来说都是不可或缺、意义重大和富有挑战性的。组织里的每个人都受到重视，都有自己的价值。如果在组织中形成这种“支持关系”，员工的态度就会很积极，各项激励措施就会发挥作用，组织内充满协作精神，工作效率就会很高。

（二）管理方格理论

这是研究企业的领导方式及其有效性的理论，是美国得克萨斯大学的行为科学家罗伯特·布莱克和简·莫顿在1964年出版的《管理方格》一书中提出的。他们认为，在企业管理的领导工作中往往出现一些极端的方式，或者以生产为中心，或者以X理论为依据而强调靠监督，或者以Y理论为依据而强调相信人。在对生产关心的领导方式和对人关心的领导方式之间，可以有使二者在不同程度上互相结合的多种领导方式。

第三节　西方现代管理理论

导入案例 2-3

新达批发公司的产品销往6个省市中的500多个零售商。批发业务的一个主要盈利因素就是尽快满足用户的订单。零售商一旦发出订单，就希望能尽快到货，假如在交货中有任何耽搁，他们就会寻找其他批发商购货。

新达公司的经理黄胜上月刚完成了对公司的整改。第一，他对所有货品作了新的安排，以便使那些需要快递的物品尽可能地安置在最靠近装货码头的那些仓库中。第二，他引入了新的库存控制制度，所有重要的原始记录都由电脑储存。第三，一些办公室作了新的安排，并配备了新的办公设施。此外，在工作场所还播放些轻松悦耳的乐曲。

自从作了这些改变后，黄经理对公司的营运绩效十分关注。记录显示公司的交货期由原先的4天减少到3天，盈利也增加了1/3，当然，这种变革后的成效是暂时的还是长期的，目前还很难断言。但黄经理相信，绝大部分效率的提高应直接归功于他在工作环境中引入的变革。

一、现代管理理论丛林

在古典管理理论和行为科学理论出现以后，特别在第二次世界大战以后，西方又出现了很多新的管理理论，形成许多学派。这些理论与学派在历史渊源与理论内容上互相影响、互相联系，美国管理学家哈罗德·孔茨形象地将其描述为“管理理论的丛林”。其中，主要的管理学派与理论有：以巴纳德为代表的社会系统学派，以卡斯特和罗森茨维奇为代表的系统管理学派，以西蒙为代表的决策学派，以德鲁克和戴尔为代表的经验主义学派，以伯法为代表的管理科学学派，以卢桑斯为代表的权变管理学派。

(一)社会系统学派。

社会系统学派的代表人物是巴纳德，其主要观点体现在《经理的职能》一书中。其主要观点可归纳如下：

(1)组织是一个社会协作系统。组织是“两个或两个以上的人有意识协调的活动或效力的系统”，组织的产生是人们协作愿望的结果。

(2)组织存在要有3个基本条件。①明确的目标。组织必须有明确的目标，否则成员不会产生协作意愿。②协作意愿。成员对组织目标作出贡献的意愿。③意见交流(信息联系)。通过意见交流将目标和意愿联系起来，统一行动，了解并满足需要。

(3)提出了组织效力与组织效率原则。

(4)管理人员的权威来自于下级的认可。

(5)分析了经理人员的作用。经理人员是信息联系系统中相互联系的中心，并对成员的协作活动进行协调，使组织正常运转，以实现其目标。

(二)系统管理学派

系统管理学派的代表人物是卡斯特与罗森茨维奇，代表作是《系统理论与管理》。他们继承了系统论的思想方法，从系统的概念出发，建立起了企业管理的系统模式。他们认为：系统观点、系统分析、系统管理都是以系统理论为指导的，三者之间既有区别，又有联系。其主要观点有：

(1)组织管理系统是由若干基本要素构成的，它们在一定目标下组成一体化系统。其中人

是管理系统中的主体,其他各项要素在一定程度上均受人的控制与协调;

(2)企业管理系统是一个为环境所影响,又反过来影响环境的开放的社会技术系统;

(3)企业管理系统内部主要有运行、控制、支持、信息 4 个基本子系统;

(4)企业管理分为作业、协调、战略三个层次;

(5)运用系统观点来考察管理的基本职能,可以提高组织的整体效率。

(三)决策管理学派

决策管理学派的代表人物是西蒙,代表作有《管理决策的新科学》、《管理行为》等,因为对决策理论研究的贡献,1978 年西蒙获得了诺贝尔经济学奖。其主要观点有:

(1)管理就是决策。计划、组织、领导、控制等管理职能都需要决策。

(2)以"满意标准"代替传统的"最优标准"。

(3)决策是一个复杂的过程,而不是"拍板"的一瞬间。

(4)决策可分为程序化和非程序化决策。

决策管理学派是在社会系统学派的基础上吸收了行为科学、运筹学、计算机科学等学科的内容,既重视了先进的理论和手段的应用,又重视了人的积极作用。

(四)经验管理学派

经验管理学派,又称为案例学派,其代表人物主要有德鲁克与戴尔。德鲁克的代表作是《管理的实践》,戴尔的代表作是《伟大的组织者》。他们认为,有关企业管理的科学应该从企业管理的实际出发,以大企业的管理经验为主要研究对象,以便在一定的情况下把这些经验加以概括和理论化,但在更多的情况下,只是把这些经验传授给企业实际管理工作者,提出些实际的建议。其主要观点有:

(1)管理有三项基本任务:第一是作为经济机构的企业,有提供利润的责任。第二是使工作具有生产性,并使工作人员有成就。第三是承担企业对社会的责任。

(2)提倡实行目标管理。

(3)对高层管理问题给予了高度重视。

该学派主张通过分析经验(即案例)来研究管理学问题,就可以抽象出某些一般性的管理结论或原理,以有助于学生或从事实际工作的管理人员来学习和理解管理学理论,使他们更有效地从事管理工作。

(五)管理科学学派

管理科学学派又叫管理中的数量学派,其代表人物是美国的伯法,代表作是《现代生产管理》。该学派的特点是:

(1)为管理决策服务,运用数学模型增加决策的科学性。他们力求减少决策的个人艺术成分,依靠建立一套决策程序与数学模型以增加决策的科学性。他们将众多方案中的各种变量或因素加以数量化,利用数学工具建立数学模型,研究各种变量与因素之间的相互关系,寻求一个用数量表示的最优化答案。决策的过程就是建立和运用数学模型的过程。

(2)各种可行的方案均是以经济效果作为评价的依据,如成本、总收入和投资利润率等。

(3)广泛地使用电子计算机。电子计算机的运用大大提高了运算的速度,使数学模型运用于企业和组织成为可能。

管理科学学派认为,在研究和解决管理问题时,要着重强调合理性,进行定量分析。

(六)权变管理学派

权变管理学派诞生于 20 世纪 70 年代,代表人物主要有卢桑斯、菲德勒与豪斯。代表作是卢桑斯的《管理导论——一种权变学说》。该学派认为,在企业管理中要根据企业所处的内外条件随机应变,没有什么一成不变、普遍适用的“最好的”管理理论与方法。该学派的基础是“超 Y 理论”。在《管理导论——一种权变学说》一书中,卢桑斯将过去的管理理论划分为 4 种学说:过程学说、计量学说、行为学说和系统学说。他认为这几种学说都没有把管理与环境妥善地联系起来;同时,这些学说的代表人物都强调他们的学说具有普遍的适用性。在管理中必须重视环境对管理的作用。实际上,在环境与管理之间存在着一种函数关系,可以解释为“如果—就要”的条件关系。即“如果”发生或存在某种环境情况,“就要”采用某种管理思想、管理方式来更好地达到组织目标。

权变主要体现在计划、组织与领导方式等方面:

(1)计划要有弹性。

(2)组织结构要有弹性。

(3)领导方式应权宜应变。

权变管理理论强调随机应变,主张灵活应用各学派的观点,但是,过于强调管理的特殊性,忽视管理的普遍原则与规律。

二、现代管理理论的新思潮

进入 20 世纪 60 年代以来,信息技术发展迅速,经济一体化程度逐步提高,市场竞争更加激烈,这些变化触及到管理学的一些问题,西方管理学界出现了许多新的管理理论,这些理论思潮代表了管理理论发展的新趋势。

(一)企业战略

企业战略于 20 世纪 60 年代出现在美国,70 年代是企业战略的盛行时期,80 年代后企业战略得到了进一步的完善,企业管理进入了战略管理时期。在复杂多变、竞争激烈的经济、政治环境下,企业必须“高瞻远瞩”,把握事物的发展趋势和本质特征,确立战略观念。管理的战略观念是指管理主体在管理实践中从全局和长远出发,对管理客体和管理过程进行总体谋划的管理观念体系。

战略管理就是根据对企业经营条件和外部环境的分析,确定企业总的经营宗旨和经营目标,并且制定一种或几种有效的战略,使企业为达到其经营宗旨和实现其经营目标所采取的一系列管理决策和行动得以实施。战略管理的核心是对企业现在和未来的整体效益活动实行全局性管理。也就是说,战略管理不仅仅是制定企业战略,还应当具有战略的实施、评价、控制、调整等多种功能。一般来讲,企业战略管理的内容包括从阐明企业战略的任务、目标、方针到战略实施的全过程。该过程一般由战略制定、战略实施和战略评价及控制等组成。

企业在实际管理活动中确立战略观念,制定并实施战略,能够使整个管理系统具有明确的目标、方针和任务;能够围绕战略目标和战略方针,合理配置人力、物力、财力,确保有限的资源得到合理的使用;使管理的主体着眼于未来,控制好现在。企业实施战略管理还有利于增强管理系统的活力,提高各级管理者的管理水平。在现代环境下,从某种意义上说市场竞争就是企业战略的竞争,企业战略是决定一些企业能否取得最终成功的重要因素,所以管理学者越来越重视企业战略问题的研究和探讨。

(二)企业文化

企业文化研究的兴起源于日本经济的崛起对美国所造成的冲击,二战以后,日本经济在短短 30 年时间里迅速崛起,成为世界第二大经济强国,使西方发达国家为之震惊。许多美国管理学者开始对日本的企业进行研究，并对美日管理思想进行对比，他们发现美国企业管理比较注重技术、设备、制度、组织结构等“硬”因素的分析，而日本企业更多地强调人、目标、信念、价值观等“软”的因素，这表明美日两国不同管理模式的背后存在文化的差异，一些美国的管理学者认识到企业文化在企业发展中的重要作用。1979年美国的沃尔格发表了《日本名列第一》一书，开创了企业文化研究的先河。进入20世纪80年代，美国理论界接连出版了4本畅销书：《Z理论——美国企业界如何迎接日本的挑战》、《日本企业管理艺术》、《企业文化——企业生存的习俗和礼仪》、《追求卓越——美国最成功公司的管理经验》。这4本著作以其崭新的思想、独到的见解、精辟的论述和丰富的例证，构成了一个理论体系，标志着企业文化理论的诞生。

企业文化是企业在长期的生产经营和管理活动中创造的具有本企业特色的精神文化和物质文化。它由三个部分组成：

(1)企业精神。企业精神是企业内部员工群体心理定势的主导意识，是企业经营宗旨、价值准则、管理信条的集中体现，构成了企业文化的核心。

(2)制度文化。企业文化的中间层，是人与物、人与企业运营制度的结合部分，是使企业文化制度化、规范化的行为准则。

(3)物质文化。它是企业文化的外围层，主要包括企业产品结构和款式、生产设施和环境、员工文化设施等，是企业员工的理想、价值观、精神面貌的具体反映。

企业文化反映了企业整体的共同追求、共同价值观和共同利益，这种强有力的文化能够对企业整体和企业每个成员的价值取向和行为取向起到导向作用。而企业的制度文化和道德规范又对员工的行为发生约束作用，通过沟通企业职工的思想，使职工个体的集体意识大大加强，产生积极的凝聚力。企业文化以人为中心的理念，便于形成人人受重视、人人受尊重的文化氛围，能够激励员工士气，并在受社会大文化影响的同时，潜移默化地影响着社会文化。

(三)学习型组织

学习型组织是美国麻省理工学院的彼得·圣吉教授于1990年在他的著作《第五项修炼》中所倡导的一种新理论，该书在全世界引起了巨大反响。彼得·圣吉以全新的视野提出影响组织最根本的危机症结所在，就是由于组织及组织成员片面和局部的思考方式及由此产生的行动所造成的。为此需要突破习惯的思考方式，排除个人和组织的学习障碍，重新塑造企业的价值观念、管理方式及方法。从此，建立学习型组织、进行五项修炼成为管理理论与实践的热点。

彼得·圣吉提出了学习型组织的五项修炼技能包括：

(1)系统思考。系统思考就是要人与组织形成系统观察、系统思考的能力，用系统和动态的观点观察世界。

(2)超越自我。超越自我既是指组织要超越自我，又是指组织中的个人也要超越自我。超越自我是突破过去，不断赋予自己新的更远大的奋斗目标。

(3)改善心智模式。心智模式是一种思维方法和行动模式，改善心智模式则要求企业及其成员能够不断随着外部环境的变化适时调整甚至改变习惯做法。而改变心智模式的办法是，一要反思自己的心智模式；二要探询他人的心智模式，从自己与别人的心智模式的比较中完善自己的心智模式。

(4)建立共同愿景。愿景是期望的未来远景和愿望。企业一旦建立了共同愿景，并以这个共同愿景感召全体组织成员，就能充分发挥每个人的力量。

(5)团队学习。团队学习是发展团队成员整体合作与实现共同目标能力的过程。团队学习的目的，一是避免无效的矛盾和冲突，二是让个别人的智慧成为集体的智慧。团队学习的主要形式是深度会谈，通过深度会谈，组织成员可以相互沟通、互相帮助、达成共识，发挥团队智商。

(四)企业再造

企业再造思想是20世纪80年代末、90年代初发展起来的企业管理的又一新理论。1993年，美国人迈克尔·海默与杰姆斯·钱皮在合著《企业再造工程》一书中进行了系统阐述，该书提出为适应竞争激烈、变化迅速的企业经营环境，必须打破大工业时代的企业组织构架，从协作的角度、用整体思想重新塑造企业生产和组织流程，使企业模式与时代要求相协调，提高企业的生产和竞争能力。

企业再造的核心是企业流程再造。企业流程再造的目的，是增强企业竞争力，从生产流程上保证企业能以最小的成本、高质量的产品和优质的服务赢得客户。企业再造的实施方法是，以先进的信息系统和信息技术为手段，以顾客中长期需要为目标，通过最大限度地减少对产品增值无实质作用的环节和过程，建立起科学的组织结构和业务流程，使产品的质量和生产规模发生质的变化。企业再造强调以顾客为导向和服务至上的理念，对企业整个运作流程进行根本性的重新思考，并加以彻底的改革。企业再造的思想，将导致传统管理理论和实践的全面变革，使管理思想更加丰富和富有时代特征。

三、现代管理的发展趋势

(一)从科学管理到文化管理

在20世纪初的科学管理出现之前，人们的管理是依靠管理者个人的直觉和经验进行决策，大多数企业的所有者和经营者是合一的。企业没有健全的规章制度，没有明确的职能分工，工人如同机器一样从事着机械式劳动，士气低落，效率低下。科学管理的出现，彻底打破了这种局面。管理者不再依靠个人经验来指挥下属。直觉虽然在决策中还有不可忽视的作用，但是管理者做决策开始越来越多地运用科学方法进行。科学管理手段提供了制定标准定额的方法，并对工具、产品、部件等进行了高度的标准化而减少了生产的随意性。挑选工人的原则为生产岗位提供了合格的工人，计划和执行职能的分离加强了企业的管理工作。企业管理走上了规范化、制度化和科学化的轨道，这些带来了生产效率革命性的飞跃。但是随着环境的变化，科学管理中的非人性化矛盾变得非常突出，同时外界环境越来越需要企业的创造性劳动，但是科学管理却很难适应这种要求。发端于20世纪30年代、流行于六七十年代的行为科学则试图补充科学管理的不足，在此理论指导下，开发了诸如职务扩大化、全员参与、目标管理、组建工作团队等管理技术。20世纪80年代企业文化理论的兴起是这种努力的结果。它提出了与科学管理不同的管理思想和框架，成为管理的发展趋势。

(二)从“硬件”管理到“软件”管理

知识资本一向是企业的重要资产，但随着知识经济的进一步发展，这种资产会更加重要。企业在未来的活动中面临的共同挑战，就是所需知识的界定、积累、生产、共享以及管理。

彼德·圣吉在《第五项修炼》一书中认为，“学习型组织”才能在迅速变化、激烈竞争中保持不败，因为未来惟一持久的优势是有能力比你的竞争对手学习得更快。所谓学习型组织，是指一种更适合人性的组织模式，这种组织由一些学习团队组成，这些团队具有共同的核心价值观和使命，以及实现共同目标的动力。在这种学习型组织中，人们追求心理的满足与自我实现，充分发挥各自的潜能，不断学习，不断创新，相互反省求真，勇于挑战极限及过去的成功模式，从而领悟工作的真实意义。判断一个组织是否是学习型组织，有以下四条标准：第一，人们能否不断检验自己的经验；第二，人们有没有生产或创造知识；第三，大家能否分享组织中的知识；第四，组织学习是否和组织的目标息息相关。

（三）从技术导向到顾客导向

企业管理由传统的生产导向过渡到工业化社会的技术导向，又由技术导向过渡到工业社会的顾客导向，目前则开始向全方位顾客导向方面进化。

之所以发生这种导向的变化，是和世界环境的变化分不开的。在全球经济一体化迅速发展的环境下，统一的世界市场日趋成型，各国企业对市场的竞争逐步渗透到世界的每一角落。由于各国在经济发展水平方面、社会制度方面以及文化习惯方面存在着各种差异，企业若完全按照同一的技术或产品来开辟不同国度的市场就会面临许多障碍。一般而言，以顾客导向的方式比技术导向的方式拓展市场更易取得成功。

同时，网络技术的迅速发展也为企业的顾客导向提供了手段和工具。企业可以把产品资料、销售合同样本、付款方式与折扣条件等都放在企业的网页上，客户一年 365 天、每天 24 小时随时可以访问查阅，不受任何时间限制。客户可以直接从网上了解商品、询问价格、签订合同、发送订单，甚至可以直接在网上设计自己喜欢的产品。

可以想像，在全球经济一体化的大环境下，在网络技术支持的交易模式下，谁能有效地吸引顾客，谁能为顾客提供最满意的产品和服务，谁就会成为竞争的胜利者。所以说，企业的经营理念朝顾客导向方向演变已成为管理发展的必然趋势。

（四）员工充分参与

关于管理的发展趋势，很多学者还从管理观念与原则、组织、激励、领导和沟通等诸多方面提出了他们的设想，其中许多对于这些趋势的看法已经在实践中初露端倪。这些趋势包括组织结构扁平化、决策重心下移、网络式沟通和团队协作的普及等。总而言之，这些发展使得员工在企业经营管理活动中拥有更大的自主权，可以更加充分地获得信息并进行加工与传播，更多地参与到企业决策中去。员工拥有更多的自主权，也被部分学者称为“分权化趋势”，这并不是高层管理者的权力的丧失，而是经济发展与企业进步背景下更加充分发挥员工的主动性、积极性与创造性，谋求企业更好发展的必然选择。

第四节　中国管理思想的产生及发展

导入案例 2-4

成立于 1984 年的联想集团，由中科院计算所投资 20 万元人民币、11 名科技人员创办，到今天已经发展成为一家在信息产业内多元化发展的大型企业集团。2003 年，联想电脑的市场份额达 28.99%，从 1996 年以来连续 9 年位居国内市场销量第一，至 2004 年 3 月底，联想集团已连续 16 个季度获得亚太市场（除日本外）第一；2003 年，联想台式电脑销量全球排名第五。

下面是联想在用人方面的一些做法：①入模子。联想集团以“入模子”培训在业内著称，培训班为全脱产封闭式，共 5 天，包括联想简介、奋斗目标、经营理念、行为规范和团队训练等，以及一系列团队活动，包括球赛、卡拉 OK 等。②顺畅的沟通。公司给每一位干部提供交流费，这笔交流费用规定用于干部与干部、干部与员工、与对口协作单位的交流，每一级干部有相应的额度。③有没有合适的人。联想在抉择业务发展时，首先要看有没有合适的人来牵头干，如果没有合适的“领军”人物，即使具备了其他条件，联想也不会仓促上马。④将每个人都视为

"人才"。联想将人才分为不同的层次,第一层是能独立做好一摊事情的人才,二是能带领一班人做好事情的人才,三是能审时度势,具有战略眼光的人才。对于每一类人,联想都会为其设计自己的职业发展空间,让每一个人看到自己未来的发展目标。⑤轮换制度。现在,电脑公司轮岗已经形成了一种制度,做得最好的是在大区人员的轮换中。⑥不过"独木桥"。联想提倡给每个人一个舞台,因此必须给每个人设计他发展的路径,职位是常见的一条路径,但不应是唯一的路径,联想正在制定新的职称评定体系,给每个人标志他相应水平的职称。

像联想这样优秀的企业,它们对新形式下企业管理模式和方法的探索实践,丰富和推动了我国管理思想的发展,它们的成功经验和做法,代表了中国现代管理思想的发展趋势。

一、中国古代传统管理思想

中国是历史悠久的文明古国,在长期的社会实践中形成了丰富的管理思想。在中央集权的国家管理、财政赋税的管理、官吏的选拔与管理、人口田地的管理、市场与工商业管理、文书档案管理等方面,形成了有特色的管理观点,很多管理思想至今仍闪耀着光辉;在政治、军事、财政、教育、外交等领域,出现了许多杰出的管理人才。还有很多著名的管理实践活动,如"商鞅变法"、"都江堰"的修建等都体现出中国古人高超的管理智慧。尽管我国古代的管理思想浩如烟海,但是由于受生产力和科学技术发展水平的限制,这些管理思想还比较零星分散。现归纳起来,大致有以下几方面:

(一)组织管理方面。

中国古人注意到组织结构对生产力水平的影响,并且总结出一些行之有效的组织办法。周公(公元前 12 ~ 11 世纪),他所编辑的《周礼》一书,是为周朝制定的一套官僚组织制度。这本书将周代官员分为天、地、春、夏、秋、冬六官;六官分三百六十职,各有职掌,层次分明,职责清楚。春秋时代孙武所著《孙子兵法》是世界上最古老的兵书,他在其中曾提到军、旅、卒、伍的军队编制。战国时代,墨翟提出了劳动过程分工的思想,他说,比如筑墙然,能筑者筑,能实壤者壤,能欣者欣,然后墙成。丁谓的"一举三得"重建皇宫方案、田忌赛马都是靠恰当的组织形式而取得成功的典型案例。借助于强有力的组织工作,我国古代完成了许多伟大的工程,如万里长城、京杭大运河、都江堰等。

(二)经营管理方面。

古代思想家老子提出"无为而治"的管理思想,他认为最佳的管理模式是"我无为而民自化,我好静而民自正,我无事而民自富,我无欲而民自朴",老子的"无为"是指尊重事物发展的客观规律,最终达到"无不为",这正是值得现代企业经营管理者借鉴的思想精髓。春秋初期的政治家、思想家管仲在他的《管子》一书中论述了经营管理思想,他认为一切社会活动均有"轨"可循,"不通于轨数而欲为国,不可",经营管理要顺应事物本身的发展规律,违背它必然遭到失败;另外,他特别强调要取信于民,办事要守信用,"不欺其民也"、"不行不可复";要从实际出发,量力而行,"动必量力,举必量技";统筹谋划,"事无备则废","以备待时"。春秋末期的政治家、军事家范蠡在灵活运用老子学说成功地辅佐越王勾践灭吴以后,弃官经商,同样取得成功,成为巨富。司马迁在他的《史记·货殖列传》中专门论述了范蠡的经营理论——计然之策。计然之策包括待乏原则和积著之理。待乏原则是指市场上的货物要根据年岁季度预测需求行情,预先收储以待时机,方有利可图,"水则资车,旱则资舟,夏则资裘,冬则资絺"。积著之理是指获取利润的方式,范蠡认为"务完物,无息币。以物相贸易,腐败而食之货勿留,无敢居贵。论其有余不足,则知贵贱。

贵上极则贱,贱下极则反贵。贵出如粪土,贱出如珠玉。财币欲其行如流水”。

(三)人事管理方面。

在用人上,我国历来有“选贤任能”、“任人唯贤”的主张和“禅让制度”,重视以人为本,强调道德素质的作用。老子在《道德经》中讲过“城中有四大,而人居其一焉”,“四大”是指道、天、地、人,可见老子十分重视人的因素。孔子也十分重视人才在管理国家中的作用,他说:“其人存,则其政举,其人亡,则其政息”,并主张“为政在人”和“举贤才”,而贤才的标准,一是要学而优,二是善于通达权变,三是不求全责备。孟子则认为“人皆可以为尧舜”、“以佚道使民,虽劳不怨;以生道杀民,虽死不怨杀者”。管仲在《管子》中提出“凡治国之道,必先富民”,“毋与不可,毋强不能”,因材施用,扬其所长,避其所短,不可求全责备。“德以合人,人以德使”,这样众心所归,方能群才荟萃。孙子在决定战争胜负的各种因素中突出强调人的重要性,“上下同欲者胜”,他把“智、信、仁、勇、严”作为衡量将帅的标准,要求将帅“视卒为爱子”,这样才能训练出一支战斗力强的军队。

(四)财务管理方面。

重视开源节流,崇尚节俭。荀况主张富国与富民共举,他提倡“上下俱富”,为此需要“节其流,开其源,使天下必有余,而上下不忧不足”。老子在《道德经》中反复论述“吾有三宝:曰慈,曰俭,曰不敢为天下先”。孔子在《论语》中指出“节用而爱民,使民以时”。墨子主张“俭节则昌,淫佚则亡”。早在南宋时期郑伯谦就提出了会计原则:“出纳移用之权”和“纠察钩考之权”要分别由不同“官司”执掌,也就是要出纳和会计分离。

(五)法治管理方面。

战国时期著名的“商鞅变法”,通过一系列政治经济改革措施,成功地提高了秦国的管理水平,商鞅在主持变法的过程中,始终坚持贯彻“治世不一道,便国不必法古”的管理思想,他说,惟有“以刑治,民则乐用;以赏战,民则轻死”,这样才能达到“以刑去刑”、“以战去战”,因此,非以“法治”无以治国平天下。韩非也认为法治优于人治,他主张法应具有公开性和平等性,即在法律面前人人平等,人不分贵贱都得遵守法律。这些法治思想汇成法家学说,后来逐渐演变成为一整套法治体系。

总之,中国古代管理思想博大精深,上述介绍仅仅是古代丰富管理思想中的极少部分,中华民族五千年历史中积累形成的管理经验和观点,至今仍有许多借鉴和利用价值,我们有责任进行发掘、继承、运用和发展。

二、中国现代管理思想

中国现代管理思想的形成背景极其复杂,既受到数千年历史文化的影响,又有官僚资本主义、民族资本主义和几十年的革命战争、历次群众运动的影响,还有前苏联管理模式的影响,更有毛泽东思想和邓小平理论的影响。20 世纪 50 年代起,中国开始了现代管理模式的探索,在有分析、有选择地学习国外先进科学管理理论、方法、手段的基础上,通过不断的实践总结,形成了一些适合我国国情的管理思想和管理模式,特别是三个阶段的社会主义经济管理体制改革,极大地促进了我国现代管理思想的变革和发展,从众多的管理方式方法的变化上看,中国现代管理思想的趋势体现在以下几个方面。

(一)从经验管理转向科学管理

由于受到复杂历史背景的影响,加上几十年间运动迭起、政策多变,以往管理者的指导思想并不十分清楚,在技术条件、管理经验等落后的情况下,很多时候都是按政策文件精神、凭自身经验办事，管理水平基本上处于经验阶段。随着改革开放政策的实施，我国在引进国外资金、工程项目、技术设备的同时，也把先进的管理理论、方法和制度带了进来；各地区和单位通过派出管理人员出国考察学习、对管理人员进行先进管理理论和方法的培训等方式，提高了管理人员科学管理的意识及水平。近十几年里，有很多创新的管理办法和思想，得到普及和推广。科学技术的突飞猛进，使先进的技术、设备不断应用到各行各业，尤其是计算机技术的应用，促进了信息化的发展，计算机辅助管理势不可挡。所有这些都无疑地促进了我国管理思想科学化的发展进程。

（二）从封闭管理转向开放管理

中国长期以来处于高度集中的管理体制下，新中国成立后，学习前苏联的管理模式，实行有计划的经济管理体制，资金、能源、劳动力等生产要素都由国家计划安排，各部门、单位都必须无条件地执行国家计划，因而造成市场经营观念淡漠的现象，使管理处于封闭状态。20 世纪 70 年代末，随着经济结构和产业结构的调整，企业开始面向市场，人们开始进行市场调查、预测，以市场需求为导向，确定企业生产产品的品种、数量，并在提高质量、完善服务、扩大市场等方面投入很大的精力。现在，像研究机构、学校这样的单位也要不同程度地面向市场，管理方式上也在变化。在市场经营管理的实践中，我国管理者的市场观念、竞争观念、效益观念、服务观念逐渐树立起来，开放型管理的思想将加快有特色的社会主义市场经济的飞速发展。

（三）从行政官员管理转向专家管理

在过去高度集中的管理体制下，我国所有组织和单位的领导及管理人员都由上级政府任命，并执行严格的行政等级。许多单位的领导并不具备相应的管理素质和业务能力，而且干部基本能上不能下，致使管理者不能全身心地与组织同呼吸、共命运，却容易把现有的职位作为仕途的一个台阶，管理工作当然做不到位。自改革以来，我国在干部任用制度方面已开始采用了民主推荐、公开招考、竞争上岗等方式，并取消了企业的行政级别，企业管理干部的选任更重视德才兼备原则，许多优秀的人才充实到管理岗位，那些懂技术、懂管理、品行好、有能力的人，已基本构成企业选用管理层的主流。目前，在我国企业和其他许多领导岗位上所发生的由行政官员管理向专家管理的变化趋势，正是顺应了我国社会主义市场经济建设的需要和管理工作内在本质的需要，具有非常重要的意义。

（四）从单一化管理转向多元化管理

高度集中的计划经济体制下，政府各级管理部门都是按产业和行业组织起来的，以便分管同一行业内的企业，这种模式必然要求所属企业向专业化生产方向发展，其结果是各个企业的经营范围十分狭窄单一，与之相适应的企业组织形态也是单一的直线职能制。经济管理体制改革的深入，市场化经营理念的建立，促使企业不断扩大经营范围，并根据实际情况和管理工作的需要选择组织形式和设置管理机构，企业管理制度和方法更讲求效率，管理创新也十分活跃，现代企业制度得到积极推广。总体上看，中国企业的经营范围、组织形态、管理制度和管理方法都在朝着多元化的方向发展。

（五）从重物管理转向重人管理

中国自古重视人的价值和作用，这在历史记载中随处可见，新中国建立之前的几十年的革命战争也都是围绕“以人为中心”进行的。新中国成立后开始了大规模的经济建设，然而在实施第一个五年计划的过程中，强调学习前苏联的管理经验，片面推行“一长制”，而苏联管理模式的实质就是泰罗制，这种管理思想和制度，把对物的管理放在重点。虽然在第二个五年计划初期曾肯定和推广了鞍钢“两参一改三结合”（即工人参加管理，干部参加劳动；改革不合理的规章制度;领导干部、工程技术人员、工人三结合)的经验,但是在“大跃进”运动中犯了不尊重客观规律的错误,造成管理上的极大混乱。从1966年开始的文化大革命,否定了管理的两重性,否定了以往的成功经验,以阶级斗争代替了管理,管理工作遭到严重破坏。1978年开始的改革,使国家和企业重新认识到人才的重要性,尊重人、关心人、培养人的工作得到加强,人事制度、分配制度的改革日益深化,社会保障体系正在逐步建立,政府及许多地方开始探索促进人才合理配置的管理办法,“以人为本”的思想意识已经形成,“重人管理”的趋势不可逆转。

中国共产党十一届三中全会以后,我国管理思想和理论在改革开放政策中得到全面开创与迅速发展,初步形成了具有我国自己特色的管理科学体系。由于改革尚在进行之中,管理领域的一系列问题还需要认识与重新认识,面临的情况也比较复杂,因此,对我国社会主义市场经济条件下的管理理论的发展趋势,还有待于做进一步的研究和充实。

本章提要

(1)人类在几千年的社会管理实践中积累了丰富的管理经验,形成了许多管理理论和学说,有很多杰出的管理学者和工作者为管理科学的发展做出了突出贡献。产生了科学管理之父——泰罗;经营管理之父——法约尔;组织理论之父——韦伯;人际关系学说的创始人——梅奥;等。

(2)二次世界大战以后,西方又出现了很多新的管理理论,形成不同学派,主要有社会系统学派、系统管理学派、决策管理学派、经验管理学派、管理科学学派、权变管理学派等,管理学家孔茨将其描述为“管理理论的丛林”。进入20世纪60年代以来,西方管理学界又出现了企业战略、企业文化、学习型组织、企业再造等管理理论新思潮。

(3)中国古代传统管理思想博大精深,在组织管理、经营管理、人事管理、财务管理和法治管理等方面都有高深的思想精髓,至今仍有借鉴价值。由于历史原因,中国近代虽有一些科学管理思想,但管理水平比较低下,缺乏对管理理论的研究。中共十一届三中全会以后,随着改革开放的不断深入,我国管理理论在实践中有了迅速发展,初步形成了“科学、开放、专业、多元和重人管理”的具有我国特色的管理思想体系。

案例分析

泰罗的管理思想

泰罗自己把科学管理称作是一场思想革命,这一思想革命最根本的东西就是用劳资双方的合作取代对抗。泰罗所说的思想革命,就是要使管理人员认识到,管理者与工人之间的关系不是对立关系而是合作关系,没有管理者与工人同心协力的合作,也就没有科学管理。

泰罗著名的搬运钢铁实验不仅说明了标准化的动作管理,也体现了劳资双方的合作。当时,泰罗所在的钢铁公司有一个生铁搬运小组,每人每天装货约12.5t,泰罗通过对工时和动作的研究,把工作分成若干基本动作,在逐项研究后,对工人的负荷、时间、动作等进行精密设计,以科学的方法合理安排工作程序、设计技术方法和劳动速度,减少不必要的消耗,省略多余动作,节约工人的劳动,最后计算出每个搬运工每天能够搬运的定额是47~48t。然后,他挑选了一名叫“斯密特”的工人，让他严格按照管理人员的指示工作，由一名拿着秒表的管理者掌握斯密特工作中的动作、程序和间隔休息时间，这样，斯密特在一天之内完成了 47.5t 的生铁搬运，其工资也由过去的 1.15 美元增加到 1.85 美元。泰罗强调，工时研究和工作分析绝对不是让工人拼命，而是要找到一个工人正常工作时的标准定额。

当时，一个名叫厄普顿·辛克莱的年轻人对泰罗提出抗议说：“泰罗把工资提高了 61%，而工作量却增加了 362%。”辛克莱认为这就是剥削。泰罗则指出，在他的管理办法下，斯密特挣到了更多的钱，但是力气花得并不比过去大。这里面的关键在于：斯密特被教会了如何干活，这个方法提高了劳动生产率，使工人省去了无用的劳动。更重要的是，过去是斯密特干活，工头监督，现在是新式管理人员与斯密特一起干活。旧时的工头的作用仅仅是防止工人偷懒，劳资双方是对立的，现在管理人员的脑力劳动，已经渗透到斯密特的体力劳动中，劳资双方是合作的。

分析导读：泰罗一生致力于寻找降低生产成本提高生产率的方法，他的主要贡献有两点：一是管理要走向科学，二是劳资双方的精神革命。在学习泰罗科学管理思想时，重点不是他的具体做法，而是其思想层面的内容。

思考与练习

一、复习思考题

1. 谈谈对泰罗、法约尔和韦伯的认识。
2. 人际关系学说是谁创立的，主要内容有那些？
3. 简述管理学主要流派的主要观点和代表人物。
4. 哪些管理思想代表了当代西方管理理论新思潮。
5. 中国现代管理思想有哪些发展趋势？

二、案例分析题

案例 2-1　从总裁推荐文章看学习型组织的构建

得利斯集团总裁郑和平酷爱读书，每每看到精彩的文章，总要推荐给员工。一次，某杂志“名牌列传”专栏刊载的一篇文章《“同仁”最是真》引起他的共鸣，郑总一连在 15 处文字下划了着重号。这些内容集中反映在：做精品要严格规范，精益求精；做事要兢兢业业，埋头苦干；做人要认认真真实实在在……郑总认为同仁堂造药，得利斯造食品都是吃的东西，是关系到人的身体健康的东西，两者具有很多的相似之处。郑总对这篇文章不仅自己阅读研究，而且向全体员工推荐，他希望这篇文章对全体员工有所启示。

下面是郑总推荐的文章以及他的批示。

《“同仁”最是真》

成药配方独具特色，考料炮制可谓一丝不苟，紫血丹的配方需用金锅银铲……一次，老板服用本堂生产的银翘 + 解毒丸时，口感有渣滓，便一追到底，发现是箩底的细绢并丝，造成箩目过大，他当场用水果刀划破所有箩底，令工人更换……俗话说：字要习，马要骑，拳脚要踢打，算盘要拨拉，久练即熟，熟能生巧……同仁堂选料是非上乘不买，非地道不购。……火候不济，功效难求，火小了，香出不来，香入脾；如果火大，炒焦了，焦气入心经，所以又有火候太过，气味反失一说。一颗牛黄上清丸就有100多道工序,药真工细,同仁堂一等品出厂达标率达100%。

"炮制虽繁必不敢省人工,品味虽贵必不敢减物力。"……

同仁堂人也琢磨同仁堂老而不衰的谜,说法不一,却有一点共识:传统也罢,现代也罢,兢兢业业,一丝不苟的敬业精神,啥时都重要。一位女工出远门回来后写到:"我深深懂得,踏踏实实工作,认认真真做人,才是最根本的,因为我的根基在同仁堂!"

批语:"同仁堂造药,得利斯造食品,都是入口的东西,但愿《"同仁"最是真》这篇文章能给我们的员工一点启示!"

1. 你是否赞成总裁推荐文章的做法?

2. 学习型组织中员工的角色发生了什么样的变化?

3. 你有哪些构建学习型组织的建议?

案例2-2　回到管理学的第一个原则

纽曼公司的利润在过去的一年里一直在下降,尽管在同一时期,同行们的利润在不断上升。公司总裁杰克先生非常关注这一问题。为了找出产生利润下降的原因,他花了几周的时间考察公司的各个方面。接着,他决定召开各部门经理人员会议,把他的调查结果和他得出的结论连同一些可能的解决方案告诉他们。

杰克说:"我们的利润一直在下降,我们正在进行的工作大多数看来也都是正确的。比方说,推销策略帮助公司保持住了在同行中应有的份额。我们的产品和竞争对手的一样好,我们的价格也不高,公司的推销工作看来是有成效的,我认为还没必要改进什么。"他继续评论道:"公司有健全的组织结构、良好的产品研究和发展规划,公司的生产工艺在同行中也占领先地位。可以说,我们的处境良好。然而,我们的公司却面临这样的严重问题。"

室内的每一个人都有所期待地倾听着。杰克开始讲到了劳工关系:"像你们所知道的那样,几年前,在全国劳工关系局选举中工会没有取得谈判的权利。一个重要的原因是,一直以来,我们支付的工资至少和工会提出的工资率一样高。从那以后,我们继续给员工提高工资。问题在于,没有维持相应的生产率。车间工人一直没有能生产足够的产量,可以把利润维持在原有的水平上。"杰克喝了点水,继续说道:"我的意见是要回到第一个原则。近几年来,我们对工人的需求注意得太多,而对生产率的需要却注意不够。我们的公司是为股东创造财富的,不是工人的俱乐部。公司要生存下去,就必须要创造利润。我在上大学时,管理学教授们十分注意科学管理先驱们为获得更高的生产率所使用的方法,这就是为了提高生产率广泛地采用了刺激性工资制度。在我看来,我们可以回到管理学的第一原则去,如果我们的工人的工资取决于他们的生产率,那么工人就会生产更多。管理学先辈们的理论在今天一样地在指导我们。"

1. 你认为杰克的解决方案怎么样?

2. 生产率低的原因还可能有哪些?

3. 你认为科学管理理论在当今的管理实践中应当怎样应用?

案例2-3　LMT公司

弗兰克.W.贝茨是LMT公司的总裁,这个公司是一家规模很大的公司,生产的产品有飞轮、制动器、弹簧、无线电和其他为汽车制造公司配套的零部件。这家公司还有一个分部,从事开发和制造宇航计划的零部件。LMT 宇航计划活动是由一位总经理朱莉娅·桑德斯担任领导。她的人事经理刘易斯·莱姆基向她提出建议，为使这个分部中的各级主管人员得到发展，应该让他们在心理学和人际关系方面进行学习并给予训练。他提出这点是因为，归根到底，管理工作是“人”的问题，而要人们能成为一个有效的主管人员的惟一办法，就是要完全理解他们自己，并且理解同他们在一起工作的主管人员和职工。

桑德斯小姐为这种思想所感动，她告诉莱姆基先生，同意他的计划并要他立即实行。这位人事经理于是尽力而认真地贯彻执行。几年以后，这个分部从最高层到基层的全部主管人员，都通过了一系列课程的学习和训练，理解了自己和别人，也理解了人际关系的所有方面。

然而，桑德斯小姐发现，纵然清楚地表明人们之间有了更好的了解，而这个分部的管理质量并没有因此而有所改进。事实很明显，LMT 公司的其他部门的成绩要比宇航分部好得多。贝茨总裁对此也很注意，并且要求桑德斯小姐解释，她的部门是怎样培训主管人员的。贝茨先生在听完该计划的内容后说：“我怀疑，他们是否走在正确的轨道上？”

1. 你认为这个宇航分部的训练方法是否抓住了管理学的实质？

2. 如果你是贝茨先生，你是否将会向桑德斯小姐建议应该做什么？

第三章　组织环境与社会责任

【学习目的与要求】

1. 掌握组织环境的概念和构成；
2. 掌握一般环境和任务环境所包含的主要因素；
3. 掌握组织环境的适应与控制；
4. 了解什么是社会责任，组织社会职责的认识过程；
5. 明确组织的社会责任及其限度；
6. 了解影响管理伦理的几个关键因素；
7. 认识改善组织伦理行为的几个主要方面。

管理对于任何一个组织而言都具有极其重要的现实意义。因此，管理者对于组织运作通常都具有决定性的影响力，但管理者也并非是无所不能的，许多存在于管理部门控制之外的约束力量也同样影响着组织的生存和发展。外部的约束力量来源于组织所处的外部环境，它约束着管理当局斟酌决定的权限。而内部的约束力量则来源于组织的文化，它存在于所有组织之中，约束着管理人员的决策选择。

第一节　组 织 环 境

导入案例 3-1

1982 年秋，8 位芝加哥地区的居民服用了含氰化污染物的增效泰诺胶囊后死亡。1986 年冬，类似的事件再度发生，纽约市的一位妇女也因服用了这种含氰化污染物的胶囊而身亡。在两次事件中，生产增效泰诺胶囊的美国强生公司的麦克尼尔消费产品分部，一再声称对这两次事件没有任何责任，全面的调查也证实了这一点。这两起中毒事件明显是粗心大意者的不慎行为。然而，事实并没有减轻中毒事件对泰诺胶囊销售额及强生公司利润的破坏性影响。

1982 年的事件后，强生公司收回并销毁了 3100 万瓶胶囊，致使税后销账 5000 万美元。而后，该公司又花了3亿多美元的资金，来推销其重新包装的“三层密封抗损坏”胶囊，从而成功地恢复了公众对产品的信任，并重新确立了自己的市场地位。但是1986年中毒事件发生后，强生公司管理当局决定，对其柜台上出售的所有药品不再使用胶囊包装，而采用塑料封装的片剂形式。这样做的成本是很高的，大约耗费了1.5亿美元用于回收胶囊、重新组织生产过程及新包装药片的促销。

强生公司的例子是否是独一无二的呢？如果只考虑泰诺产品的损坏，那么你可以这样认为。但如果你将它看成这样一种情况，即管理当局受到了并非自己造成的，也不是自身所能控制的某些事件的广泛冲击，那么这样的例子就不是偶然的了。有一个较近的事实可以证实这一点。1992年9月，一项对芬兰人的公开研究表明，人体内铁含量的高水平与心脏病有着明显的强相关关系。这一研究结果一下子使生产补铁元素产品的企业陷入困境。对于生产杰特林及其他补铁产品的史密斯克林—比彻姗公司(PLC)的管理当局而言，无疑是一个沉重的打击。面对突然下降的销售额，管理当局不得不重新安排公司的资源以支撑它的补铁产品生产。

强生公司和PLC公司的窘境，并不是自己一手造成的。可见，一个组织的成败与组织所处的外部环境息息相关。

任何组织都不可能脱离其所处的环境而封闭、孤立地存在，组织的生存和发展必然会与环境发生千丝万缕的联系。从购进原材料到售出产成品以及最终的售后服务，组织不断地在与环境进行着输入输出的转换。因此，组织的管理活动必然会受到与之息息相关的环境的影响。环境是组织中管理者管理行为的一个重要限制因素。

一、组织环境的概念

组织环境是指一切存在于组织内、外并对组织有现实和潜在影响力的因素。总的来说，组织环境可分为内部环境和外部环境两大部分。组织的内部环境主要是指组织的文化，它由组织内部所共享的价值观、规章制度、规范条例、风格特征等内容构成。而组织的外部环境则是指存在于组织之外，对组织产生影响的所有因素。它包括两个不同层次的环境领域：宏观环境和行业环境（又称具体环境）（见图3-1）。本节的组织环境是指组织的外部环境。

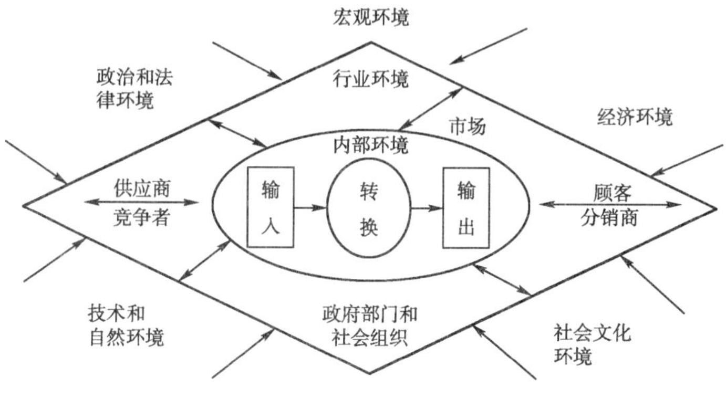

图3-1　组织环境

二、宏观环境

组织的宏观环境是指组织之外的对组织可能产生影响的非特定因素（即不一定与其他特

定的组织相联系的因素），它通常包括：经济环境、技术环境、社会文化环境、政治法律环境、国际环境等。宏观环境影响组织及其行业环境。对于管理者个人而言，产生于宏观环境变化中的机会和威胁比产生于行业环境中的机会和威胁更难辨识、更难做出适当的反应。但是，这些因素的变化对管理者和他们的组织有很大的冲击。

（一）经济环境

经济环境是指组织所处国家或地区的整体经济发展状况，它包括经济发展趋势、国家经济体制、物价水平、劳动力情况以及政府的财政金融政策等内容。一般而言，如果经济发展良好，那么组织就会处于较为有利的地位；反之，如果经济萧条，市场不景气，组织可能就会缺乏生机。我国于20世纪80年代中后期开始实行经济体制改革，于1993年开始全面进人市场经济领域。这一根本性的变化，使得许多原本只关注生产率的组织都不得不从盲目的生产中抬起头来，去观察市场，了解市场，掌握市场需求。组织开始从一个单一的生产者角色转变为集市场调研、生产规划、产品营销、售后服务于一体的全能角色。而这些都是国家经济体制变革对组织产生影响后带去的新气象。社会物价水平和通货膨胀程度对组织管理也有很大的影响。在劳动力、原材料价格不断增长，商品价格却不能同步增长的情况下，组织管理就必须千方百计地降低消耗，提高劳动生产率，以保证盈利。此外，财政金融方面的政策也是不可忽视的因素，银行贷款利率降低，往往会促进分期付款商品，诸如房屋、汽车等的销售；反之，则会降低人们对这类商品的购买力。

（二）技术环境

在一般环境的5个组成要素中，技术是过去四分之一个世纪以来变化最为迅猛的要素。半导体、集成电路、电子产品、激光、合成燃料等新技术的高速发展，尤其是电脑、网络的广泛运用，对组织管理活动和人类生活方式的改善产生了积极的、重要的影响。无论是工商企业，还是医院、大学、机场、军队，只有注重技术开发和技术革新，才能在竞争中处于领先地位；否则，将会遭遇淘汰的厄运。就好似西方联合公司，其在1987年时，还凭借着自动电传打字技术拥有不菲的收入，但不久由于传真技术的爆炸性发展，使得其技术惨遭淘汰，与此同时，公司也陷入了破产的绝境。

（三）社会文化环境

组织处于社会之中，随着社会价值观、习俗、消费风格、品位、宗教信仰、教育文化水平的不断改变和提高，组织的管理活动也应采取相应地调整，包括对产品、服务以及内部政策的调整。例如，通货膨胀、妇女运动，以及离婚率的上升使得发达国家中参加工作的女性人数大大增加了。这一变化给那些像雅芳公司那样依靠上门向家庭主妇推销其产品而获利的公司造成了极大冲击。因为如今越来越多的女性只有在午餐时间或下班后才进行化妆品和日用品的购买了。同样，银行、汽车制造商、服装制造商等也发现了由于妇女职业观的改变而引起的相应市场的变化。妇女们开始渴望更多的资金来源，寻求与新生活方式相符的汽车款式和档次，而她们对服装的要求也日趋职业化而非休闲化。随着职业女性的增加，组织的管理人员也不得不相应地调整其内部的组织政策和妇女工资待遇。例如，一个组织若无法提供照顾孩子的便利，那他也许就有可能丧失招聘到有才能女职员的机会。

（四）政治与法律环境

政治法律环境的内涵很丰富，它包括政局的稳定性、国际关系以及影响组织的法律、法规等。国家政局稳定，有利于组织管理部门增强投资信心，制订长期发展目标和计划；反之，则会动摇投资信心，使得管理人员只注重眼前短期利益。另外，国际关系融洽，会促进合资企业与跨国公司的建立，扩大管理活动的范围。而国家立法部门制定的法律、法规更是会对组织的行为起到一定的监督和约束作用。例如，法律规定的组织登记注册审批程序的简繁程度，对组织经营范围、劳动待遇以及价格、质量等方面的法律监督都会对组织的管理活动产生影响。

（五）自然环境

自然环境，是影响组织经营活动的物质因素的总和。如原材料、土地、山川、森林、矿山、江河湖海、空气、阳光、气候等。自然环境因素也会给组织带来威胁或机会，主要表现在以下三个方面：

1. 资源短缺。

随着人口的增长，经济和社会的发展，人类赖以生存和发展的自然资源出现短缺，现在很少有哪种资源是“取之不尽，用之不竭”的。就连水、空气也表现出了短缺性，如我国就属于淡水资源严重不足的国家，许多城市和地区“闹水荒”。在全世界，石油可称得上是最短缺的资源。在地球上有限的资源可分为两类：一类是可再生资源，如粮食、森林等；另一类是不可再生资源，如石油、天然气、煤炭、各种矿石、动植物物种等。

2. 能源成本上升

工业对石油的依赖，使未来的经济发展面临严重问题。除非开发出经济的替代能源，否则石油将继续主宰世界政治、经济局势。

3. 污染加剧

工业几乎毫无例外地破坏自然环境，化学制品、电池的随意丢弃，土壤和食品中的化学污染物，以及我们周围随手丢弃的无法降解的塑料瓶子、塑料袋和其他包装材料，这些都加剧了自然环境的破坏。

随着经济的发展人口的增长和科技的进步，自然资源日益呈现出它的稀缺性，即相对于人类的需要，自然资源显得不足、短缺，再加上人类对自然资源的污染、破坏，引起了世界各国对自然资源和环境保护的重视，国家通过一系列的法律法规来保护自然资源和环境，走绿色和可持续发展道路成为世界的大趋势。而这一切必然会给组织的生存与发展带来一系列的机会与挑战。

（六）国际环境

对管理者和组织影响最为巨大的国际因素是各国经济的一体化，如 WTO、欧共体的发展、北美自由贸易协定等。这些协定导致了国家之间商品和服务贸易壁垒的减少和门坎的降低。

贸易壁垒的减少和降低给一个国家的组织向其他国家销售商品和服务创造了大量的机会。但贸易壁垒的减少也会允许外国公司进入本国，争夺本国公司的国内顾客，对本国公司来说，这也会构成严重威胁。例如，美国的汽车制造商就眼睁睁看着日本竞争者在美国的市场占有率由 1973 年的 3% 上升到 2000 年的 27%。日本厂家能够向美国大量出口汽车，跟美国较低的汽车贸易壁垒不无关系。来自于丰田、本田和其他汽车公司的竞争迫使美国汽车公司的管理者不得不改善自己的经营。为了保持竞争优势，他们必须改进汽车设计和制造方法。正是由于美国汽车公司致力于这些方面的改变，美国汽车公司变得比外国竞争者更为强大；否则，外国汽车在美国的市场份额会更高。假如全球因素没有加剧美国汽车公司直接环境的竞争程度，这些公司的管理者很可能放慢上述变革的步伐。美国汽车业往往是很保守的、行动缓慢，但正是由于他们学到了新的全球的价值观和规范（如产品质量和可行性），当今的美国汽车业也形成了快速发展的趋势。

三、行业环境

行业环境指的是与实现组织目标直接相关的那部分环境。虽然，不同的组织所面临的行业环境会因组织自身的性质而有很大的差异,但对所有组织而言,构成行业环境的几个主要团体成分总是非常类似的。它包括:供应商、顾客、竞争者、有关政府机构和社会组织等。管理者通常将大量注意力集中于组织的行业环境,与宏观环境相比,行业环境能对组织产生直接的影响,更易为企业管理者所识别,并且宏观环境的改变对组织的影响往往要通过行业环境表现出来。

(一)供应商

供应商是为组织提供所需资源(诸如原材料、零部件或雇员)的个人或公司。组织中管理者工作的一个重要职责就是保证投入资源的供应。

以戴尔公司为例,该公司有许多零配件供应商,如微处理器供应商(英特尔公司和 AMD 公司),磁盘驱动器供应商(Quantum 公司和 Seagate 科技公司),预装软件供应商,包括操作系统(微软公司)和特别应用软件供应商(IBM 公司、甲骨文和美国在线)。戴尔公司的供应商还包括资金提供者(如银行和其他一些金融机构)、劳动力供应商。劳动力供应商通常包括培训雇员、提供熟练工人的教育机构以及代表雇员利益,通过行使工人罢工的权利,控制劳动力供应的工会。在工会势力强大的组织和产业中,管理者的一个重要工作内容就是与工会及其代表就一些协议进行谈判并加以落实。

供应商的性质、数量或类型的变化,都可能会对组织的生产经营带来重大影响。例如,当所需的物资只有一家供应商可以提供,并且这种物资对组织至关重要时,供应商的讨价还价能力则相当强,管理者就会面临来自供应商的严重威胁。与此相反的是,当一个组织在某一特定的投入需求上拥有许多供应商时,该组织则对供应商拥有相对有利的地位,能够从供应商那里得到价低质优的资源。

(二)分销商

分销商是帮助其他组织向客户推销产品或服务的组织。分销商和分销方式的变化也给管理者带来了机会和挑战。假如分销商规模大且很有影响力,能够控制顾客获得特定组织的商品的渠道,他们就能够通过要求该组织降低其产品或服务的价格,而对这个组织构成威胁。如巨型零售分销商沃尔玛控制着它的供应商与大量顾客之间的渠道,因此经常要求它的供应商降低价格。假如像宝洁这样的公司拒绝了其要求,作为回应,沃尔玛就可能只从宝洁公司的竞争对手那里进货。相反,假如一个组织拥有众多可供选择的分销商,那么一家分销商对该组织的影响力就不大了。

(三)顾客

顾客是指购买组织的产品与服务的个人和群体。例如,戴尔公司的顾客可以细分为如下几种类型:(1)购买家用电脑的个人;(2)小公司;(3)大公司;(4)政府部门;(5)教育机构。顾客数量和类型的变化或顾客的兴趣和需要的变化,都会给企业带来机会或威胁。组织能否成功,其关键就在于能否满足顾客的需求,使顾客满意,甚至惊喜。但是,顾客的口味和需求是不断发生变化的,这意味着组织存在着潜在的不确定性。因此,如果组织要在激烈的市场竞争中立足,就必须培养和巩固顾客的忠诚度;如果希望能不断提高自身的市场占有率,就必须进行市场研究,做好广告宣传,并且不断地改善服务,树立“顾客至上”的经营观念。

(四)竞争者

组织在行业环境中所面对的一个最主要的因素是竞争者。所谓竞争者是指那些生产或提供与某一特定组织产品和服务类似的产品或服务的组织。换言之,争夺同一类客户的那些组织互为竞争者。

任何组织，即使是寡头垄断厂商，也会有着一家以上的竞争对手，就好比可口可乐与百事可乐；通用汽车与丰田汽车、大众汽车一样。没有任何管理人员能够忽略竞争，否则其代价将是非常昂贵的。以美国的铁路运输业为例，其铁路行业经营状况恶化，连年亏损，原因之一就在于未能真正认清竞争对手。他们自认为对铁路运输业务的垄断经营就能实现对运输业的垄断。事实上，铁路运输只是整个运输业中的一部分，卡车、轮船、飞机以及公共汽车和私人汽车运输都是铁路运输的竞争对手。基于这样的认识错误，铁路行业总是以老大自居，故在很长一段时间内总是满足于现状，止步不前。此外，对于竞争的片面理解也同样是不可取的。竞争是多方面的，不仅限于争取顾客，在取得原材料、贷款上也有竞争，在技术发展、改进商品上更是竞争剧烈，而这些竞争最终又将是管理的竞争、人才的竞争。因此，管理人员必须保持清醒的头脑，仔细研究分析本组织的竞争状况及竞争对手的实力，并及时采取适宜的竞争策略。

（五）有关政府部门和社会组织

我国除了那些拥有所有权的主管部门（部、局、公司）外，还有为国家和社会利益而监督企业经营的各有关部、局，如财政局、税务局、劳动局、质检局等等。西方国家主管部门为了社会利益，也在若干方面对企业实行了严格监督。例如，航空局对飞机是否合格、能否安全飞行等实行严格监督；有关食品与药物生产，也受到食品药物管理局的严格监督，未获批准发证的，不准进行生产。在社会上，为了公众利益，也有很多组织，对工商企业进行监督如消费者协会等。因此，组织的管理者必须理顺同这些部门组织之间的关系，在他们的监督约束下进行生产管理活动。

第二节　组织环境的适应与控制

导入案例 3-2

一个家庭主妇因丈夫奉命到沙漠里去演习，只能一个人留在沙漠深处的一间小小铁皮房里，更要命的是，她的身边只有语言不通的印第安人，他们是那样粗俗、那样无知，她无法想像和他们在一起交流的情景。她感到非常难过，于是就写信给父母，说无论如何都要抛开一切回家去。

父亲的回信只有两行。但这短短的两行却从此完全改变了她的生活。信中这样写道：两个犯人都从牢里的铁窗望出去：一个看到泥土，一个却看到星星。反复地看这封信，她幡然醒悟，决心要在沙漠里找到星星。她开始尝试和当地人交朋友。一开始，他们的反应就使她非常吃惊——当她对他们的纺织品、陶器感兴趣时，他们就把自己最喜欢的、从不卖给游客的纺织品和陶器送给她。她开始研究那些使人着迷的仙人掌和各种沙漠植物，又从土著人那里学习有关土拨鼠的知识……。就这样，原来使人难以忍受的环境终于变成了使人流连忘返的奇境。观念改变了，她把在恶劣环境中生活看成是一生中最有意义的事情。她为发现新世界而兴奋不已，为此著书，取名《快乐的城堡》。

沙漠没有改变，印第安人也没有改变，她却适应了环境。那么，企业又如何面对复杂多变的环境呢？

一、外部环境的性质和特点

管理的外部环境具有不稳定性并对管理工作产生复杂的影响，这就给管理者认知、适应和改变外部环境带来困难。所以,管理者不仅要了解外部环境的内容,还要了解其性质和特点。

(一)综合性

管理的外部环境包括很多环境因素,各环境因素具有一定的独立性,但它们是作为一个整体对管理工作起作用的,这种作用具有综合性质。在某一特定的时期内,不同的外部环境因素对组织的影响程度可能不同,管理者很难准确地区分开来自外部环境的影响到底是哪种因素所致。因此,管理者必须把外部环境作为一个整体,考虑其综合影响。

(二)复杂性

管理的外部环境是一个多种环境因素的组合体,具有明显的复杂性。一方面,外部环境对组织及其管理活动的影响是复杂的、多方面的,其中有些影响是积极的,有些影响是消极的,甚至相互矛盾和冲突,同样的外部环境对某个企业来说可能是机会,而对另一个企业来说可能是威胁。另一方面,在外部环境中,其他环境因素相对于某一特定环境因素来说又是环境,各环境因素之间又相互影响、作用和制约,这些进一步加大了外部环境的复杂性。

(三)不确定性

外部环境的不确定性包括三层含义:第一,外部环境的变化速度。由于社会生产力的发展和生产关系的变革,外部环境总是处于不断发展变化之中。当然,伴随着外部环境的变化,各种环境因素不可能同步、同程度变化。一般来说,技术、经济环境,尤其是市场环境属于巨变环境,它们无时无刻不在发生变化。社会环境变化较慢,而自然环境则可能长期保持基本不变。第二,有关环境的信息和情报的不确定性。人们对外部环境的了解可以是直接的,但更多是间接的。如借助新闻媒介,对特殊现象进行分析预测等。信息情报本身不准确和信息传递中的失真都会使信息接收者无法准确了解外部环境的变化。第三,管理者制订计划决策时所规定的时间期限。期限越长,对环境的了解就越不准确。

二、组织环境的分析

组织的外部环境变动,是组织决策者事先难以准确预料,也是组织自身不可控的。一个组织只有认识周围的环境,了解它们的发展变化,才能较好地适应它们,为组织求得生存和发展的机会。对组织而言,凡是非组织决策者所能控制的外部条件,都构成组织环境的不确定性。

(一)组织与环境的互动关系

组织界线具有的可渗透性特征本身就意味着组织与外部环境之间必然会互相发生影响。但值得注意的是,与内部环境相比,组织的外部环境更复杂、动荡,蕴涵着更多的不确定性,更加难以预测,不可控制的因素更多。这就要求,在处理组织和环境的互动关系上,组织首先要主动了解、认识环境,在此基础上主动适应环境的变化,寻求和把握组织生存和发展的机会。

但是,组织也不能只是被动地适应环境。环境是多方面的,如果组织单纯被动地适应环境,将永远无法跟上环境的变化。从环境发生变化到组织识别这种变化并采取相应的措施,存在着时间差,也就是说,组织采取的措施滞后于环境的变化。很多企业发现市场某种商品畅销,便立即组织力量生产,产品生产出来之后,却发现市场已趋于饱和,结果造成产品的积压,生产能力的大量闲置。因此组织必须设法尽快地、主动地选择环境,改变甚至创造适合组织发展所需要的新环境。只有这样,才能在激烈竞争的环境中生存与发展。一味地被动适应只能导致组织的消亡,主动进攻才是最好的防守。

组织可以反作用于环境，这并非单纯理论上的推导，现实中许多企业正是这样做的。为提高产品质量，往往不是坐等或毫不犹豫地接受供应商提供的原材料和零部件，而是主动到众多的供应商中间去选，甚至主动向供应厂家提供技术管理人才，提供资金援助，进而获得高质量的原材料及零部件投入。如云南红塔集团，主动提供资金和技术，在原材料供应环节帮助烟农实现绿色原材料的质量保证，为企业最终产品质量提供了保证。目前，许多企业不惜耗巨资做广告，目的是激起消费者对本企业产品的需求，改变市场环境。

（二）环境对组织的影响

有效管理组织的第一步是认识环境对组织的影响：概括起来．外部环境对任何组织都存在着以下三方面的影响：

1．外部环境是组织赖以生存的土壤

首先，一个组织是否应组建，要根据所在的环境、社会需要和可能的条件来决定，离开社会需要，组织的存在就失去了意义；符合社会需要而条件不具备，组织也无法组建。其次，组织要开展生产活动，就必须筹集各种生产要素——人、财、物，但这需要从外部环境中获得。第三，组织的产出——产品和劳务，又必须拿到组织的外部去交换，才能获得收益，维持和扩大其生产经营活动。

2．外部环境影响到组织内部的各种管理工作

环境对组织中的各种管理活动都会产生不同程度的影响。比如，外部市场竞争的加剧，要求企业重新调整内部各部门的分工协作关系以提高竞争能力；文化教育的普及和劳动力素质的提高，要求企业领导采取新的激励制度和措施，以满足职工的高层次的需求。所以说，管理者必须对可能影响企业管理工作的各种因素加以明确、评价，并做出反应。

3．外部环境对于组织的管理工作质量、效益水平有重要的影响和制约作用

对于一个企业来说，其管理工作质量的好坏和经济效益的大小，首先取决于良好的外部环境。国家政策稳定，总体教育水平高，市场发育健全，法律政策齐备，则会促进组织的管理工作的质量和效益的提高，否则，会造成管理工作困难甚至混乱，效益低下。其次取决于管理者是否重视环境、适应环境，是否根据环境的变化做出正确的决策。作为管理者，要学会分析并把握外部环境变化的规律，认清外部环境中的机会和挑战，以促进管理工作质量的改善和效益的提高。

（三）管理环境

组织要想选择甚至改变和创造环境，必须加强对环境的管理。分析环境是对环境进行管理的第一步。

1．识别环境的不确定性程度

对环境进行管理的核心是环境中蕴含的不确定性。分析环境首先要识别环境的不确定性程度。美国学者邓肯提出从两个不同的环境层面来确定组织所面临的不确定性程度：一是环境变化的程度：静态（稳定）—动态（不稳定）层面；二是环境复杂性程度：简单—复杂层面。进而得出一个评估环境不确定性程度的模型。

如果组织面对常规的需求环境，如为相同的或极其相似的顾客的环境，则组织面对的是静态、稳定的环境，例如公用事业行业。反之，如果企业面对变化极其快速的环境，而且不同的环境要素都在发生变化，则组织面对的是动态、不稳定的环境，例如计算机行业。如图 3-2 所示。

简单 + 稳定 = 低不确定性 • 因素少并且这些因素是类似的 • 因素保持相同或变化缓慢 举例： 软软料瓶 啤酒分销 容器制造 食品加工	复杂 + 稳定 = 中低不确定性 • 大量外部因素，并且这些因素不相似 • 因素保持相同或变化缓慢 举例： 大学 用具制造 化学公司 保险公司
简单 + 多变 = 中高度不确定性 • 外部因素少并且是类似的 • 因素变化频繁并且不可预期 举例： 化妆品 流行服装 音乐行业	复杂 + 多变 = 高度不确定性 • 大量外部因素并且这些因素不相似 • 因素变化频繁并且不可预期 举例： 计算机企业 航空企业 电信企业

图 3-2　环境不确定性的影响

如果一个组织只与很少的外界部门相关，其面临的环境属于简单类型；如果组织必须面对许多外界部门，其面临的环境属于复杂环境。一般而言，组织规模越大，面临的环境越复杂。

2．时刻关注组织的具体环境

具体环境对组织的影响更直接，更频繁，所以是组织分析外部环境的焦点。在这一方面，迈克尔·波特教授提出的“五力模型”是一种特别有效的工具。边克尔·波特教授发现，在企业经营环境中，能够经常为企业提供机会或产生威胁的因素主要有 5 种，即本行业中现有的其他企业、供应商、顾客，其他行业之中的潜在进入者和替代产品及其生产企业组织，如图 3-3 所示。

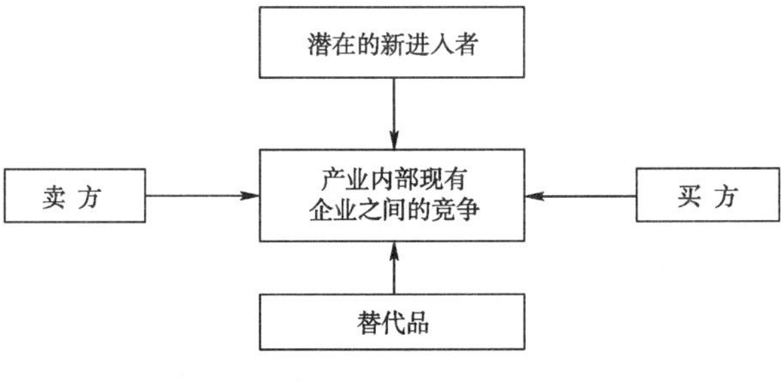

图 3-3　迈克尔·波特教授的五力模型

迈克尔·波特教授的模型适用于企业，也适用于其他类别的组织。这一模型帮助人们深入分析行业竞争压力的来源，使人们更清楚地认识到组织的优势和劣势，以及组织所处的行业发展趋势中的机会和威胁。

3．内、外部环境综合分析

管理要通过组织内部的各种资源和条件来实现，因此，组织在分析外部环境的同时，必须分析其内部环境，即分析组织自身的能力和限制，找出组织所特有的优势和存在的劣势。

任何组织的经营过程，实际上是不断在其内部环境、外部环境及其经营目标三者之间寻求动态平衡的过程。组织的内外部环境绝对不能割裂开来。如果一个企业能力很强，竞争优势十分明显，那么外部环境中的不确定性对该企业便不会构成太大的威胁。相反，不具任何经营特色的企业，无论外部环境多么有利，也不会有快速的发展。因此，应对比分析外部环境中存在的机会和威胁与组织内部的优势和劣势，以便充分发挥组织的优势，把握住外部的机会，避开内部的劣势和外部的威胁。

SWOT 分析是最常用的内外部环境综合分析技术。SWOT 分析是优势（Strengths）、劣势（Weakness）、机会（Opportunities）、威胁（Threats）分析法的简称。企业按照这种方法分析自身的优势与劣势，长处与短处，分析外界的机会和威胁，考虑自己的生存机遇。把环境分析结果归纳为机会、威胁、优势、劣势 4 部分，形成环境分析矩阵，如图 3-4所示：

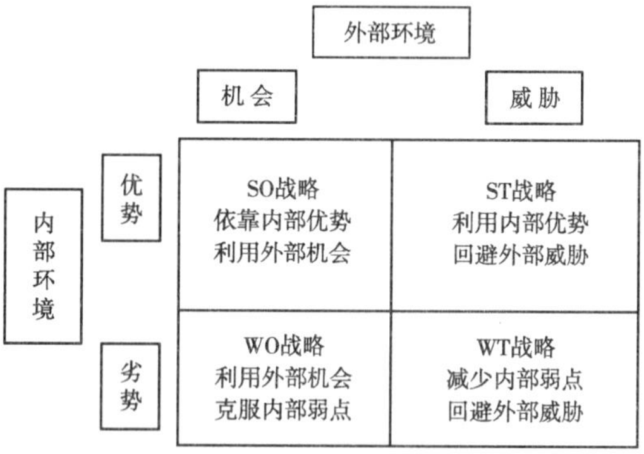

图 3-4　SWOT 分析矩阵

SWOT 分析之所以能广泛应用在各行各业的管理实践中，成为最常用的工具之一，原因在于：①它把内外部环境有机地结合起来，进而帮助人们认识和把握内外部环境之间的动态关系，及时地调整组织的经营策略。谋求更好的发展机会。②它把错综复杂的内外部环境关系用一个二维平面矩阵反映出来，直观而且简单。③它促使人们辩证地思考问题。优势与劣势、机会和威胁都是相对的，只有对比分析才能识别。例如从一般意义上讲，耐磨程度是衡量鞋的质量的重要指标，所以鞋商会因自己生产的鞋经久耐用而骄傲，并以此作为自身的优势。然而随着收入水平的提高，顾客已不关心鞋的耐用性，而是关心款式，在这样的环境下，这家鞋原有的优势便不再是优势。目前，许多企业的管理人员都陷入"高质量的产品"没有人买的困境。其实，他们所谓的"高质量"大多是企业自我的感觉和判断。④SWOT 分析可以组成多种行动方案供人们选择，加上这些方案又是在认真的对比基础上产生的，因此可以提高决策的质量。

三、组织环境的适应与控制

人类认识世界的目的是为了改造世界。任何一个组织认识环境的目的，不仅仅是为了认识，更主要的是为了适应环境、改变环境，以达到控制环境，求得组织的生存和发展。

（一）影响和改变环境

企业是一个特殊的组织，不论从理论还是实践方面，企业都不是单纯被动地适应环境，而是可以主动适应甚至影响和改变环境。一般来说，企业可以通过下列措施影响环境的变化，使之向有利于自己的方向发展。

1. 通过广告来影响环境

企业发布广告是有选择、有目的地向目标市场传播信息的过程。广告有利于消费者建立和巩固品牌信任和顾客忠诚度。尤其对于产品和服务差别较小的企业来说，顾客的信任可以极大地改善竞争地位。如广告让消费者了解企业，了解企业对消费者做出的承诺，这对消费者的购买决策有重大的影响。未来生产相同产品的企业越来越多，消费者的选择余地也就越来越大。拥有品牌和良好声誉的企业，从某种程度上减少了对消费者的依赖，甚至可以在交易中占据优势。

2. 签订有利的长期合约

企业可以通过与有良好声誉的供应商、销售商签订长期合约，在供应数量和价格方面做出规定。这样，在一定时期内企业与供应商、销售商之间建立的稳定的合作关系会直接影响企业与环境的关系,降低不确定性,减少波动。

3. 与其他企业经营管理上的合作

现在国外许多大企业间高层主管交互任职的情况颇为盛行,一家企业的总经理可能是另一家企业的执行董事。这种管理合作不仅为企业提供横向、纵向的联系,新鲜的决策思考角度,而且帮助企业作为相对的整体,增强实力,减少对外界的依赖,增强对环境的影响力。

4. 兼并、收买和建立战略联盟

在竞争与合作并存的外部环境中,企业兼并、收买那些对其经营造成威胁的企业和个人,可以减少竞争压力。企业对相关产业中企业的并购则是企业实现多样化或一体化经营的重要途径,这也会改变企业在本行业中的竞争地位,改变其与上下游企业竞价的实力。在彼此势均力敌的竞争对手间建立战略联盟,在某些重要的经营活动中取长补短,既可以加强合作减少竞争,又可以降低双方面临的不确定性。

5. 影响政府和权力机关的决策

国家和政府是市场经济规则的制定者,是企业组织经营活动的"裁判"。国家和政府的有关决策对企业有强制性的约束力,对企业的生存发展至关重要。由于企业是现代社会的重要单元,是市场经济的微观主体,企业特别是明星企业或联合起来的企业对政府决策有相当的影响力。

(二)选择与控制环境

如果企业管理者可以决定环境,他们中的大多数人都会选择稳定的、其变化可预测的环境。这样,企业对环境的依赖程度将会有所减弱,管理者的决策工作也将变得更为简单。如果企业只能被动地适应环境,而不能对外部环境中的不确定性控制到可管理的范围内,那么企业作为一个相对独立的开放系统将无法保持相对稳定的性质。实际上,企业可以主动地适应环境。如果企业具有主动适应环境变化的能力,那么企业对环境的依赖性就有一定程度的降低,就可以在主动适应环境的战略措施保障下,能相对独立、相对稳定地组织其将投入转化为产出的经济活动。

为了更好地控制环境,企业可以选择以下战略措施。

1. 选择适当的经营领域

每年都有很多企业倒闭或产生,有很多企业进入或退出,如果能够选择,企业当然应该放弃不利的经营领域,根据自身的情况选择环境不确定性较小的经营领域,更好地控制环境。对于某些一时难以退出正在经营的领域的企业来说,他们也可以选择多样化的策略以便减少对单一产品的依赖性。当然,多样化在企业减少对环境的依赖性的同时,也会给企业带来经营成本和经营难度的增加的困难。这是管理上的一种"两难选择",需要企业管理层从长远的角度作出决策。

2. 聘请合适的高级管理人员

企业的成败很大程度上取决于高层管理者的能力。优秀的高级主管不仅能充分运用其所学的知识和才能使企业得到发展,而且运用其与外部社会建立的良好关系,使企业更好地认识甚至影响环境。竞争对手的高级主管人员受到青睐,不仅因为他们具有丰富的经验和较强的能力,更重要的是其知晓竞争对手的许多重要信息。了解竞争对手的信息可以使本企业在竞争中"知己知彼"。有些企业乐于聘请卸任的政府官员,看重的就是他们与政府的联系,通过他们更好地了解政府的决策信息。

不论是竞争对手还是政府,都是企业外部环境的组成部分,运用他们的知识、能力、信息、社会关系,能更好地了解外部环境,这是企业减少对环境依赖的重要策略之一。

3. 密切监视环境变化

环境的任何变化都需要一个过程,但能够做到先知先觉的企业却少而又少。这是因为发现环境变化的早期信号和界定正在发生的变化程度都不是轻而易举的事情。为了使企业更好地适应环境变化,密切监视环境变化是非常重要的。组织中担任这一责任的人员应当是销售代表、市场调查员、采购人员、公共关系专家、人事招聘经理等,因为他们经常从事企业与外部环境进行人财物信息等生产要素和产品服务的交流工作,更便于也更多地了解外部环境。

4. 采取适当措施缓冲环境变化造成的压力

环境的不确定性决定了企业必然会遭到环境变化的冲击。如果企业没有任何缓冲压力的保护性措施,很容易在短期内受到巨大的损失。企业一般可以从投入和产出两方面采取缓冲措施,如加强原材料库存控制、内部成本控制、内部管理的强化、适当的成品库存等。

当然,采取缓冲措施也会给企业带来成本的增加。因此只有当缓冲措施带来的期望收益高于增加的成本时,企业所采取的缓冲措施才是经济合理的。

5. 采取措施,减少环境波动

对一些企业来说,需求总是有时间性、季节性要求的。如对电话的使用,上班期间是高峰,电信部门就在高峰期收正常价,夜间及公休日等使用低谷期收取半价或优惠价来进行调控。还有在旅游旺季,游客的大量增加使得旅游企业无力满足需求,只能根据客人预订的先后次序安排房间和床位。通过采取相应的手段,使企业不至于在环境波动时茫然失措,而是仍可以有条不紊地进行活动。

第三节　社会责任和管理伦理

导入案例 3-3

权威部门的统计显示:2002 年,内资民营经济在国内生产总值中所占比重接近一半!从全年国民经济总量增长的数据看,据估算有 1 成是个体私营经济提供的。而在全社会 13 亿人的就业中,民营经济的贡献更是占到九成以上!全国工商联主席黄孟复评价说:“民营经济已经成为中国经济中最具活力的增长极。”

上海慈善基金会创立十年来,募集善款超过 8 亿元,其中最大单笔捐款就来自于崇明的民营企业瀛通集团。再如:2003 年“非典”时期,超过 3000 家民营企业向各地各级抗击“非典”的组织捐赠款物达 5.6 亿元,其中联想、蒙牛、方正等民营企业由于贡献突出而获得媒体的广泛关注。在中国的跨国公司,也都比较重视承担社会责任和树立社会形象。然而不能不看到,中国民营企业的素质普遍不高。不少民营企业考虑的只是赚更多的钱,以利润最大化为惟一目的。为了盈利,他们不顾员工身心安全,又置环境污染于不顾,甚至有少数企业做着种种“为富不仁”的事情。

社会责任这个概念在这些民营企业家们的心目中到底有多少分量?

关于“组织是否应承担社会责任”的争论存在至今已将近整整一个世纪了。但事实上,在 20 世纪 60 年代以前,该问题始终都没有引起人们足够的重视和关注。直到第二次世界大战结束以后,人们才真正开始日益强调组织的社会贡献,才开始对组织的社会公益性行为有所期盼,有所要求。而时至今日,任何一名管理者在进行组织行为决策时似乎已不可避免地必须考虑到一系列极为明显的社会责任问题,如慈善事业、质量保障、雇员关系、环境保护等等。

当然，我们在讨论组织的社会责任的同时，另一个极其相关的方面——管理伦理问题，也是需要深入研究的。组织的管理伦理观体现了组织所确立的价值观，它反映了该组织对某些事件、某些问题的观点与态度，并在很大程度上决定了组织在承担社会责任方面的意愿。

一、组织社会职责的认识过程

在过去的几十年里，人们对组织应承担何种社会职责的认识发生了根本性的转变，大致经历了三个阶段。

1．利润最大化管理阶段

在20世纪30年代以前，绝大多数组织都以利润极大化作为自己主要的经营哲学。这种观点的存在主要是基于这样一种认识：追求组织利益应优先于追求社会利益。在当时，很多管理者都认为社会利益的实现是以组织利益的实现为基础的，社会需要是从属于组织需要的。所以在那时，很多管理人员都认为自己的惟一目标就是追逐尽可能多的利润，不论实现利润最大化的手段或途径是否有损于社会利益。这个观点曾在很长时间内一直维系着人们对组织的社会职责的认识。但自从进人大萧条时期，这种观点就逐渐显现出不适合之处。伴随着环境状况的变更，人们对组织的社会职责的认识也进入了一个崭新的阶段。

2．信托人管理阶段

自从全球经济经历了20世纪20年代末、30年代初的大萧条后，世界上一些主要的组织都开始采用公司制的形式，将组织改制为由众多股东控股的企业模式。这时组织内部的管理人员就成为了众多股东们的信托人，承担着协调内、外部各种群体不同需求的职责。这些群体包括股东、供应商、顾客以及公众等。而所谓的信托人管理事实上就是指调和各种需求冲突的过程。信托人管理当局应对所有这些对组织有助益的群体负责。这种组织职责观主要是建立在这样一种假设上的：组织与社会之间应是相互合作的伙伴关系，为了彼此的共同生存，两者必须相互协作。虽然，信托人管理的组织职责观仍有偏颇之处，但显然是比早先狭隘的“利润最大化”要进步得多了。

3．生活质量管理阶段

对于生活质量管理的关注最早出现于20世纪60年代初。在这个历史阶段中，社会上不断呈现出动乱、幻想破灭以及对组织信任度丧失的迹象。人们开始意识到提高国民生活水准不能仅强调数量标准，还需注重质量标准。倡导提高生活质量的人们认为：组织与社会之间不应该是合伙人关系，相反的，组织需要应从属于社会需要。换言之，这种观点强调的是社会利益的优先性，这恰恰与“利润最大化”观点所倡导的内容相左。

就目前现状而言，大多数组织仍比较信奉“信托人管理”的信条，但也有不少组织信奉其他两种哲学。然而，信托人哲学在今后是否仍会处于主导地位，或者是否还会有其他什么新的模式出现，这就必须拭目以待了。

二、什么是社会责任

社会责任是指组织在追逐自身利益的同时，对社会所需承担的相应义务——维护并提高整个社会的福利水平。它是指组织所应尽的一种实现社会长远目标的义务，这种义务与法律和经济效益的要求无关，但与组织的道德伦理观有密切联系。

为了能更好地理解社会责任的含义，我们引入另外两个与之较为相似的概念——社会义务和社会响应进行比较、区分。社会义务是组织参与社会的基础。当一个组织承担了其经济和法律责任时，就意味着该组织已实现了它的社会义务。社会义务的履行仅代表着组织达到了在经济和法律上的最低要求。因此，社会义务是三者中最基础的一个方面，社会责任与社会响应的实现都是以社会义务的完成为前提条件的。

社会响应是指一个组织适应社会变化的能力。与社会责任相比，社会响应更注重运用各种手段和途径去实现其中、短期的利益。而社会责任考虑更多的则是一种道德规则，强调义务的实现和一种长期利益的获得。

三、影响组织承担社会责任的因素

事实上，组织对社会责任的态度是受到各种因素影响和干扰的。有些因素是促进性的，它增强了组织对社会责任承担的意愿，而另一些因素则具有一定的消极性，它会削弱组织在这方面的意向。

撇开个人的信仰、伦理观以及价值观不谈，我们可以发现促使组织承担社会责任的积极因素有：①公众形象。承担社会责任的良好行为有助于组织在公众中形成良好的口碑。②长期利润。良好的社区关系和负责行为能为组织赢来更稳固的长期利润。③组织系统。社会责任的履行能为组织增添吸引力，从而留住优秀雇员，形成良好的组织氛围。④规范行为。社会责任中的道德规则能有效地约束组织的日常行为，从而尽可能地避免对非法的和不道德手段的采用，等等。

与此同时，也有很多消极的因素存在，例如：①股东权益。社会公益性举措会削减股东们的即得利润，若按照"信托人"观点，这体现了管理当局对股东的不负责任。②行为衡量。组织的社会行为效果通常难以用确切的指标进行度量。③成本问题。许多社会责任活动是不能自负盈亏的，这就导致组织最终会以提价的方式将成本转嫁给消费者。④权力过大。组织本身就已具有在经济领域内的充足权力，若再涉足社会领域，处理社会问题，追逐社会目标，那么组织所拥有的权力就会产生过度膨胀现象，等等。

四、社会责任的限度

管理人员作为众股东的"信托人"在组织中的首要职责是什么？是成为慈善家或是社会知名人士吗？对于这个问题的回答，或许能帮助我们更清醒地明白一个组织在承担社会责任时所需控制的限度。

管理人员作为组织机构的仆人，他的首要职责是对他所服务的机构负责，他的首要任务是使他的机构，无论是企业、医院、学校或者是其他组织，执行其职能并为此而做出贡献。如果某组织的高层人士虽通过其权利优势成为了一名卓有成效的社会问题处理专家，享有很高的社会知名度和社会地位，但他所经营的组织却陷入财政危机或濒临破产，那么，这个人对于该组织、对于社会而言，仍是极不负责的，至少是有负信托的。所以，对于任何一个组织来说，其最终承担社会责任的程度应根据自身的一些实际情况来确定，真正做到量力而行。以下是组织在承担社会责任时所应具备的几方面素质。

1. 组织的特殊任务

组织完成自身的特殊使命是社会的第一位需要，也是社会利益的根本保证。组织的首要社会责任是执行其职能，如果他不能认真负责地执行其职能，那他就根本无法很好地完成其他任何事情。尤其是对工商企业、社会的经济机构来讲，更需强调这一点。其首先必须完成使命所要求的最低限度，获得最低限度的利润率，否则，一个自身根本无法生存下去的企业又何谈造福于民。

虽然，现在社会上流行这样一句双关语："对于一个企业来讲，单只做得好是不够的，还必须做好事。"但是，若其连自身的业务都没能做好的话，又如何"做好事"呢？

2. 组织的实际能力

承担组织在该方面缺乏应对能力的工作是一种不负责任的行为，也是一种残酷的行为。它使组织在进行了大量地投入后，因无法实现预期目标而陷入困境。一个组织，尤其是工商企业，在社会责任领域内的能力是有限的。因此，管理当局在承担某项社会责任并处理某项问题以前，必须好好地思考一下：那项工作组织有没有能力承担以及有哪些部分较适合自己组织的能力？其中是不是有的部分可以用具体的目标和可以衡量的成绩来予以规定？如果答案都是肯定的，组织才可以认真地开始考虑承担自己的社会责任。如果答案是否定的，而且在许多领域中答案都会是否定的，那么，不管问题是多么重要或对组织来讲是多么迫切，组织都最好先不要承担。若勉强承担了，只会对社会和该组织造成损害，而不会取得任何成就。

3. 组织的职权

职权和责任仿佛是一个事物的两个方面。任何人在享有某种职权的同时就必须担负其相应的责任。那么相反的，一个人在承担某种责任时就应该享有行使相应职权的权力。组织承担社会责任也是一样。组织承担社会责任的过程实际上也是组织行使某种相应职权的过程。但有时候，某种社会责任背后所赋予的职权对组织而言是不可得的，或者说是组织不该拥有的，那么这时该组织承担的那份社会责任就变得不可行了。所以，任何时候，当人们要求组织承担某项责任时，应该先问一下："该组织有这种职权吗？他应该有这项职权吗？"如果该组织没有而且不应该有这项职权，那么由该组织承担那份社会责任就有些不切实际了。

总而言之，组织有担负一定社会责任的义务，但也要视情况、场合以及条件而定，在有些时候，该拒绝时仍需说"不"。

五、什么是管理伦理

一个推销员贿赂一位采购代理人以诱使其做出购买决策，这种行为是道德的吗？如果这笔贿赂款是出自推销员自己的销售佣金，那又当如何看待呢？这两者之间是同质的，还是异质的？如果某个人在经济萧条时期为了找到一份工作养家糊口而有意低报自己的真实学历，因为这份工作根本不需要高学历的人去从事，那么，这种行为又是道德的吗？将公司的汽油挪为私用是道德的吗？用公司的电话打个人长途是道德的吗？请公司的秘书打个人信件又是道德的吗？……在日常的组织生活中，每个人都会在有意或无意间进行着一系列对伦理行为的判断和选择。那么，到底何谓伦理及伦理行为呢？

伦理通常是指规定行为是非的规则和原则。那么顾名思义，管理伦理观即指在管理领域内所涉及的是非规则和准则。一个组织的管理伦理观通常都能较为清晰地反映出在该组织文化中所蕴藏的价值观、态度、信念、语言以及行为模式等。所以，管理伦理既是一个个人行为问题，同时也是一个组织行为问题。

伦理行为是一种与盛行的社会规范和文化准则相一致的行为。它与通常所说的合法行为不是同一概念。合法行为是指那些被法律与法规所承认和允许的行为举措。它通常较为客观，受法律和法规的严格约束，并要求任何组织都给予强制执行。而伦理行为则带有很大的主观意识，有时甚至在是与非之间很难决断，它更多的则是受到公众舆论以及社会压力的影响。合法行为与伦理行为之间多数时候是一致的，但有时候也会出现"合法不合理"的现象或者"合理不合法”的状况，这时就需根据场合、情景以及个人的是非态度、道德观等再加以权衡轻重，但无论如何，合法总是第一位的，需给予优先满足。

六、影响管理伦理的因素

一个组织或个人的行为是否合乎伦理道德，通常受多种因素的影响。最主要的因素包括个人伦理道德的发展阶段、个人特征、组织结构设计、组织文化以及伦理道德问题的强度等。这些因素的共同作用将最终决定着组织或个人所采用的手段会是道德的还是不道德的。此外，个体道德感的强弱也并不是一成不变的，它在很大程度上是由个体所在组织的环境决定的。缺乏强烈道德感的人，如果在组织中受到规则、政策、工作规定或加于行为之上的强文化准则的约束，那么他们产生不道德行为的可能性就小，久而久之，会产生一种道德认同感，从而改善自身原本的道德伦理观。相反，原本非常有道德的人，也可能在一段时间后被组织的结构和组织中允许或鼓励不道德行为的文化所腐蚀，而削弱自身原有的道德感。所以，在组织内部建立一个良好的道德伦理工程是非常重要的。接下来，我们就一起来分析一下那些最终将影响组织或个人伦理行为的主要因素。

1. 道德的发展阶段

经一项实质性研究表明，道德的发展存在着前后相继的两个水平，而每一个水平中又包含着两个不同的阶段。第一个水平称为原始水平。伦理道德处在这个水平上的人们在进行是非曲直判断时所参照的唯一指标是个人利益的得失情况。通俗一点说，也就是人们的行为方式是根据趋“利”避“害”的原则而决定的。这里的“利”是指自身利益的可得性，而“害”则是指所受惩罚的规避性。在这一水平中所包含的两个道德伦理阶段是：①为避免受罚而遵守规则阶段；②为获取直接利益而遵守规则阶段。第二个水平称为传统水平。在这一水平上的人们较看重他人的期望以及对传统秩序的维护。

它包括这样两个阶段：①做周围人所期望的事情；②通过履行你所赞同的准则来维护传统的秩序。而第三个水平则是原则水平。处在这一水平上的人们开始摆脱他们所属群体和一般社会的传统观念，确立自己的价值观、道德伦理观以及一系列进行是非判断的个人道德原则。这一水平上的两个阶段是指：①支持自身认可的价值观和权利，而不管该价值观和权利是否符合多数人的意见；②遵循自己所选择的道德原则。这两个水平、六个阶段展现了人们道德伦理观的形成过程，一个不断趋于主动、主观的过程，呈阶梯状分布。每个人都会毫无疑问地经历这样一个阶梯式攀登的过程，所不同的只是每个人在其最终伦理道德上的停留阶段有异。一般来说，一个人伦理行为的道德水准与其伦理道德所能达到的阶段呈正相关关系。

2. 个人特征

研究者发现，有两个呈现个人特征的个性变量对人们的行为有较大的影响。这两个个性变量，其一是自我强度变量，其二是控制中心变量。自我强度是衡量个人自信心强度的一种个性变量。通常，自我强度高的人具有较大的自信心，他们更多地会做他们认为正确的事。所以，自我强度高的人会比自我强度低的人在伦理判断和伦理行为之间取得更多一致性。而控制轨迹则是用于衡量人们相信自己能掌握命运程度的个性变量。具有内在控制轨迹的人认为自己对命运有绝对的控制力，而具有外在控制轨迹的人则认为自己一生的命运是由运气和社会来决定的。因此，在一般情况下，具有内在控制轨迹的人会比那些具有外在控制轨迹的人，在伦理判断和伦理行为之间表现出更大的一致性。

3．结构变量

良好的组织结构有助于强化组织成员的道德行为。一般而言，模糊性最小的组织结构设计最能提高员工对伦理行为的认识程度，而组织正式的规章制度、清晰的职务说明和明文规定的道德准则能有效地减少这种模糊性，而且还能促进行为的统一性。此外，上级的行为以及组织绩效评价系统的完善与否也是两大关键因素。上级管理者的行为标准对其下属而言往往会产生最为直接且有效的影响，而组织在评价时对结果和手段的注重态度也会对员工伦理行为的选择产生较大的影响力。

4．组织文化

组织文化的内容和力量同样也会影响组织员工的伦理行为。一种可能形成较高伦理标准的文化是一种高风险承受力、高度控制，以及对冲突高度宽容的文化。处在这种文化中的组织员工，会被要求不断创新和进取，并会对道德和不道德行为产生清醒的认识。而从文化力量的角度而言，如果文化的力量很强并且支持高伦理标准，那它会对组织员工的伦理行为产生非常强烈和积极的影响。例如，强生公司有一种长期承诺为顾客、雇员、社会和股东履行义务的强文化。当 1982 年和 1986 年，有毒的泰诺胶囊在商店货架上被发现时，美国各地强生公司的雇员，甚至在强生公司还未发表有关中毒事件的声明之前，就自动地将这些产品从商店撤走了。事实上，并没有人告诉这些雇员在伦理道德上什么是对的，但他们知道，强生公司期望他们的是什么。

5．问题强度

影响伦理行为的最后一个主要因素是伦理道德问题本身的强度（严重性）。有六个相关特征将最终决定问题的强弱和重要性程度：

(1)某种伦理行为的受害者（或受益者）受到多大程度的伤害（或利益）？

(2)多少舆论认为这种行为是邪恶的（或善良的）？

(3)行为实际发生和将会引起可预见的危害（或利益）的可能性有多大？

(4)在该行为和它所期望的结果之间，持续的时间是多久？

(5)你觉得（在社会、心理或物质上）你与该种邪恶（或有益）行为的受害者（或受益者）关系的亲疏？

(6)伦理行为对有关人员的影响的集中程度有多大？

根据以上六项特征可知，若某行为造成危害的可能性越大，其行为到后果的时间间隔越短，人们与受害者关系越近，其危害性越严重，影响集中度越显著，舆论谴责越强烈，那么该问题的强度就越大，其重要性程度也就越高，人们对该行为具备道德性的期望也就会越强烈。

七、改善伦理行为

在日趋激烈的全球竞争中，通过建立规范的道德伦理体制来创建一个有利于加强团结和提高声誉的组织氛围，已成为各组织获得成功所必不可少的基础。为此，组织的高层管理者应特别重视以下几个方面：

1．新员工招聘

组织在招聘的过程中，应重视对应聘者个人价值观和性格的测试。一般可通过面试、笔试以及情景测试等多种形式进行综合了解，并据此对那些在伦理道德上不符合要求的人员进行淘汰和剔除。虽然，这种甄选过程会受到形式等一些主、客观条件的影响而有时显得不那么完全可靠，但不可否认，它是组织了解个人伦理道德发展水平、个人价值准则、自我强度和控制中心的一个良好机会。

2. 制定明确的伦理准则和决策规则

伦理问题具有一定的主观意识性，就好似一句俗语所说，“仁者见仁，智者见智”，在不同文化背景和家庭环境中长大的人对于某些问题的伦理判断可能会产生大相径庭的观点。所以，在多元化的组织内部应建立明确的伦理准则，这有利于避免组织员工可能产生的迷茫感。《财富》杂志列出的1000家公司中，几乎90%的公司都已建立了一套明文的伦理法规。伦理准则是表明一个组织基本价值观和它希望雇员遵守的道德规则的正式文件。在伦理准则的制定过程中，要特别注意两个方面：一方面，伦理准则应尽量详尽具体，能让雇员明白组织所要求的工作精神；另一方面，伦理准则又应有足够的宽松度，从而给予雇员们一定的判断自由。

3. 高层管理者的榜样作用

组织伦理准则的有效落实，高层管理者的以身作则是关键。因为组织文化基调的建立通常是自上而下的。高层管理者的言谈举止对其下属而言往往具有很强的表率作用，尤其是在某些敏感性问题上，诸如贿赂、晋升、奖惩等问题上，下属员工会更直接以其上司的行为为模板，进行操作，同时还会据此建立起对该问题的道德伦理意识的是非观。所以，作为组织最高决策者的管理人员应时刻警惕自己的所作所为，因为这已不仅仅只是一种单纯的个人行为，它可能会直接影响到组织道德伦理工程的建立。

4. 建立明确且可行的工作目标

工作目标的可实现性对于组织的管理伦理具有很重要的现实意义。若组织给某个员工所制定的工作目标是根本不切实际，难以完成的，那么在该目标的重压之下，即使原本很有道德感的人也会迫于无奈而可能采取“不择手段”的方式方法。由此而造成的价值观和道德伦理观的扭曲对组织来说是损失重大的。

5. 定期的道德培训

如今，越来越多的组织已开始设立研讨会、专题讨论会以及类似的培训项目，尝试着去改善组织的伦理行为了。据最近的估计，44%的公司已提供了某些不同程度的伦理培训。虽然，对于伦理培训的效果有一部分批评者始终持着否定态度，但一些实验证明，伦理培训对于员工伦理行为的实质性变化仍是非常有益的。这种培训提高了组织员工个人的伦理道德发展水平，即使这种培训没有对行为产生本质影响，但至少它增强了受训者对管理伦理问题的意识。

6. 建立完善的绩效评价体系

结果和过程是绩效评价的两个主要方面。一个在绩效评价时只看重经济成果的组织是很容易陷入伦理困境的，因为他们往往会为了追求理想的结果而不择手段。所以，在一个坚持高伦理标准的组织里，他的绩效评价应该是结果与过程相兼顾的，有时甚至会更注重其实现结果的手段和途径的道德性问题。

此外，组织还可以通过进行定期的和不定期的审计抽查来监督组织的管理伦理，也可以建立一些组织伦理行为的咨询机构，通过沟通来帮助组织成员明确伦理道德问题，更有甚者，还可以通过对组织核心价值观的不断强调，对组织内正确行为的不断肯定以及在组织内建立共同奋斗目标等方式来改善组织内部的道德伦理现状。

本章提要

1. 组织环境有内、外之分。外部环境又可根据其对组织作用的直接与否而划分为宏观环境和行业环境两大部分。

2．宏观环境中的5个主要因素是经济环境因素、技术环境因素、社会文化环境因素、政治法律环境因素和国际环境因素。而行业环境虽然因组织性质和经营业务范畴的不同而各不相同，但基本的要素是类似的，包括供应商、顾客、竞争者以及有关政府部门和社会组织等。

3．生存于社会中的组织对于社会应承担相应的社会责任和义务。这与组织所追求的经济绩效并不存在着必然的矛盾关系。如果运用得当，有时甚至还会给组织带来十分稳定、可观的长期收益。

管理伦理是又一个涉及到组织道德行为的重要问题。对于当今社会而言，组织若期望得到长期发展的可能，那么伦理行为的实施就是其必须具备的条件之一。

思考与练习

一、复习思考题

1．你认为一般环境和任务环境何者更为重要？为什么？

2．试分析组织与环境的关系，两者间哪一方的影响力更大些？请举例说明。

3．你是如何理解社会责任的？工商企业应当承担社会责任吗？为什么？

4．管理伦理指的是什么？你是如何看待企业“生意经”的？做生意能不讲职业道德吗？

二、案例分析题

案例3-1　国际商用机器公司

20世纪60年代的大学毕业生把进入国际商用机器公司(IBM)视为最好不过的就业机会。IBM在增长机会和工作保障之间求得了极好的平衡，它领导着计算机产业的发展，并且它从未解雇过一位员工。

今天，IBM已成为美国的第四大工业企业，它的产品范围从800美元的打字机到1亿多美元的数据处理系统，每年可创造640多亿美元的销售额。但今天，IBM向雇员提供的不再是30年前那种高增长、高职业保障的机会了，因为今天的IBM正承受着文化的压力，这种文化更适合于IBM几乎垄断计算机工业的时期。

近年来，IBM面临着严峻的挑战。由于越来越多的企业已转向购买高性能和高灵活性的个人计算机，使得对高利润率的大型计算机的需求减少了。对IBM而言，不幸的是，PC机已成为可互换的大众化的商品，而且在几家主要的制造商之间展开了激烈的价格竞争。PC机带来的利润流向了像苹果计算机公司那样的公司，它们不断开发创新产品满足日益增长的顾客需求。如今，IBM只占有约25%的PC机市场，与20年前50%的份额形成了鲜明的对比。1991年，IBM遭受了80年来令人震惊的28亿美元的第一次亏损。

看一下曾经有助于公司成功的因素，可以使我们更好地了解IBM当前的问题：一种受到规则束缚的保守文化，以及对顾客服务的永恒承诺。

IBM的创始人，托马斯·沃森几乎为每一件事情都制定了规则：深色西装，白衬衫，条纹领带是IBM的“制服”。喝酒，甚至下班后喝酒也被禁止；雇员们被要求接受频繁的调换。今天，虽然规章制度的严厉性减少了一些，但保守形象还是一如既往。具有讽刺意味的是，这种适用于IBM成长及温和竞争时期的保守文化，在现在动态的环境中已成为发展的主要障碍。20世纪60年代至70年代,由于IBM提供了可预见的成长及就业保障而被吸引到公司来的一批人,现在也成为公司的负担,因为他们与当前所需的变革和创新的文化不相适应。

IBM的人员承诺顾客的服务。公司的销售人员一直是公司的骄傲,他们经过全面培训并掌握了丰富的知识。大部分雇员在进入公司的头6周里都要接受公司的培训;每年,管理者至少花40个小时的额外时间参加研修。尽管公司遇到财政困难,IBM仍坚持每年投入几亿美元资金用于教育和培训。如果顾客购买的IBM的设备出现了问题,他们相信公司的销售和服务人员有能力解决。但是强调服务与产品创新比较,在IBM的许多竞争者几乎每月都推出新产品的现实中,IBM仍将筹码压在"服务"上。当市场不断要求创新并对创新给予很高的酬报时,IBM的文化仍只注重服务而不注重新产品开发,这显然是不合时宜的。

IBM对其自身问题的反应是进行大规模的重组。1991年,公司解雇了2万人;1992年又解雇了相同数量的员工,这种剧烈的重组已经司空见惯。雇员的职务比先前降低了2个到3个等级。如果你是一位年薪60000美元的市场研究员,虽然你的薪水没有受到影响,但你发觉自己是在传达室工作时,你的感觉如何呢?可以想象这些变化对IBM雇员所产生的影响。这样的事情就发生在1992年的IBM公司。

问题:

1. 在20世纪90年代,IBM公司的具体环境发生了哪些变化?

2. IBM的历史文化及环境中的改变是如何制约公司的高层管理层的?

3. 你如何运用管理象征论来描述IBM的前期的成功和近期的困境?

案例3-2　环境、生存与发展

任何企业都是在一定的环境下开展活动的,其生存环境的变化必然使其生存方式发生变化。

1. 实际上,目前国内市场的竞争,尽管表现激烈,但远不能说是充分竞争,与完全市场经济条件下的竞争有根本区别。首先,国内市场并不是充分开放的市场,外国产品进入我国市场的难度大,成本高;其次,不合理的投资限制降低了民营资本和境外资本的参与力度;第三,体制因素介入阻止了市场机制发挥作用,如政府通过税收减免、优惠货款等各种手段保护本地企业免遭淘汰。所以我们看到的是在国外产品、国外企业没有在平等、充分参与情况下的市场竞争。

2. 我国将大幅度降低关税、非关税壁垒,电子则是优先开放的领域,其中属于"信息技术协议(ITA)"范围内的多数产品在两三年内进口关税将降为零,进口计划、许可证取消,外贸经营权放开,国外产品竞争力将因此大大增强。而随着全球范围内的产业结构调整,信息电子企业将加速向我国转移,摩托罗拉、索尼、松下、三星、LG、西门子、飞利浦、诺基亚等都有今后几年内在中国进行巨额投资的计划。我国在外商投资政策方面,也会放松甚至取消投资审批、股权比例、产品内销等的限制。入世后,我国法律法规和投资贸易政策的调整,将为各类企业提供一种新的制度环境,那就是在市场经济基础上按照国际规则进行充分、平等的竞争,将导致原来制约市场竞争的体制因素弱化以至消失,从而对不同企业的竞争能力产生直接影响。

当环境发生变化后,我国企业的竞争力是否还存在。下面从TCL的生产、营销、管理、品牌方面作出分析。

(1)生产规模。TCL彩电产销量占全球市场的5%,国内数一数二,但似乎仍不能与索尼、西门子等巨头比规模经济。2000年TCL销售收入205亿元(25亿美元),规模经济水平不算高。国际同类企业飞利浦年销售收入300亿美元，松下600亿美元，三星400多亿美元。由于一般家电制造业的利润越来越微薄，日本、欧盟的生产厂商正进行战略调整，把原来国内生产能力转到中国来，入世将使这种战略转移顺利进行。包括TCL在内的国内家电企业面对跨国巨头，其企业的总资本实力和规模经济水平都无法与之相比。

(2)产品系列。TCL4大产业中，彩电、电话机、手机、电脑、高档开关等产品在国内同行业中名列前茅，但产品的系列化有欠缺，尤其缺乏高端产品。

(3)生产技术。这历来就不是中国家电企业的长项。TCL拥有5个研发中心、700名研发人员，具有较强研发能力，在适应中国市场需求方面具有独特的优势。

(4)管理体制。TCL拥有精干高效的管理团队和相对成型的管理体制，但似乎仍不能与在长期市场竞争中陶冶出来的跨国公司的管理体系和管理水平相比肩。

(5)营销网络。TCL用了十多年时间、花了十多亿资金煞费苦心建立起来的国内营销网络，年销售额达130亿元，这是任何一个跨国公司目前没有，今后短时期内也不容易建立的。但国外的营销网点却非常少，只在越南、印度等少数几个国家有布点，在世界主流市场如欧盟、北美等几乎是空白。国外销售额2000年为5.14亿元，仅占21%，市场布局如此失衡，将成为TCL和其他国内家电业与国外公司竞争的重大缺陷。若跨国公司以其全球市场为支撑在中国市场与我们竞争，我们将何以应对？

(6)品牌价值。TCL已是国内名牌，品牌价值106亿元(12.8亿美元)，得到了中国消费者的广泛认同。但也得承认，与那些可能形成竞争的跨国公司相比，如IBM(电脑，527.5亿美元)，诺基亚(通信设备，350.4亿美元)、索尼(家电，150.1亿美元)等。TCL还远远不是一个国际著名品牌。

进行这样的对比分析，并非妄自菲薄，更不是不战而屈己之兵。而是要让我们更加清楚地认识到，构成企业的环境及要素多种多样且是动态性的。环境的变化必然给企业的生存带来影响。扬长避短，充分发挥、挖掘现实及潜在的比较优势。TCL应该在重新评估企业竞争要素优势的基础上，对企业资源进行战略性整合。建立自己的核心竞争力，应是包括TCL在内的国内企业的企业环境与生存方式的战略性问题。

案例分析题：

1. 上述案例中，我们对环境变化的反应如何，得出的关于我国企业生存和竞争力的结论对吗？

2. 通过对TCL的分析，你认为当企业环境发生变化后，应该从哪些方面来分析环境变化给企业带来的影响，然后找到企业生存和发展的对策。

三、讨论题

1. 对于你来说，社会责任意味着什么，你认为工商企业应该承担社会责任吗，为什么？

2. 讨论这一提法：“从长期来看，那些不以社会认为负责的方式使用权力的人将会失去权力。”

第四章 决 策

【学习目的与要求】

1. 明确决策的概念与类型;
2. 掌握制定决策的基本步骤;
3. 理解决策在组织中的普遍性;
4. 了解决策的类型;
5. 区分确定型、风险型和不确定型决策条件。
6. 掌握常用的三类决策方法。

第一节 决策的概念与类型

导入案例 4-1

1998 年,在一次关于洗衣粉认知率的调查中,高居榜首的不是汰渍、奥妙等广告满天飞的外资品牌,也不是熊猫、白猫这些老牌国有洗衣粉企业。达到 100%认知率的是在市场上消失近一两年的活力 28。作为中国洗衣粉发展进程上的一个重要里程碑,活力 28 创下的一系列辉煌,让人记忆犹新,当问及被访者时,每个人都会提及那句脍炙人口的“活力 28,沙市日化”广告词,都会哼唱几句“一比四”的广告歌。

也就在这一年,新广告词“活力依旧,常伴左右”的活力 28 广告在各大省台高密度的播放。这个模仿宝洁的对比性广告虽不怎么出众,却让人怀念起当年的活力 28,人们以为活力 28 又要破茧而出了。

1999 年,上市公司活力 28 发布亏损公告,引来社会一片哗然。一个上市三年的绩优企业,突然亏损到足以将过去三年的业绩全面抹去。接着,证监会对其关联交易等一系列弄虚造假的违规行为提出严肃批评。证券市场的日化明星一下成了反面典型。人们更是觉得不可思议,广告打得好好的,市场上也到处可见的活力 28,怎么就亏损了呢?

2000年,活力28正式挂上ST,同年,大股东沙市国资局将股权正式转让给本地区的天发股份,ST活力随之更名为天颐科技,并将日化从上市公司的优良资产中剥离出去。

至此,活力28走完了其超乎寻常的异军突起,又超乎寻常的迅速衰败的短暂历程,沉寂在后继者接连掀起的日化浪潮中。

一个被誉为"民族之骄傲"的企业为何如此匆匆落幕?

一、决策的概念

在组织环境一章中讨论到,管理者的一个主要任务就是对组织环境进行管理。组织环境会给组织带来机会或威胁。另外,管理者也必须应对在组织内部利用资源的过程中可能引发出的机会或威胁。为了利用这些机会,避免这些威胁,管理者就要进行决策,他们必须从若干个备选方案中选择一个可供实施的方案。决策就是管理者为应对所面临的机会或威胁,通过分析备选方案,就特定的组织目标和行动方案做出决定的过程。一项好的决策带来的是合适的目标和行动方案,有利于组织绩效的提高;反之,不好的决策则导致低水平的组织绩效。

当管理者在寻找提高组织绩效的办法,以使顾客、员工和其他利益相关者受益时,就会出现机会反应型决策。对于管理者来说,当组织内部或外部的事件正对组织的绩效产生不利的影响,而管理者正在设法提高绩效时,就会进行威胁反应型决策。对于管理者来说,决策是头等大事,只要管理者着手计划、组织、领导和控制上的工作,他们就得不断地做出决策。

为了提高组织绩效,管理者总是在寻找提高决策水平的方法。同时,他们尽量避免在决策上犯错误。20世纪80年代,Liz Claiborne抓住劳动力大军中女性成员越来越多的机会,决定集中力量为这些职业妇女生产服装。这个决策使她的公司进入最大的服装生产商行列。比尔·盖茨用5万美元从西雅图的一家小公司购买了一套计算机操作系统,然后把它卖给IBM公司用于当时新兴的个人电脑,这一杰出决策造就了微软公司。但有些决策则非常糟糕,例如,由美国宇航局和Morton Thiokol的管理者做出的发射"挑战者"号宇宙飞船的决策,1986年的这一决策导致了6名宇航员命丧云天。此外,数字设备公司的创始人肯·奥尔森在20世纪80年代做出的决策——继续在主机市场中发展,不允许他的工程师开发新型个人计算机的决策不当。当时他坚信"个人计算机只是玩具而已",这一决策使他丢掉了首席执行官的职务,还差点毁掉了他的公司。

二、决策的类型

决策的种类很多,并且有多种不同的划分方法,常见的划分方法有如下几种。

(一)按照决策的重要性划分

按照决策的重要性划分,决策可划分为战略决策、管理决策和业务决策。

1. 战略决策

战略决策关系到组织的生存与发展,是关于组织全局性、长期性的目标和方针等方面重大问题的决策。就企业而言,这类决策包括企业的经营目标、发展方向、主要产品的更新换代、企业发展规模、厂址选择等。这类决策需要更多地考虑外部环境,力求组织与环境实现动态平衡。这类决策对组织的影响时间长,决策者的责任也很大,因此主要由组织的高层领导来做。

2. 管理决策

管理决策的目的是为了实现战略决策的目标,其主要内容为组织内部人、财、物的分配、协调和控制等。这类决策对组织的效益有直接影响,但决策的影响时间和决策者所承担的责任都比战略决策小些，这类决策主要由组织的中层管理者来做。

3．业务决策

业务决策是指日常工作中为提高效率而做出的决策。例如，企业中的生产任务的分配、物资采购，产品的包装装潢、运输、库存、广告选择等都属于这类决策。业务决策涉及的范围较小，决策的影响时间和决策者所承担的责任都比较小，一般由组织中的基层管理者来做。以上三种决策与管理层次的关系可用图 4-1 来表示；决策影响的时间及决策者承担的责任和风险可用图 4-2 来表示。

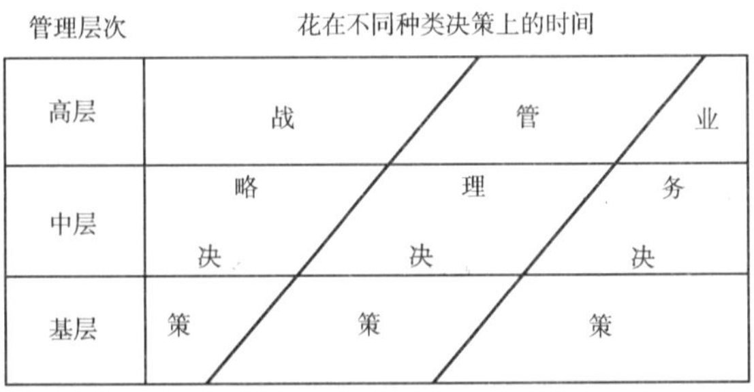

图 4-1　决策与管理层次的关系

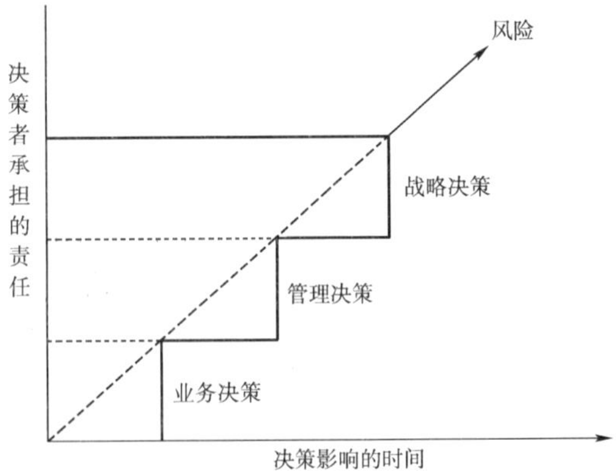

图 4-2　不同决策者的责任、风险及不同决策的影响时间

（二）按照管理的职能划分

按照管理的职能划分，决策可分为生产决策、营销决策、财务决策、人事决策、研究与开发决策等。

1．生产决策

生产决策贯穿于企业生产的全过程，它包括生产计划、生产组织、生产指挥与调度、生产控制，甚至还包括环境保护、能源节约等。

2．营销决策

营销决策包括产品的定位、营销计划的制定，价格的制定、产品的包装装潢、广告等。

3．财务决策

财务决策主要包括资金的筹集和使用、目标利润、目标成本和利润分配等。

4．人事决策

人事决策主要包括管理人员和一般员工的招聘和挑选、工作任务的分配、培训、绩效考核和报酬的确定等。

5．研究与开发决策

研究与开发决策主要包括确定研究与开发的方向、研究与开发的集中或分散程度、研发资金的投入、研发的组织等。

（三）按照决策的重复性划分

按照决策的重复性划分，决策可分为程序化决策和非程序化决策。

1．程序化决策

对于某类决策，管理者曾多次做过，从而形成相应的规则或指导原则，当同类情况出现时，可直接应用这些现成的规则或指导原则去做决策，这就是程序化决策。例如，当手头的办公用品(如纸张、钢笔)存量低于一定水平,办公室主任打算订购时;当工人加班时间超出正常上班时间的10%,生产主管决定雇用新工人时,这些决策就是程序化决策。

管理者可以通过制定规则或指导原则调控所有的常规性组织活动。例如,规则可以明确规定一位工人如何完成一项任务,也可以具体说明原材料必须达到的质量标准。组织日常活动中绝大多数决策属于程序化决策。库存量的确定,何时支付账单,何时向客户寄发账单等绝大多数是程序化决策。当管理者拥有确立规则所需的信息时,就可能做出程序化决策。

2. 非程序化决策

然而,在现实生活中,管理者对某一做法是否带来预期的结果并非总是心中有数,在一些捉摸不定的情况下,管理者甚至连要努力实现的目标都不清楚。显然,在这种情况下,不可能形成用于预测不确定事件的规则。非程序化决策是针对非常规决策而言的。非程序化决策通常用于对新出现的、不确定性的机会或威胁做出应对。管理者在无现成可遵循的规则时,所做的决策就是非程序化决策。出现没有现成的规则可循的原因是,某些情况是意料之外的,而管理者缺乏制定相应决策规则所需的信息。例如,要不要对一项新技术进行投资,要不要开发一项新产品,要不要进行新一轮的促销活动,要不要进入一个新的市场,或者要不要开展国际化经营,诸如此类的决策都是非程序化决策。

在缺少决策规则的情况下,管理者如何做决策呢? 首先必须收集相关信息,以制定可供选择的行动方案;其次,必须依靠直觉和主观判断对多个备选方案做出明智的选择。直觉是一个人根据其过去的经验和判断对所掌握的信息的第一感觉而做出合理决策的能力。判断是一个人在特定的情境中对可利用的信息进行分析而形成的正确见解的能力。进行判断是一个比运用直觉更为理性的过程。众所周知,直觉和经验常常会出现纰漏,它们可能导致错误的决策。因此,与程序化决策相比,非程序化决策出现失误的可能性要大得多。

(四)按照决策主体划分

按照决策主体划分,决策可分为组织决策和个人决策。

1. 组织决策

组织决策是组织整体或组织的某个部分对未来一定时期的活动所作的选择或调整。组织通过研究外部环境和分析内部条件,了解了外界在变化过程中对组织的生存与发展带来机会与威胁以及自身拥有的优势与存在的不足,据此调整活动的方向、内容和方式。

2. 个人决策

个人决策是指个人在参与组织活动过程中的各种决策。例如,在具备某组织成员身份之前,某人需要决定此同时是否加入该组织;进入该组织后,他要决定是否接受组织交给的每一项任务,以何种方式去完成这些任务,如何与同事合作,是否继续留在该组织内,等等。个人决策不仅会影响个人在组织内的活动方式,而且会影响组织其他成员的活动以及组织的效率和效益。

(五)其他划分方式

按照决策的目标划分,决策可分为单目标决策和多目标决策,单目标决策是指对某事物决策时只有一个目标;多目标决策是指对某事物决策时有两个或两个以上的目标。

按照决策方式划分,决策可分为定性决策和定量决策。定性决策通常指决策目标难以用数量来表示,主要靠决策者的判断来决策。定量决策则是指决策目标可以用数量来表示,并使用数量模型方法来做决策。

按照决策的可靠程度划分,决策还可分为确定型决策、风险型决策和不确定型决策。

第二节　制定决策的基本步骤

1978年度诺贝尔经济学奖金获得者赫伯特·西蒙认为:决策贯穿管理的全过程。决策是管理的核心。组织中,经理人员的重要职能就是作决策。企业组织中的高层管理者制定关于整个组织的发展总目标的决策,例如,选择厂房的地点、研究开发新的市场、提供产品与服务的类型或改革。中层和基层管理者负责制定季度、月份或每周的生产、销售进度决策,处理日常事务,以及薪酬水平的调整、员工的招募、选择和培训等。但制定决策这一活动并不仅限于组织中的管理者,可以说,组织中的每一个人都会做出各种各样的决策,决策的技术高低对于作决策者本人的工作以及所处的团体、组织都会产生影响作用。那么,作为过程的决策,包括哪些步骤的工作?

图4-3描述了决策制定过程的基本步骤,它包括了8个步骤。以识别问题作为整个过程的出发点,确认决策标准。为决策标准分配权重,然后进入到开发备择方案,分析备择方案和选择备择方案。接下来是实施备择方案,最终要评估决策的结果。这个决策过程的8个步骤适用范围是很广的。决策的主体可以是组织,也可以是组织中的个人;决策要解决的问题,既可以是组织或个人活动的选择,也可以是对这种活动的调整。

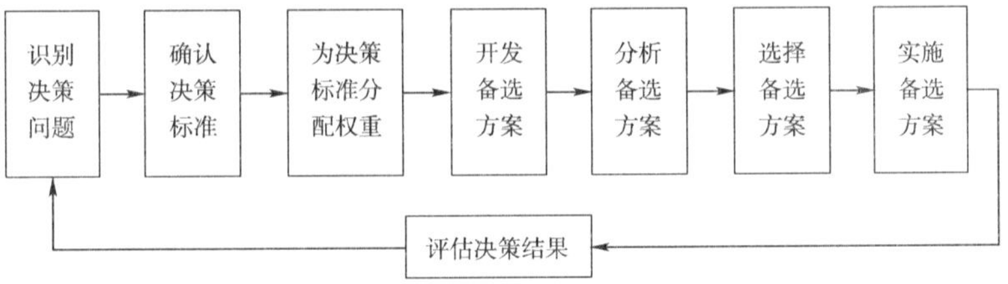

图4-3　决策制定过程

一、识别决策问题

让我们选择一个简单的例子来着手考察整个决策的制定过程。假定莫先生是A公司采购部经理。由于公司产品市场的不断扩大和销售业绩的持续增长,现有配车难以满足日益增长的出外勤的需要。采购一部新的商务用车已提至莫先生的工作日程表之中。此时,我们可以说,莫先生需要做出一个决策,即为公司采购一辆合适的商务用车的决策。

在现实生活与商业社会中,像莫先生需要做出采购商务用车的决策的例子是不多的。大多数时候,识别决策问题、明确决策的需要并不简单,往往会有多种因素在起着作用。作为管理者来说,需要在管理活动中对现实与理想中的状况自觉地进行比较。如果两者存在一定的差距,则可能存在某种问题,比如,在采购商务用车的问题中,就是A公司现有的备用车辆已难以满足现实的工作的需要。

有一些因素会促进对于决策的需要的识别。当组织环境发生变化而带来新的机会或威胁时,这些因素往往就可以看得比较清楚。组织内部管理者的行为也会与外部的环境变化一样有可能成为引致决策的需要。有强烈的进取心的管理者,对于企业的员工及市场销售、制造和研究与开发等部门拥有的大量的技能、专长和资源。会十分重视对这些技能、专长和资源的利用和开发,从而引发对决策的需要。也就是说,管理者在识别某一决策需要的时候,可能是主动去识别,也可能是被动地去识别,重要的问题在于,管理者必须识别决策的需要,并且要以及时和正确的方式做出反应。

二、确认决策标准

需要管理者进行决策的问题确定以后，确认决策标准就显示出其重要性。确认决策的标准，是指确定哪些因素与制定决策有关。在 A 公司的莫先生采购商务用车的例子中，莫先生需要评估众多与商务用车有关的标准，我们假定莫先生经过慎重、仔细地研究和考虑后，将品牌、价格、座位数量、售后服务、耗油量、安全装置作为他要决策的主要标准。在这个环节中，每一个决策者都会确定某些标准来指导他的决策。

三、为决策标准分配权重

在上一个步骤中，确认的各个决策标准并非是同等重要的。决策者必须要为每一项标准分配权重，以规定其纳入考虑范围的先后次序。我们可以使用一个最简单的方法，给最重要的标准以 10 分的权重，然后以此为参照标准给其他指标分配权重。以上文中 A 公司的莫先生为例，表 4-1 列出了 A 公司商务用车采购决策的指标和权重。

A 公司商务用车采购决策的指标和权重 表 4-1

指标	权重	指标	权重
价格	10	售后服务	5
座位数量	8	品牌	4
耗油量	5	安全装置	3

四、开发备选方案

决策制定过程的第 4 步要求决策制定者列出可供选择的决策方案。这些方案必须是能够解决决策者所面对的问题的。假定 A 公司的采购经理莫先生列出了可供选择的商用车为 A、B、C、D、E、F 六种。

五、分析备选方案

在这一个步骤里，决策者必须认真地分析研究每一种方案，将每一种方案与其决策标准进行比较。表 4-2 表明了莫先生分别对 6 个备选方案做出的判断。

根据决策标准对不同商务用车的价值评估 表 4-2

车型	价格	座位数量	耗油量	售后服务	品牌	安全装置
A	8	3	5	10	3	5
B	8	5	10	5	6	5
C	10	8	5	10	3	10
D	8	5	5	10	3	10
E	6	8	5	10	6	10
F	10	8	5	5	3	10

表 4-2 表明 6 个备择方案相对于决策标准的评估结果，表 4-3 则表明了每一个备择方案相对于标准的评价结果以及相应的权重。在分析备选方案过程中，决策者的个人判断起着重要的决定作用。此外，还需要收集相关的信息。

根据标准和权重对不同商务用车的评价 表 4-3

车型	价格	座位数量	耗油量	售后服务	品牌	安全装置	合计
A	80	24	25	50	12	15	206
B	80	40	50	25	24	15	234
C	100	64	25	50	12	30	281
D	80	40	25	50	12	30	237
E	60	64	25	50	24	30	253
F	100	64	25	25	12	30	256

六、选择备择方案

在前面的 5 个步骤中，决策者已经确定了相关的决策标准，各自的权重，以及确认、分析了各种备选方案。选择的方案应是第 5 步中得分最高的方案。在 A 公司莫先生的例子中，他将选择 C 型车，因为它的分数最高。

七、实施备选方案

择定备选的决策方案后，就要将其付诸实施。这其间，还要做出不少后续和相关的决策。一旦决策行动方案定下来之后，围绕该方案的实施通常会配合很多的后续决策，例如莫先生要开始选择汽车销售商、确定底价、准备谈判等。

在决策方案的实施过程中，需要制定配套的决策方案，这看来是再明显不过的事情；但需要指出的是，许多管理者做出决策之后，并未采取相应的行动。这与不做决策没有什么两样。为了确保一个决策方案得到切实的执行，高层管理者必须授予中层管理者制定后续决策所应有的职权，给予中层管理以足够的资源，使中层管理者对自己的工作成效负责。假如中层管理者实施了决策方案，就应当得到相应的奖励，假如他们失败了就应该得到相应的惩罚。

八、评估决策结果

决策制定过程的最后一步是评估决策的结果，存在的问题是否已经解决？选择的方案和实施方案的结果是否达到了期望的效果？

如果评估结果表明问题仍然存在，没有得到妥善解决，那么决策者就不得不返回到决策过程的某一环节，甚至从第一个步骤开始，重新进行整个决策制定的过程。

第三节　决策的基本方法

为了保证组织制定出来的各项决策尽可能正确、有效，就必须运用科学的决策方法。决策方法可分为 3 类：一类是群体决策方法，一类是关于组织活动方向和内容的决策方法，一类是在既定方向下从事一定活动的不同方案选择的方法。

一、群体决策方法

为了激发群体的创造力，组织可以利用能激发创造性想法和创造性解决方案的提出来帮助管理者选择决策方案。我们下面要介绍常见的群体决策技术是：头脑风暴法、名义群体技术和德尔菲技术。

（一）头脑风暴法

头脑风暴法的创始人是英国心理学家奥斯本。是指管理者聚在一起，产生并辩论大量各种各样的备选方案，并从中做出决策的一种群体问题解决技巧。一般由若干名管理者召开一个专门会议，并遵照如下议程：

(1)由一位管理者对需要讨论的问题进行大致的描述。

(2)群体成员交流各自的想法，并提出备选行动解决方案。

(3)在所有的备选方案尚未介绍完毕之前，不允许对所交流的任一备选方案进行批评，每一位成员都可保留意见。由一位成员将提出的所有备选方案都记载在一张活动挂板上。

(4)鼓励群体成员具有创新和激进意识，什么样的想法都可以提出来，提出的见解越多越好。另外，还可以在吸收其他群体成员建议的基础上，提出更多的补充性想法。

(5)当所有的备选方案都被提出后，群体成员从正反两个方面对每个备选方案进行讨论，并按优劣对备选方案进行排序。

头脑风暴法的目的在于创造一种畅所欲言、自由思考的氛围，诱发创造性思维的共振和连锁反应，产生创造性思维。每一种方法的时间安排应在 1～2h，参加人数以 5～6 人为宜。

（二）名义群体法

在集体决策中，如对问题的性质不完全了解且意见分歧严重，则可采用名义小组技术。在这种技术下，小组的成员互不通气，也不在一起讨论、协商，小组只是名义上的。这种名义上的小组可以有效地激发个人的创造力和想像力。这一技术为书面备选方案的推出提出一种更有条理的方法，从而使每位管理者有更多时间和机会构思备选解决方案。名义群体法尤其适用于决策问题充满争议，以及不同的管理者可能支持不同行动方案时。一般而言，这一技术也是将一个小的管理者群体召集起来举行关门会议，并遵照下列议程：

(1)由一位管理者对会议将要解决的问题进行简要介绍，然后给每位群体成员 30～40min 的时间写下各自的观点和解决方案。鼓励群体成员别具一格地思考问题。

(2)每位管理者按顺序向小组介绍自己的建议方案。在这一过程中，由一位管理者把各位管理者提出的备选方案都记录下来。在所有方案没有介绍完毕之前不允许对备选方案进行批评或评价。

(3)对会上所介绍的备选方案按介绍的先后次序逐一进行讨论。在这一过程中，群体成员可以向方案提出者澄清一些信息，并对每个备选方案开展评论，以明确其利弊之处。

(4)在所有的备选方案都加以讨论之后，每位群体成员对所有备选方案按自己的价值取向进行排序，排位最靠前的那个备选方案就是最终形成的决策方案。

（三）德尔菲法

德尔菲法是 60 年代初美国兰德公司的专家们为避免集体讨论存在的屈从于权威或盲目服从多数的缺陷提出的一种定性预测方法。为消除成员间相互影响，参加的专家可以互不了解，它运用匿名方式反复多次征询意见和进行背靠背的交流，以充分发挥专家们的智慧、知识和经验，最后汇总得出一个能比较反映群体意志的预测结果。

德尔菲法的一般工作程序如下：

(1)确定调查目的，拟订调查提纲。首先必须确定目标，拟订出要求专家回答问题的详细提纲，并同时向专家提供有关背景材料，包括预测目的、期限、调查表填写方法及其他希望要求等说明。

(2)选择一批熟悉本问题的专家，一般至少为20人左右，包括理论和实践等各方面专家。

(3)以通信方式向各位选定专家发出调查表，征询意见。

(4)对返回的意见进行归纳综合、定量统计分析后再寄给有关专家，如此往复，经过三、四轮比较、集中后进行数据处理与综合分析，得出结果。每一轮时间约7~10天，总共约一个月左右即可得到大致结果，时间过短则专家难于反馈，时间过长则外界干扰因素增多，影响结果的客观性。

这种方法的优点主要是简便易行，具有一定科学性和实用性，可以避免会议讨论时产生的害怕权威随声附和，或固执己见，或因顾虑情面不愿与他人意见冲突等弊病；同时也可使大家发表的意见较快收敛，参加者也易接受结论，具有一定程度综合意见的客观性。但缺点是由于专家一般都时间紧，回答总是往往比较草率，同时由于预测主要依靠专家，因此归根到底仍属专家们的集体主观判断。此外，在选择合适的专家方面也较困难，征询意见的时间较长，对于需要快速判断的预测难于使用等。尽管如此，本方法因简便可靠，仍不失为一种人们常用的定性预测方法。

二、确定活动方向的决策方法

这类方法可以帮助企业根据自己和市场的特点，选择企业或某个部门的活动方向，主要有SWOT分析方法、经营业务组合分析法、政策指导矩阵等。

(一)SWOT分析法

所谓SWOT分析法(自我诊断方法)，就是帮助决策者在企业内部的优势(Strengths)和劣势(Weaknesses)，以及外部环境的机会(Opportunities)和威胁(Threats)的动态的结合分析中确定相应的生存和发展战略的一种有用而简单的决策分析方法，如图4-4所示。

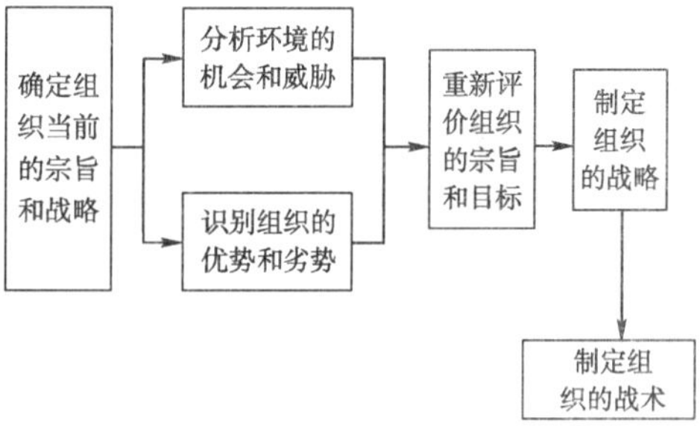

图4-4 SWOT分析法

这是一种能够较客观而准确地分析和研究一个单位现实情况的方法。利用这种方法可以从中找出对自己有利的，值得发扬的因素。以及对自己不利的，如何去避开的东西。发现存在的问题，找出解决办法，并明确以后的发展方向。根据这个分析，可以将问题按轻重缓急分类，明确哪些是目前急需解决的问题，哪些是可以稍微拖后一点儿的事情，哪些属于战略目标上的障碍，哪些属于战术上的问题。它很有针对性，有利于领导者和管理者在本单位的发展上做出较正确的决策和规划。

从整体上看，SWOT可以分为两部分。第一部分为SW，主要用来分析内部条件；第二部分为OT，主要用来分析外部条件。另外，每一个单项如S又可以分为外部因素和内部因素，这样就可以对情况有一个较完整的概念了。

作为领导者和管理者首先要明确：我们的顾客是谁？在哪儿？产品是什么？应该提供什么服务？在管理运作中怎样应付不断出现的变化？存在哪些威胁和竞争对手？会发生什么样的竞争？怎样去改进并完善自己？只有这样，事业才能发展壮大。

用SWOT分析法分析国内单位时，一定要考虑到中国的国情和单位的具体情况，不能全盘照搬。只有将SWOT分析法同本单位的实际结合起来，并考虑到中国的文化、经济、政治、人文等因素，才能得出较正确的结论。

(二)经营业务组合分析法

经营业务组合分析法是美国波士顿咨询公司提出的战略决策方法，其前提假设是：大部分企业都经营有两项以上的战略经营单位，这些业务应该扩展、维持还是收缩，要立足于企业全局的角度加以确定，综合考虑到该项战略经营单位的市场增长状况以及企业在该市场上的相对竞争地位，它决定企业在该项经营单位中获得现金回笼的能力和速度。较高的市场占有率可以带来较大的市场份额和销售利润，从而使该企业获得较多的现金流量，而该战略经营单位的市场增长情况则反映该项业务所属市场的吸引力。

根据这两个指标，可以将企业的经营单位分成4种类型：

(1)"金牛"：市场占有率高，业务增长率较低。能够为企业带来大量的现金，而且只需要少量的投资。是企业经营发展的基础。应采取提高市场占有份额的战略。

(2)"明星"：市场占有率高，业务增长率高。所需要和所产生的现金数量都很大。代表着最高利润增长率和最佳投资机会。应增加必要的投资，维持或提高市场占有率。

(3)"幼童"：业务增长率高，目前市场占有率很低。产生少量的现金，但需要大量的投资。对能转变为"明星"业务，可投入必要的资金，使其尽快转变；对于不能转变的业务，要及时采取放弃战略。

(4)"瘦狗"：市场份额和业务增长率都较低。带来少量的现金和利润。根据情况，应采取收获/放弃/清算战略(见图4-5)。

经营单位组合分析法的工作步骤：

(1)把公司分成不同的经营单位；

(2)计算每一单位的市场占有率；

(3)根据在企业中占有资产的多少来衡量经营单位的相对规模；

(4)绘制公司整体经营的组合图；

(5)根据每一单位在图中的位置，确定应选择的经营方向。

(三)政策指导矩阵

政策指导矩阵由荷兰皇家——壳牌公司创立，主要是根据市场前景和竞争能力，用矩阵形式来确定出企业不同经营单位的现状与特征。市场前景分为吸引力强、吸引力中等，无吸引力3类，并用赢利能力、市场增长率、市场质量和法规形势等因素加以定量化。竞争能力分为强、中、弱3类，由市场地位、生产能力、产品研究和开发等因素决定。这两种标准、三个等级的组合，可把企业的经营单位分为9种不同类型(见图4-6)。

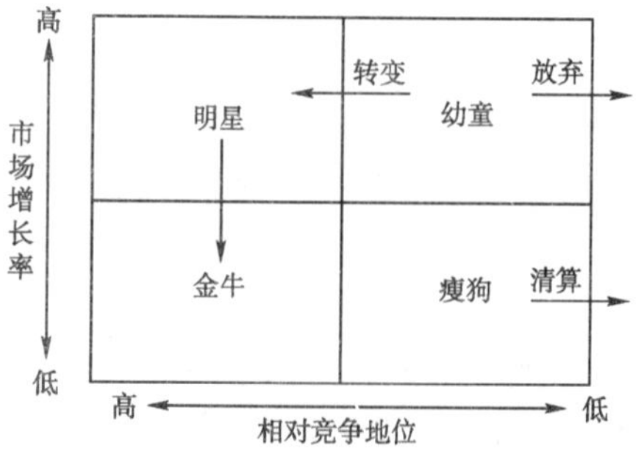

图4-5　经营单位分类组合图

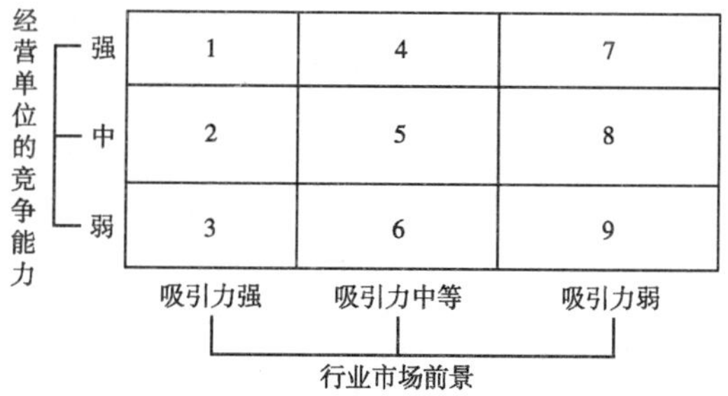

图4-6　政策指导矩阵

根据经营单位所处的不同位置,应选择不同的活动方向。

(1)区域1和4:经营单位竞争力处于领先地位。应优先保证该经营单位需要的一切资源,以维持其有利的市场地位。

(2)区域2:经营单位需要不断强化。应通过分配更多的资源,努力使该经营单位向下一区域(领先地位区)移动。

(3)区域3:经营单位可以采取两种不同的决策。即企业在一定时期内的资金能力有限,只能选择少数最有前途的产品加速发展,而对其余产品则逐步放弃。

(4)区域5:这个区域中的经营单位一般会遇到2~4个强有力的竞争对手,因此,没有一个公司处于领先地位。可行战略是分配足够的资源,使之能随着市场而发展。

(5)区域6和8:处于分期撤退。这些区域的经营单位应采取的战略是缓慢地退出,以收回尽可能多的资金,投入盈利更大的经营部门。

(6)区域7:经营单位的可行战略是只花极少投资于未来的扩展,而将其作为其他快速发展的经营部门的资金来源。

(7)区域9:处于不利地位,企业实力很小。所应采取的战略是尽快清算、放弃,将其资金转移到更有利的经营部门。

三、选择活动方案的评价方法

确定了活动方向和目标以后,还应对可以朝着同一方向迈进的不同活动方案进行选择。比较不同方案的一个重要标准是它们能够带来的经济效益。根据这个标准,可以把评价方法分为确定型、风险型、非确定型三类。

(一)确定型评价方法

确定型评价方法的特点是决策问题所处的环境是确定的,每一个方案只有一个结果,决策者只需从备选方案中选择经济效果最好的方案。确定型决策的方法很多,较常用的有量本利分析法、内部投资回收率法、价值分析法等等。下面我们着重介绍量本利分析法。

量本利分析,也叫保本分析或盈亏平衡分析,是通过分析产品成本、销售量和销售利润这三个变量之间的关系,掌握盈亏变化的临界点(既保本点),掌握盈亏变化的规律,指导企业选择能够以最小的生产成本生产最多产品并可使企业获得最大利润的经营方案。

企业利润是销售收入扣除生产成本以后的剩余。其中销售收入是产品销售数量及其销售价格的函数,生产成本(包括工厂成本和销售费用)可分为固定成本和变动成本。变动成本是随着产量的增加或减少而提高或降低的费用,而固定成本则在一定时期、一定范围内不随产量而变化。当然,"固定"与"变动"只是相对的概念:从长期来说,由于企业的经营业务能力和规模是在不断变化的,因此一切费用都是变动的;从短期来看,就单位产品来说,"变动费用"是固定的,而"固定费用"则随产品数量的增加而减小。

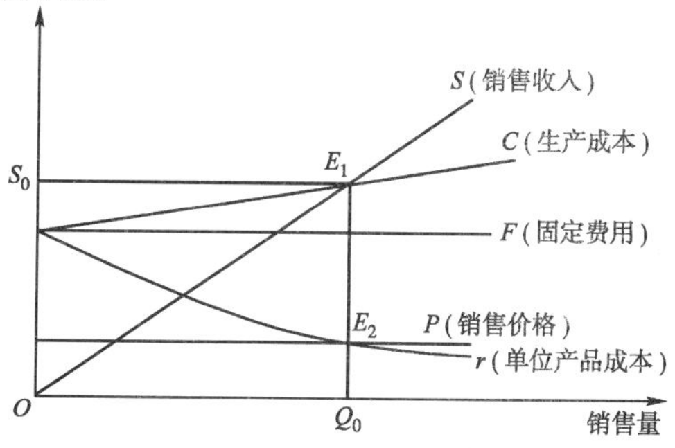

图4-7 量本利关系图

图4-7描述了特定时期企业利润、销售收入(价格与销售量的乘积)以及生产成本(固定费用和变动费用)之间的关系。

企业获得利润的前提是生产过程中的各种消耗均能够得到补偿,即销售收入至少等于生产成本。

为此,必须确定企业的保本产量和保本收入:当价格、固定费用和变动费用已定的条件下(在我们分析的短期背景中,事实基本如此),企业至少应生产多少数量的产品才能使总收入与总成本平衡;或当产量、价格、费用已定的情况下,企业至少应取得多少销售收入才足以补偿生产过程中的费用。

有两种方法可以帮助管理者确定企业的保本收入和保本产量水平:

(1)图上作业法:是根据已知的成本和价格资料,作出如图 4-7 的量本利关系图,图中总收入 S 与总成本曲线 C 的相交点 E_1 或单位成本曲线 r 与单位价格曲线 P 的交点 E_2 即表示企业经营的盈亏平衡点,与 E_1、E_2 相对应的产量 Q_0 即为保本产量,与 E_1 相对应的销售收入 S_0 即为保本收入。

(2)公式计算法:是利用公式来计算保本产量和保本销售收入。

根据上面分析的量本利之间的关系,我们知道:

销售收入 = 产量 × 单价生产成本

生产成本 = 固定费用 + 变动费用

= 固定费用 + 产量 × 单位产品变动费用

用相应的符号来表示盈亏平衡时有下列公式:$Q_0 \times P = F + Q_0 \times C_V$

推出:计算保本产量的基本公式:$Q_0 = F/(P - C_V)$

由于保本收入等于保本产量与销售价格的乘积,因此可推出计算保本收入的基本公式:

$$S_0 = F/(1 - C_V/P)$$

计算保本产量的公式中,$P - CV$ 表示单位产品得到的销售收入在扣除变动费用后的剩余,叫做边际贡献。计算保本收入的公式中,$1 - CV/P$ 表示单位销售收入可以帮助企业吸收固定费用和/或实现企业利润的系数,叫做边际贡献率。要注意的是,如果边际贡献或边际贡献率大于零,则表示企业生产这种产品除可收回变动费用外。还有一部分收入可用以补偿已经支付的固定费用。因此,产品单价即使低于成本,但只要大于变动费用,企业生产该产品还是有意义的。

(二)风险型决策方法

风险型决策也叫随机型决策。它有如下特点:(1)有一个明确的决策目标,如最大利润、最低成本。(2)存在着可供决策者选择的两个或两个以上的方案。(3)每个可行方案在不同自然状态下的损益值可以估算出来。(4)决策者虽不能肯定未来哪种自然状态出现,但能估计出每种自然状态发生的概率。由于这种决策是在对未来事件的状态不完全了解的情况下做出的,因此具有一定的风险性。风险型决策方法主要有决策表和决策树法两种。

决策树法是风险型决策的常用方法,适用于未来可能有几种不同情况(自然状态),并且各种情况出现的概率可以根据资料来推断的情况。它用树型图来描述各方案对未来收益的计算、比较及选择。考虑各方案所需的投资,比较不同方案的期望收益值。决策树法步骤如下:根据可替换方案的数目和对未来市场状况的了解,绘出决策树型图。计算各方案的期望值,包括:计算各概率分枝的期望值;将各概率分枝的期望值相加,并将数字记在相应的自然状态点上。剪去期望收益值较小的方案分枝,将保留下来的方案作为备选实施的方案。如果是多阶段或多级决策,则需重复(2)(3)(4)各项工作。

例:某企业为扩大某产品的生产,拟建设新厂,据市场预测产品销路好的概率为 0.7,销路差的概率为 0.3,有 3 种方案可供企业选择:

方案 1,新建大厂,需投资 300 万元。据初步估计,销路好时,每年可获利 100 万元;销路差时,每年亏损 20 万元,服务期为 10 年。

方案 2,新建小厂,需投资 40 万元。销路好时,每年可获利 40 万元;销路差时,每年仍可获利 30 万元。服务期为 10 年。

方案 3,选建小厂,3 年后销路好时再扩建,需追加投资 200 万元,服务期为 7 年,估计每年获利 95 万元。

试选择方案。

解:

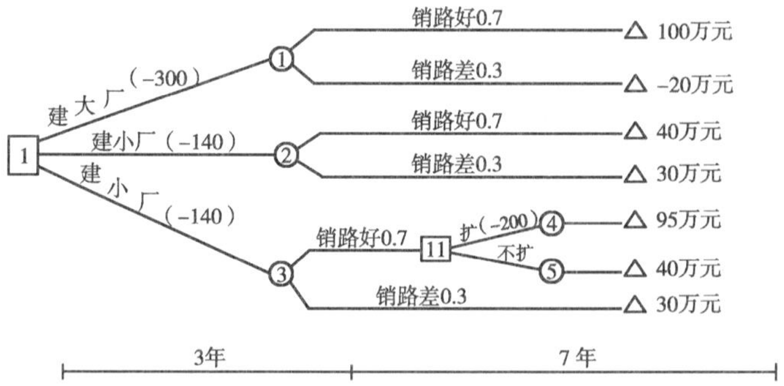

计算方案点的期望投益值:

$E_1 = [0.7 \times 100 + 0.3 \times (-20)] \times 10 - 300 = 340$ 万元

$E_2 = [0.7 \times 40 + 0.3 \times 30]10 - 140 = 230$ 万元

$E_3 = (0.7 \times 40 \times 3 + 0.7 \times 465 + 0.3 \times 30 \times 10) - 140 = 359.5$(万元)

比较 E_1, E_2, E_3 选择方案 3 为最好。

(三)非确定型决策方法

非确定型决策具有如下特点:(1)有明确的决策目标。(2)有两个或两个以上可行方案,每一可行方案存在着两种或两种以上自然状态。(3)自然状态的概率事先无法确定,但每种可行方案在不同自然状态下的损益值是可以估算的。

非确定型评价方法适用于人们对未来的自然状态无法作出明确估计,且各种自然状态发生的概率亦无法明确的情况。因此在比较不同方案的经济效果时,只能根据主观选择的一些原则来进行。

乐观原则,也叫"最大收益值规则",是指选择在最好自然状态下能够带来最大收益的方案作为决策实施方案。

悲观原则,也叫"小中取大规则"或"最小最大收益值规则",是指选择在最差自然状态下仍能带来"最大收益"的方案作为实施方案。

折中原则,根据决策者的判断,给最好自然状态一个乐观系数,给最差自然状态一个悲观系数,两者之和为 1。然后用各种方案在最好自然状态下的收益值与乐观系数相乘所得的积,加上各方案在最差自然状态下的收益值与悲观系数的积,得出各方案的期望收益值,然后据此比较各方案的经济效果,做出选择。

最小最大后悔值规则,决策者应先计算出各方案在自然状态下的后悔值(用方案在某自然状态下的收益值与该自然状态下的最大收益值相减所得),然后找出每种方案的最大后悔值,并据此对不同方案进行比较,选择最大后悔值最小的方案作为实施方案。

例:某企业有 3 种新产品待选,估计销路和损益情况如下表所示,试分别用乐观原则、悲观原则、后悔值规则选择最优的产品方案。

损 益 表(万元)

状态	甲产品	乙产品	丙产品
销路好	40	90	30
销路一般	20	40	20
销路差	-10	-50	-4

解：①乐观原则：甲产品最大利润 40 万元
(大中取大)乙产品最大利润 90 万元
丙产品最大利润 30 万元
} 90 万元对应的乙产品为最优方案

②悲观原则：甲产品最小利润 -10 万元
(小中取大)乙产品最小利润 -50 万元
丙产品最小利润 -4 万元
} -4 万元对应的丙产品为最优方案

③计算后悔值

状态	甲产品	乙产品	丙产品
销路好	50	0	60
销路一般	20	0	20
销路差	6	46	0

甲产品最大后悔值 50 万元
乙产品最大后悔值 46 万元
丙产品最大后悔值 60 万元
} 根据大中取小准则，46 万元对应的乙产品为最优方案

本章提要

1. 决策就是管理者为应对所面临的机会或威胁，通过分析备选方案，就特定的组织目标和行动方案做出决定的过程。一项好的决策带来的是合适的目标和行动方案，有利于组织绩效的提高；反之，不好的决策则导致低水平的组织绩效。

2. 决策有两种类型：程序化决策和非程序化决策。

3. 决策制定过程的基本步骤，它包括了 8 个步骤。以识别问题作为整个过程的出发点，确认决策标准。为决策标准分配权重，然后进入到开发备择方案，分析备择方案和选择备择方案。接下来是实施备择方案，最终要评估决策的结果。

4. 决策方法可分为三类：一类是群体决策方法，一类是关于组织活动方向和内容的决策方法，一类是在既定方向下从事一定活动的不同方案选择的方法。

5. 为了激发群体的创造力，组织可以利用能激发创造性想法和创造性解决方案的提出来帮助管理者选择决策方案。我们下面要介绍常见的群体决策技术是：头脑风暴法、名义群体技术和德尔菲技术。

6. 确定活动方向的决策方法可以帮助企业根据自己和市场的特点，选择企业或某个部门的活动方向，主要有 SWOT 分析方法、经营业务组合分析法、政策指导矩阵等。

7. 确定了活动方向和目标以后，还应对可以朝着同一方向迈进的不同活动方案进行选择。比较不同方案的一个重要标准是它们能够带来的经济效益。根据这个标准，可以把评价方法分为确定型、风险型、非确定型三类。

思考与练习

一、复习思考题

1．决策过程包括哪几个阶段的工作？

2．什么是经营单位组合分析法？如何利用组合分析法帮助企业进行经营决策？什么是政策指导矩阵？这种分析方法有什么特点？比较这两种分析方法。

3．确定型、风险型、非确定型决策有何区别？

二、应用题

某企业生产一种产品，市场预测结果表明有三种可能：销路好，销路一般，销路差。备选取方案三个，一是扩建，二是技术改造，三是维持现状。各方案在不同自然状态下的损益值如下表。

1．选用乐观决策法、悲观决策法、最小后悔值法、等概率法进行决策。

2．若已知销路好的概率为0.5，销路一般为0.3，销路差为0.2，试用期望值法、决策树法决策（表1）。

表1

方案	损益值		
	销路好	销路一般	销路差
A：扩建	200	90	-70
B：技术改造	150	80	-50
C：维持现状	90	40	-20

三、案例分析题

耐克的决策困境

耐克公司的首席执行官菲尔·奈特（Phil Knight）是靠开车沿街叫卖运动鞋起家的，如今，他的公司已经发展成为一家举足轻重的运动鞋制造企业。在20世纪80～90年代期间，耐克公司是世界上最赢利的公司之一。随着篮球巨星迈克尔·乔丹的加盟，耐克公司迅速成为人们眼中高品质的时尚企业，其产品风靡全美国，备受青少年的青睐。在外人看来，耐克公司不会做错事，并且能够快速成长、盈利颇丰似乎都是其首席执行官奈特过去正确决策的结果。然而，就是这样的一家声名显赫的公司，近些年的发展却很不乐观，实在令人费解。

2001年，由于首席执行官菲尔·奈特的某些决策失误，该公司不仅失去了众多的本可赢利的商业机遇，而且也没采取正确的措施应对新出现的商业挑战与威胁。由于畅销品的存货不足以及滞销品的过剩，耐克公司的销售不旺，利润也随之下滑。耐克公司除了对不断变化的顾客需要反应不够敏捷外，还被指责其国外工厂的生产条件差，员工待遇低。而奈特却对这些指责疏于理睬。看起来奈特是做出了一些有问题的决策，并因此而不可避免地影响到了公司的业绩。到底是什么原因致使这家颇受人们赞赏的公司出现下滑呢？

耐克公司近年来的诸多问题都来源于该公司高层决策上的失误，同时也与该公司的管理者未能随着环境条件的变化及时做出应变决策不无关系。耐克公司的管理者过于倚重产品的内部开发。他们一味地强调所谓的“耐克人”的做事方法，从而使得决策视野不够外向与开放。

而耐克公司强有力的公司文化也妨碍了其设计师和管理者关注客户需求及外部环境的变化。

耐人寻味的是,菲尔·奈特也曾从公司外部聘用了一些高级管理人员。这些管理者带来了新观念并试图帮助公司跟上时代发展的步伐。但是,这些人所倡导的做法经常遭到菲尔·奈特和其他管理者的否决,因为在后者看来,那些倡议似乎不适合耐克的公司文化。例如,戈登·迈克法登(Gordon O·Mcfadden)就曾被聘为耐克公司的户外产品总裁他试图说服耐克公司的高层管理者收购诺思费西公司(North Face Inc.)以占领迅速发展的远足用品市场。麦克法登认为,收购诺思费西公司可使耐克公司一步跨入最大的户外运动用品生产商之列。菲尔·奈特最终还是否决了他的这个提案,因为耐克公司还不习惯于靠收购其他公司来发展壮大。耐克公司文化决定了只有耐克公司的设计师们心里最明白如何去开发"适销对路"的产品。

耐克公司的文化倾向也导致了其设计师过分强调运动鞋的性能,而不够重视正在流行的运动鞋的时尚或流行样式。这样,耐克的设计师就错过了抓住这些市场机遇的机会,例如,面对从白色运动鞋到适合都市生活的深色、多用途鞋的市场变化潮流。他们依旧我行我素,还是强调性能至上。另外,耐克公司投入了过多的资源开发像 Shox 系列这样的高性能、高价位鞋,每一双鞋的售价高达 140 美元以上,而这是以牺牲 60 ~ 90 美元一双的中等价位的运动鞋的生产为代价的,要知道,耐克公司有近一半的年收益来自这些中等价位运动鞋的销售。

虽然耐克公司的一些管理者也曾经参与改造该公司僵化的思维定势,以帮助公司做出与时俱进的决策,但他们的努力往往受挫。这些管理者无奈之余,多是选择离开该公司的。同样,Aller Turner——前金柯公司(Kino's Inc.)的高层管理者——曾被耐克公司聘为首席营销官,她尽其所能,努力重振耐克公司的市场营销部门。不久她便明白,公司内部对她的改革行动支持甚少,而这些行动是顺应形式不得不展开的。6 个月后,她辞职离开了耐克公司。要想克服上述问题或困难,耐克公司的决策者恐怕首先需要明白这一道理:该公司的产品市场及外部环境都已发生了变化,适合迈克尔·乔丹时代的决策思路在今天未必行得通。

思考题:

1. 在不断变化的环境中,管理者如何才能持续做出良好的决策?

2. 为什么说一家企业过去的成功有可能是现在失败的原因?

3. 在一个不确定的环境中,管理者如何才能做出有效、及时的决策?

4. 管理者可通过采取哪些措施以确保创造性的建议得以实施? 也就是说管理者应该如何促进创新?

四、讨论题

1. 为什么决策被描绘成"管理者工作的本质"?

2. 在过去的 20 年中,组织越来越多地采用群体决策来决策,你认为这是为什么? 什么情况下你建议采用群体决策?

3. 你认为在决策制定过程中哪一步最重要? 说明理由。

第五章　计　　划

【学习目的与要求】

1. 了解计划的具体含义与特征；
2. 熟悉计划的类型与表现形式；
3. 熟悉计划工作的程序；
4. 掌握编制计划的方法，具体掌握网络计划技术法；
5. 掌握目标管理的实施与评价。

第一节　计划概述

导入案例 5-1

某五金工具厂 1990 年以前虽然产品单一，但销售一直不错，1990 年由于客观条件的变化，五金工具公司拒收，以致该厂产品完全滞销，职工连续半年只拿到基本生活费。新任厂长立下“军令状”，决心一年内改变工厂面貌。他发现该厂与环保部门合伙搞出的一台环保装置是成功的，于是决心下马老产品，改产环保装置。一年过去了，企业总算没有亏损，但工厂日子仍然不好过，1993 年市场形势发生了巨变，原来的产品市场脱销，用户纷纷来函来电希望该厂能尽快恢复老产品生产。与此同时环保装置销路也不好，在这种情况下，厂长回过头来又抓老产品，但一直无法搞上去，无论质量和数量均恢复不到原来的水平。为此企业不少人员对厂长不满意，厂长感到很委曲，想不通！

试想，企业生产什么产品？怎样生产？这些计划工作是何等重要！

一、计划的含义与特征

计划是指为实现组织既定的目标，对未来的行动规划和安排的活动。具体来说，计划就是确定未来的目标是什么，要采取什么样的活动来达到目标，要在什么时间和范围内实现这种目标,以及由谁来进行这种活动。

讲计划是一种结果,它是指计划工作所包含的一系列活动完成以后产生的结局。计划工作是一种预测未来,设立目标、决定政策、选择方案的连续程序,以期能够经济地使用现有的资源,有效地把握未来的发展,获得最大组织成效。由此可见,计划工作的关键在于正确地预测未来。这就需要对过去的信息情报加以科学的分析,根据分析的结果和现在的条件设立组织的未来目标,确定达到目标的一系列政策和方法,最后才能形成一个完整的计划。

计划是管理的必不可少的职能,继法约尔之后的管理学家,一致将计划列入管理的职能,并把计划列在管理职能之首。这是由计划以下的特征所决定的。

1. 计划的目的性

计划的目的不是为了计划而计划,而是为了实现组织的目标而制定的。因此,每项计划及所有派生计划的目的都是为了完成组织的目标,都应根据组织的目标来制订。

2. 计划的未来性

计划是为实现未来的目标而预先确定的行动方案。但未来是不确定的,这就决定了计划必须着眼于未来,分析各种环境因素,用动态的观点分析问题,预测可能发生的变化,确定可行的行动方案。

3. 计划的连续性

计划应当是承前启后地将组织的目标贯穿其中,过去的计划可以作为现在计划的参考,现在的计划也必然与将来的计划相衔接。要保证计划的连续性,必须对长期计划、中期计划和短期计划加以协调,并根据计划的执行结果,不断地调整计划,使计划更加合理、可行。

4. 计划的普遍性

计划的普遍性一方面体现在:计划确定后,贯彻和执行计划,影响到组织、领导和控制等方面的工作。不管是组织工作、领导工作还是控制工作,都要根据已制定的计划,来安排具体的工作;另一方面,计划作为一项管理职能,不管是处于哪一层次的管理者,还是处于哪个部门的管理者,也都需要制订自己的具体计划。

5. 计划的强制性和弹性

计划执行过程中,在没有发现计划不适应或缺陷以前,执行者应该严格执行,不可以轻易变更或废除,这是计划的强制性。当然,计划也不是一成不变的铁规则,当出现继续执行计划将会使组织遭受严重损失,或根本无法执行原计划时,应该在权衡利弊得失之后,不惜必要的付出而果断地加以调整,这就是计划的适度弹性原则。

6. 计划的效率

衡量计划的效率就是看计划对目标的贡献,也就是说计划所能带来的收益扣除在制定和执行计划时所需要的费用后的差额。周密的计划有助于实现目标,但获得周密的计划需要付出很大的代价,如市场调查、分析等较高的费用。因此,在进行计划工作时应考虑计划的效率。

二、计划的作用

计划是组织实施各项任务的行动纲领,具体的计划指标和要求,为领导、激励、控制和协调等职能作用的发挥提供了目标依据和衡量标准,增强了组织适应未来不测事件的能力。

计划对管理的成败起着关键的作用,良好的计划是成功的先决条件,美国人豪斯和他的同事们做过这样的研究,他们调查了 92 家企业,其中 17 家企业有正式的长期计划,其他企业或仅有非正式的长期计划,或者完全没有长期计划。然后,他们根据销售额、股票价格、每股股票的收益、付税后的纯报酬来评价企业经营效果,其结果有正式长期计划的公司几乎都优于没有长期计划的公司,由此可见,计划尤其是长期计划对一个企业来说是极其重要的。计划的重要作用可以归纳为以下几个方面。

1. 计划是组织活动的指南,是管理者实现有效指挥的依据

计划能为组织确定活动的方向,明确具体的目标和任务,从而促使组织的全体人员行动方向的一致性,保证目标的实现。对管理者来说,在计划制定后工作并没有结束,他们还要根据计划来进行指挥,这就需要管理者用计划与组织中的全体员工实现沟通,使他们了解组织活动的目标和任务,取得他们的认可和支持,并激发他们为共同的目标而努力。

2. 计划是管理者实现有效控制的标准

所谓控制是指依据既定标准,考核实际效果,比较实际成果与既定标准之间是否存在差异。如有差异则采取相应措施纠正差异。而标准的拟定以及事实程序的制定正是计划所包括的主要内容。正确、具体的计划则是有效控制的前提,没有计划则无法实现控制,可见控制职能与计划职能是不可分割的。当然,计划的实施也需要控制活动给予保证,通过控制发现偏差,帮助管理者修改计划,建立新的目标。

3. 计划是减少浪费、提高效益的方法

实现目标有许多途径,需要选择尽可能好的方法,以最低的费用取得较好的成果,保持较高的效率和效益,避免不必要的损失浪费。首先,计划工作可以对各种方案进行经济技术分析,选择最有效的方案来达到组织目标。此外,计划可以使组织中的每一个成员的努力合成一种组织效应,这将大大提高整个组织的工作效率从而带来一定的经济效益。计划工作更有助于控制完成任务的时间,减少由工作时间的迟滞拖延而造成的浪费。计划工作还有助于合理配置组织的资源,组织各种资源,包括人力、物力、财力、时间和信息等。发挥这些资源的最大作用,需要精心安排合理配置,这些工作都是通过计划来完成的。

4. 计划是降低风险、掌握主动的手段

任何组织都是在复杂多变的环境中生存发展的,环境的变化会给组织提供许多机遇,但也会带来一些风险和新的挑战。因此,企业必须对环境的变化作出反映,并做好应变的准备。尤其是当今世界正处于剧烈变化之中,社会在变革,技术在革新,人们的价值观念也在不断变化。计划就是预期这种变化并且积极主动做好应变准备的措施。我们说计划是针对未来的,就是要求计划制定者对将来的变化进行预测,根据过去的和现在的信息来推测将来可能出现哪些变化,这些变化将对实现组织目标会产生何种影响,变化确实发生的时候应该采取什么对策,并制定出一系列备选方案,一旦出现变化,就可以及时采取措施,化被动为主动,把风险减少到最低限度。

三、计划的类型

由于组织活动的复杂性和多元性,计划的种类也变得十分复杂和多样,人们根据不同的需要编制出各种各样的计划。按照不同的分类标准,计划可以进行大体的分类,常见的分类方法见表 5-1。

根据不同标准划分计划的分类,主要是为了分析研究的方便。任何一种计划都可能具有其他分类标准下某种计划类型的特征。如企业的年度生产经营计划是一种综合性计划,同时它又具有短期计划的性质。

计划的分类　　表 5-1

分类标准	计划种类	分类标准	计划种类
按计划的时间划分	1.长期计划 2.中期计划 3.短期计划	按计划的要素划分	1.政策 2.程序 3.方法
按计划的层次划分	1.战略计划 2.战术计划 3.作业计划	按计划的约束力划分	1.指令性计划 2.指导性计划
按计划的对象划分	1.综合计划 2.局部计划 3.项目计划		

(一)长期、中期和短期计划

按计划期的长短可以把计划划分为长期计划、中期计划和短期计划。一般认为,长期计划是确定组织今后发展的方向,一般计划期为 5 年以上;中期计划主要是确定组织具体的目标和战略,介于长期计划与短期计划之间,一般计划期是 3 ~ 5 年;短期计划主要是确定组织在短期内要完成的目标和任务,具有比较具体的方法和程序,一般是指两年或两年以下的计划,例如年度的财务预算就是一种典型的短期计划。

在制定各期计划时,应根据各自组织的特定来确定,但一般应遵循以下 3 个原则:

1. 许诺原则

许诺原则是指合理的计划应该归帝国内一个必需的期限,该期限应尽可能承诺履行目前决策中的任务所必需的时间,因为现在所作出的决策都是对未来的一种承诺。

2. 弹性原则

弹性原则是指计划应有一定的灵活性,由于引起未来变化的不确定因素很多,这些因素往往会影响原定的计划不能如期完成,这就要求计划具有一定的弹性,以便具有较大的适应性。计划的弹性越大,由意外因素引起的损失就越小,当然弹性越大所支付的代价也越大。

3. 协调原则

协调原则是指在制定计划时要使短期计划、中期计划和长期计划相协调,也就是说在制定中期计划时,应考虑长期计划,在制定短期计划时,应考虑中期计划。如在短期内大幅度裁减管理人员可能会降低当时的管理费用,却不利于企业长期发展。

(二)战略、战术和作业计划

按计划制定者的层次可把计划分为战略计划、战术计划和作业计划,这种分类与按时间划分计划类型有较多相同之处。

1. 战略计划

战略计划又称策略计划,一般是由高层管理者制定的,其内容主要包括组织的长远目标、政策、策略等,是关系到组织发展方向和大局的计划。战略计划具有长期性、弹性大、难以定量化的特点,这些特点决定了它对战术计划和作业的指导作用。

2. 战术计划

战术计划又称施政计划,一般由中层管理者制定,其内容包括组织各部门的目标、策略和政策,它把战略计划转化为具体的目标和政策,并且规定了达到各种目标的确切时间。战术计划中的目标和政策要比战略计划具体、详细,并具有相互协调的作用。此外,战略计划是以问题为中心的,而战术计划是以时间为中心的。一般情况下,战术计划按年度分别拟定。

3. 作业计划

作业计划又称业务计划，一般由基层管理者制定，其内容是基层工作人员的具体任务与作业程序等，是战术计划的具体化，即根据战术计划确定计划期间预算、利润等具体目标，安排工作流程，划分合理的工作单位，分派任务和资源，以及确定权力和责任。

(三)综合、局部和项目计划

按计划对象可把计划分为综合计划、局部计划和项目计划3种。顾名思义，综合计划所包含的内容是多方面的；局部计划只包括单个部门的业务；而项目计划是为某种特定任务而制定的。

1. 综合计划

综合计划一般指具有多个目标和多方面内容的计划。就其涉及的对象来说，它关联到整个组织或组织的许多方面。如企业年度生产经营计划。它包括了：销售计划、生产计划、劳动工资计划、物资供应计划、成本计划、财务计划、技术计划等。这些计划都有各自的内容，但它们是互相联系、互相影响、互相制约，形成一个有机的整体。

2. 局部计划

局部计划是限于指定范围的计划。它包括各种职能部门制定的职能计划，如技术改造计划、设备维修计划等。局部计划是在综合计划的基础上进行的，它的内容专一性强，是综合计划的一个子计划。应该注意各种局部计划相互制约的关系，如设备维修计划直接影响生产计划、供应计划和销售计划等其他局部计划。

3. 项目计划

项目计划是针对组织的特定课题做出决策的计划。例如某种产品开发计划、企业的扩建计划、职工食堂建设计划都属于项目计划。项目计划在某些方面类似于综合计划。它的特殊性在于其目的是为了组织结构的变化发展而制定的，即针对组织的结构需变化发展而选择解决这些问题的目标和方法。它的计划期很可能为一年，这时它就要包括在年度计划之内，也许该项目本身的计划需要几年才能完成。

(四)政策、程序和方法

计划按范围分类有3种形式，即政策、程序和方法。用这种分类方法可以使人们直观地认识到计划应用范围。一般说来，政策应用的范围最大，其次是程序方法的应用范围最小。

1. 政策

政策是组织为达到目标而制定的一种限定活动范围的计划。具体地说，它规定了组织成员行动的方向和界限。政策是组织活动中必不可少的，它使各级管理者在决策时有一个明确的思考范围。比如一个企业的用人政策规定“今后5年内企业管理者要求受教育的程度达到大专以上。”企业人事部门就必须据此来培养、选拔和使用组织内的管理人员。政策还有助于组织目标的具体化，使组织成员易于理解。目标往往是用比较抽象的语句表达的，但政策相对来说就比较具体。仍以上述企业为例，该内容如作为目标来说只能较原则地提为“5年内大大提高管理人员的素质”。但响应的政策可能还有：“对现有的大专以下的管理人员全部培训一次”；“所有管理干部都应熟悉钻研自己的管理业务”等等。在制定政策时，要注意以下几个问题：

第一，政策要保持一定的稳定性。政策一般比较稳定，不能朝令夕改，一旦制定，就要持续到新的政策出现为止。

第二，政策制定时要广泛听取各方意见。政策往往由组织的最高管理层确定，但要听取实际执行者的意见,使他们在执行过程中能表现出自信和积极性。尽管有时他们所提的意见是片面的,但可以综合这些意见再来确定政策。

第三,政策的执行可以考虑一定的灵活性。组织内的政策也具有一定的广泛性,为了避免由于政策制定者不了解下情而做出不适当的决定,可以考虑给予下级一定的灵活性,即在不违反政策总原则的前提下,可以发挥自己的判断能力,作出更适合实际的决定。

2. 程序

程序是指根据时间顺序而确定的一系列关联的活动。管理者一般把反复出现的业务编制出程序,一旦该项业务再次出现,执行人员只要按照以前编好的程序去做就能得到较好的效果,可见程序是组织成员直接采取行动的指导方针。科学合理地编制程序,有助于提高工作效率,可以使管理人员把注意力集中于那些没有固定程序可依的例外事情上去。程序在一切组织的活动中无所不在。在编制程序时,要注意几方面问题:

第一,要充分考虑所要处理业务的实际情况,业务的种类及所要达到的目标不同,它们的程序也不同,业务的实际情况考虑得具体周密,编制的程序来得更合理有效。

第二,要注意程序在维护稳定性的基础上要有一定的灵活性,特别要考虑到在紧急情况下,应该能够通融。

第三,要定期检查程序的适用性,发现问题及时修改,以防条件变化时,原有的程序将对有效的管理造成阻碍。

3. 方法

方法是进行某种活动的手段,一般指完成程序中某一阶段工作的手段,所以方法多限于某一个局部工作。方法详细地说明了完成任务的各种事项,它最容易理解,与实际工作人员有密切的关系。对于企业来说,方法与操作层的效率有直接关系。正确的工作方法是在现有条件下提高工作效率的最有效的手段之一。

(五)指令性计划和指导性计划

按对计划执行者的约束力可以把计划分为指令性计划和指导性计划。

1. 指令性计划

指令性计划是由上级主管部门下达的具有行政约束力的计划。指令性计划一经下达,各级计划执行单位必须遵照执行,而且尽一切努力加以完成。指令性计划的高度约束力要求这种计划的制定必须合理正确,来不得半点马虎随意,否则将对全局的工作带来不可挽回的损失。

2. 指导性计划

指导性计划是由上级主管部门下达的具有参考作用的计划。这种计划下达之后,执行单位不一定完全遵照执行,可考虑自己单位的实际情况,决定可否按指导性计划工作。这是一种间接的计划方法,上级为了促使下级按指导性计划工作,不能采取行政命令的方法,而是采用价格、税收、信贷等经济杠杆进行调节,也可采用对指导性计划任务的执行给予某种优惠待遇,使下级执行单位进行决策时感到执行指导性计划更为有利。

计划的分类还可以考虑计划指标的分类,计划总是通过一系列指标来表示的。计划指标是用数字表示的计划期内组织在各个方面预期所需要达到的技术经济标准和水平。计划指标可以有多种分类,按计划指标的性质划分,可分为数量指标和质量指标;按计划指标的表现形式划分,可分为实物数量指标和价值数量指标;按计划指标的作用划分,可分为收益指标、消耗指标和效益指标等等。

四、计划的表现形式

计划的不同表现形式是计划多样性的重要方面,确定计划形式对于发挥计划职能有着重大意义。不同形式的计划可组成一个如图 5-1 所示的层次体系。

(一)组织的宗旨

一个组织的宗旨可以看作是一个组织的最基本的目标,也即是一个组织何以存在的基本理由。一个组织的宗旨无非有两类:要么是寻求贡献于组织以外的自然、社会;要么是寻求贡献于组织内部的成员的生存和发展。这两类宗旨是彼此相连、相辅相成的。组织是为其宗旨而存在,而不是相反。

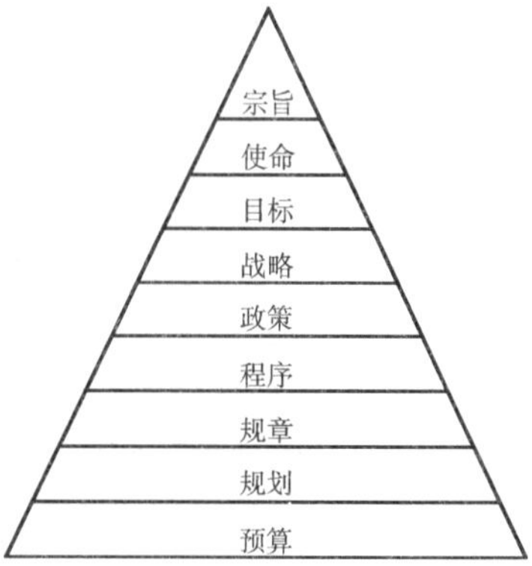

图 5-1　计划的层次体系

(二)组织的使命

确立了组织的宗旨以后,为了实现它,组织就可以为自己选择一项使命。这项使命的内容就是组织选择的服务领域或事业。例如一家旅行社和一家化工厂,同样为了创造利润,一个选择了提供旅游服务,一个却选择了提供化工产品;一所学校和一家医院,同样服务于社会,前者的使命是教书育人,后者的使命是救死扶伤。这里应该强调的是,使命只是组织实现宗旨的手段,而不是组织存在的理由。组织为了自己的宗旨,可以选择这种事业,也可以选择那种事业。

(三)组织的目标

组织的使命说明了组织要从事的事业,而组织的目标则更加具体地说明了组织从事这项事业的预期结果。组织的目标包括了组织在一定时期内的目标以及组织各个部门的具体目标等两个方面的内容。对一家工商企业来说,在一定时期的目标通常表现在两个方面,即企业对社会做出贡献的目标和自身价值实现的目标。在通常情况下,人们可以把组织目标进一步细化,从而得出多方面的目标,形成一个互相联系的目标体系。美国学者对 80 家美国最大的公司的一次研究结果表明,每家公司设立的目标的数量从 1 个到 18 个不等,平均是 5 ~ 6 个。

(四)组织的战略

清楚了组织的宗旨、使命和目标之后,人们还是不能清晰地描绘出一个组织的形象。一个组织应该是非常实际和具体的,而上述内容都非常抽象,因此,还要为实现组织的目标去选择一个发展方向、行动方针以及各类资源分配方案的总纲。只有在战略制定和实施之后,组织才能由一个抽象的概念变成具体的形态。当然,战略还不是具体说明企业如何去实现目标的,它的重点是要指明方向和资源配置的优先次序。战略一词来自于军事用语,因此引用到管理学中来,它仍然含有对抗的含义。所以组织在制定战略时不可能"闭门造车",而要仔细研究其他相关组织,特别是竞争对手的情况,以取得优势地位获得竞争胜利为目标制定出自身的战略。例如"百年竞争"中的两个主角——可口可乐公司和百事可乐公司,它们在制定各自的战略时必定要研究对方的战略,而柯达公司在制定自身的战略时也一定少不了对老对手——富士公司的研究。

(五)组织的政策

政策是管理者决策时考虑问题的指南,政策的制定是为了规定组织行为的指导方针。政策可以以书面文字形式发布,也可能存在于管理人员管理行为的"暗示"之中,但无论是哪种形式，政策都对管理人员的工作起到重要作用。

（六）组织的程序

程序也是一种计划，它规定了某些经常发生的问题的解决方法和步骤。程序直接指导行动本身，而不是对行动的思考。程序是一种经过优化的计划，是通过大量经验事实的总结而形成的规范化的日常工作过程和方法，并以此来提高工作的效果和效率。程序往往还能较好地体现政策的内容。

（七）组织的规章

规章是一种最简单的计划，它规定了某种情况下采取或不能采取某种具体行动。例如"上班不允许迟到"，"销售人员规定范围外的费用开支需由副总经理核准"等等。规章和政策的最大区别在于前者是一种没有回旋余地的规定，不允许有斟酌的自由，不再需要进行任何决策，而后者却正好相反。人们常把规章和程序相混淆，因为两者都是直接指导行动本身，都要抑制思考，限制自由处理的权利；但规章只是对具体情况下的单个行动的规定而不涉及程序所包含的时间序列，甚至可以说程序实际上就是多个规章按照一定的时间序列的组合。

（八）组织的规划

组织规划的作用是根据组织总目标或各部门目标来确定组织分阶段目标或组织各部门的分阶段目标，其重点在于划分总目标实现的进度。规划有大有小，为实现我国社会经济发展的大目标，国家制订了一个个五年规划，而一个大学校园里的小零售店为实现向小型超市发展的目标也可以制订一个改变货架的规划。组织的规划不仅仅包含组织的分阶段目标，其内容还包括实现该目标所需的政策、程序、规则、任务委派、所采取的步骤、涉及的资源等等。组织的规划是一份综合性的，但也是粗线条的、纲要性的计划。

（九）组织的预算

预算是一种"数字化"的计划，把预期的结果用数字化的方式表示出来就形成了预算。一般来说，财务预算是组织最重要的预算，因为组织的各项经营活动几乎都可以用数字化、货币化的方式在财务预算表上体现出来。预算作为一种计划，勾勒出未来一段时期的现金流量、费用收入、资本支出等的具体安排。预算还是一种主要的控制手段，是计划和控制工作的连结点——计划的数字化产生预算，而预算又将作为控制的衡量基准。

第二节 计划工作的程序

导入案例 5-2

一家食品公司通过市场调查和分析，发现儿童营养食品具有非常广阔的市场前景，该食品公司又有能力研究开发和生产此类产品，这是一种市场机会，该公司估量了这次机会之后，就确立了生产儿童营养食品的目标。食品公司确定生产儿童营养食品后，具体预测分析了当前的消费水平，公司制造能力，产品市场价格，原材料的种类、来源、价格，市场潜力多大，市场竞争者情况等。食品公司具体拟定了多个可供选择的方案，接着组织专家评估各种备选方案，最后从诸可行方案中选择一个较优方案作为决策方案，确定了具体生产何种儿童营养食品，每年生产多少，需要投入多少人力、物力和财力，各部门具体应该做哪些工作等。决策方案下达后，各业务部门和下层单位又拟定了具体的部门计划，以支持总计划得以实现，如生产计划、销售计划和财务计划等。然后进行方案的实施，并进行情况的检查和反馈。

上述就是一个完整的计划过程。

计划工作的程序一般随着不同类型的计划而有所不同。有的计划比较复杂,具有较多的步骤;而有的计划比较简单,所需要的步骤就较少。不同规模、不同行业的组织,其编制计划的程序也大不一样。一个完整的计划过程一般需要 7 个步骤才能完成,见图 5-2。

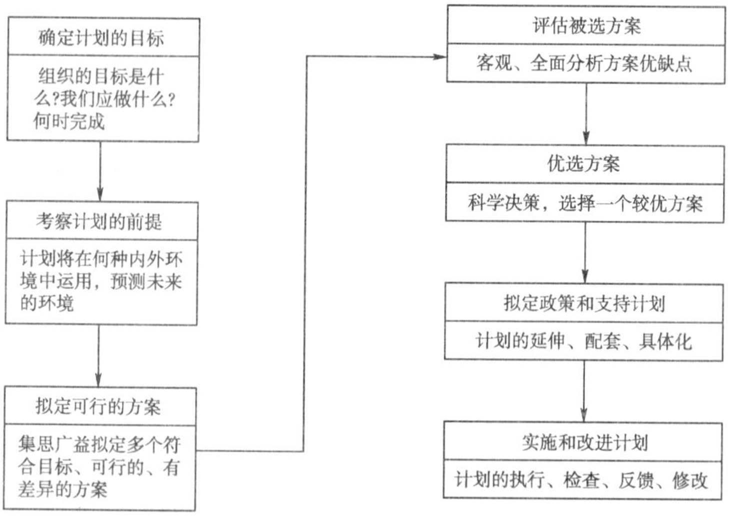

图 5-2 计划工作的步骤

一、确立计划目标

计划的第一部就是为组织确定总体目标以及其所属各个部门的分目标。目标是组织行动的出发点和归宿。组织的整体目标具有支配组织内所有计划的性质。如一家食品公司通过市场调查和分析,发现儿童营养食品具有广阔的市场,将该食品的市场占领作为本公司的总目标。然后进一步确定生产何种产品,每年生产多少,需要投入多少人力、物力和财力,各部门具体应做哪些工作,什么时候由哪些人完成等等。

确定目标应遵循以下原则:

(1)客观原则。也称科学原则,是指确定目标决不能主观臆想,而必须在切实分析客观事物及其发展趋势上来确立目标。

(2)及时原则。就是指及时去了解和分析客观情况,抓住机遇来确立目标。

(3)量力原则。也称可行性原则,是指确立的目标,既有解决和实现的必要性,又有解决和实现的可能性,目标是可以力所能及的。

(4)统筹原则。就是指当出现多项目标时,依据一定的时间和一定的条件,按主次、轻重、缓急来安排目标的顺序。

(5)量化原则。就是指目标不能含糊其辞,尽可能量化,而且这些数量指标要反映目标最本质的东西。如过去总以总产值作为衡量企业好坏的最重要指标,造成了效益低下的严重后果,这是因为总产值不能反映本质的东西,而销售额、利润才是衡量企业经营好坏的本质标准。不仅要有数量指标,而且要有质量指标;不仅要有绝对指标,而且要有相对指标,如利润率、销售利润率、资金利润率、成本利润率等。

二、考察计划的前提

编制计划的第二步是考察计划的前提,即计划是以什么环境为前提的。这个环境是指未来计划实施的环境，为此必须对环境作出正确的预测。

所谓预测，是指根据事物过去和现在的实际材料，运用科学的方法，对事物未来发展趋势和规律作出判断和估计，以减少对未来事件的不确定性。为此预测不是空想、幻想，更不是卜卦、算命，而是对事物的发展演变进行科学分析，并预见事物未来的结果，因而具有科学性。

预测是计划编制的基础。计划是否合理，能否有效，关键在于我们对未来计划实施的环境预测是否正确。尽管未来的情况会有很多的不确定性，但我们可以通过预测来把握未来环境的变化，减轻将来不确定情况的风险，从而来保证计划的合理性和有效性。

考虑计划的前提并不是对将来环境的每一细节都要预测，而是仅对计划有重大影响的主要内容作出预测。一般说来，制定企业的生产经营计划要进行的预测有经济形势的预测、政府政策的预测、市场销售的预测和资源的预测等。

三、拟定可行的方案

计划工作的第三步是拟定可供选择的方案。实现一个目标，完成一项任务总是有许多方法和途径来实现目标。因此，计划工作需要拟定多种方案可供选择，所拟的每个方案都有自身的限定条件，每个方案都有其优点和缺点。

拟定多种方案需要发掘，实现目标的许多有效途径并非明确展现的，而是潜藏着的，需要人们发挥主观能动性去探索发现。为此，计划工作需要充分发挥民主，群策群力，集思广益。

拟定方案应遵循的主要原则：

(1)定向原则。要求所拟定的方案可以是多种方案，但这些方案的方向是一致的，都是对准所要实现的目标要求。

(2)可行原则。要求所拟定的多种方案都必须是可行的，都应该收集大量资料，对各种方案进行分析研究。

(3)差异原则。要求提出的多种可选方案必须有原则的差别，不能只有细节的区别。基本雷同的方案，表面上看来是几个方案，实际上等于一个方案，就会使决策没有优选的余地。

四、评估备选方案

评估各种备选方案是计划工作的第 4 个步骤，即对初步选定的各种备选方案进行评估，分析各个方案的优点和缺点以及组织的实际情况，确定各种方案的优劣次序排列。

在对每一个方案进行评估时，要注意以下几点：

(1)要特别注意发现每一个方案的制约因素或隐患。所谓制约因素是指那些妨碍实现目标的因素。在评估方案时，对制约因素认识越深刻，选择方案时的效率就越高。

(2)在评估方案时，既要考虑到许多的可以用数量表示的因素，如价格、成本、销量、利润等，也要考虑到许多无形的不能用数量表示的因素，如一个企业的声誉、凝聚力等。

(3)要用整体全局的效益观点来评估方案，因为对某一部门有利的不一定对全局有利，对某项目标有利的不一定对总体目标有利，局部与整体的矛盾和不适应是客观存在的。为此，必须以总体效益作为评估的立足点。

五、优选方案

计划的第 5 步是从诸可行方案中选择一个较优方案或综合成一个较理想的方案，也就是作出决策。所谓决策，是指对若干个可行方案进行选择，以期优化达到目标。这是计划的关键步骤。

优选方案并不是一件容易的事情，因为每一个方案都有优点和缺点，优劣条件往往是相互制约的，如收益最大同时风险也最大；同时方案的优劣具有相对性，相对今天条件而存在的，但它将会随着条件的变化而变化；还有在考虑方案优劣时会受到我们认识能力的限制而估计不足甚至错误；上述原因都会影响正确的决策。为此，在选择方案时我们必须遵循以下的决策原则，来保证决策的正确性。

优选方案的原则：

(1)“次优”原则。人们在选择方案时，由于主客观原因的影响、局限，很难选择最优的方案。方案的选择达到“次优”即可，也就是说选择的是决策者认为“合理的”、“较好的”方案。

(2)“两最”原则。“两最”指的是“最大”和“最小”。该原则要求人们在方案选择时，应该尽可能达到收益最大，损失最小；可靠性最大，风险性最小的效果。

(3)“成熟”原则。要求人们在方案选择时，不能不顾条件，实际是否成熟而轻率、仓促地决策。

(4)“预后”原则。此原则要求选定的方案还要考虑对付应变的预防措施，对方案实施中可能遇到的困难、阻碍、干扰等因素要充分地计划，并备有相应的对策。

六、拟定政策和支持计划

计划工作的第 6 步是拟定政策和支持计划。

(一)拟定政策

政策是贯彻和达到目标的保证，如企业确定了某个产品打入国际市场的目标，也选择了优质优价、创名牌、承包奖励等一系列措施来为目标服务。然而保证这些措施能够有效贯彻，必须要拟定相应的政策，在拟定政策时要考虑应具备的特点：

(1)稳定性和灵活性。没有稳定性就没有方法和程序，朝令夕改会导致人们无所适从。但是情况是在不断变化的，要使政策能够更好地指导实践，它又必须随着条件的变化而变化，这就是稳定性和灵活性的辩证关系。

(2)全面性、协调性和一致性。政策的作用是保证计划目标，而计划目标往往是多方面的，因此政策也应包括多方面内容，以便应付各种可能出现的情况。但要强调政策的全面性，不能只顾一点不及其余；政策也必须能够协调下级的活动，否则，下级将会单纯追求自己的目标而忽视整体的目标；政策还应保证与其他政策的一致性，以便于贯彻和评价。

(二)拟定支持计划

政策拟定后，计划仍不能说是完整的，还必须拟定支持计划，即各业务部门和下层单位拟定具体的部门计划，以支持总计划得以实现，如企业的生产计划、销售计划和财务计划等。在拟定这些支持计划时要注意：

(1)务必使有关部门了解组织总体计划的目标，掌握总体计划的指导思想和内容。

(2)协调并保证各支持计划方向一致来支持总体计划，防止仅追求单位目标而妨碍总体目标。

(3)协调各支持计划的工作时间的顺序，使之相互配合、有条不紊地实现计划。

七、实施和改进计划

计划工作的第 7 个步骤是实施和改进计划。编制计划并非是计划职能的目的和全部，当计划编制完还须实施计划。通过实施，进行情况的检查和反馈，如与目标不一致，还须改进计划。

一般来说较复杂的计划，应进行局部的实验，来验证其计划的可靠性。如果实验成功，即可进入全面普遍实施阶段；如果不行，那就必须进行计划的改进。

计划在全面实施的过程中仍会发生这样或那样的偏离目标的情况。因此，必须注重反馈工作，要有一套追踪检查的办法。如果当主客观条件发生重大变化，以致只能重新确定目标时，就必须改进计划。

以上是计划工作程序的7个步骤，应该注意的是它只是一般的行动指南，不可教条理解和对待。在具体情况下，各步骤允许交织。另外，在有的计划中省略某个步骤也是允许的。

第三节　计划工作的常用工具和方法

计划工作的效率高低和效果的好坏在很大程度上取决于所采用的计划方法。现代计划方法为制定切实可行的计划提供了手段，它具有许多优点。下面介绍几种主要方法：

一、甘特图法

甘特图法是以发明者的名称命名的，又名线条图、展开图、横线工作法，实际上是一种常用的日程工作计划进度图表。这种图表以纵轴展示计划项目，横轴展示时间刻度，在纵轴与横轴的交叉点上用直线或箭头表示两者关系。这种图表适用于具体实施计划的管理，操作简便，绘制也简单。绘制的关键字段包括序号、工作项目、时间刻度、责任人和备注。工作项目最好是分类依次排列，分类按一定的管理机构划分。顺序则以时间先后顺序排列。甘特图的最大特点是清楚地展示了工作的日程计划，尤其是较好地展示了计划的递进性，十分有利于日程计划的管理。

二、滚动计划法

滚动计划法是一种定期修订未来计划的方法。这种方法根据计划的执行情况和环境变化的情况定期修订未来的计划，并逐期向前推进，使短期计划和较长期计划有机结合起来。

(一)滚动计划法的优点

(1)滚动计划法能使计划更加切实，它可以克服计划期内的不确定性因素的影响。因为在计划工作中很难准确地预测将来影响目标实现的各种变化因素，尤其随着计划期的延长这种不确定性越来越大，如果硬性地按原有的计划实施，可能导致巨大损失。滚动计划法正是解决了计划工作的这一困难，使用这种方法可以相对地缩短计划期，加大了准确性，能更好地保证计划切合实际。

(2)滚动计划法能使较长期计划和短期计划相互衔接，这就保证了即使由于环境变化了，某些不平衡，也能及时进行调节，这种调节使各期计划基本保持一致。

(3)滚动计划法大大增加了计划的弹性，这对环境剧烈变化的时代来说尤为重要，它可以提高组织的应变能力。

(二)滚动计划法的操作步骤

滚动计划法是用“近细远粗”的基本方法制定计划的。具体操作步骤如图5-3所示。

这是5年的滚动计划，制定的步骤可以分为：

(1)以“近细远粗”的方法制定(1999～2003)5年计划。

(2)在计划期的第一阶段(1999 年)结束时,根据其实际完成情况,总结该阶段实际执行情况与计划目标的差异。

(3)对两者差异分析,根据环境变化和组织内部变化因素,对原计划进行修订形成新一轮(2000 ~ 2004)5 年计划,仍按"近细远粗"的方法制定。

滚动计划法就是根据上述方法逐期滚动,每次修订都使整个计划向前滚动一个阶段,以原有的计划为基础又形成一个新的计划,这种方法适用于任何类型的计划。

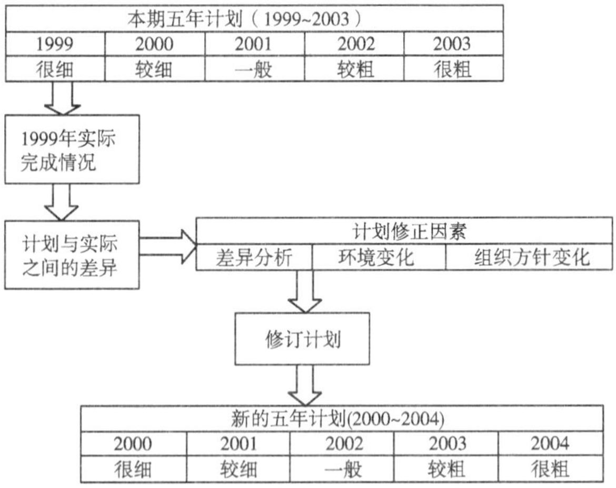

图 5-3 滚动计划操作步骤

三、网络计划技术法

(一)网络计划技术法的含义

网络计划技术法是国外 50 年代出现的一种较新的计划方法,它包括各种以网络为基础制定计划的方法,如"关键路径法"、"计划评审技术"、"组合网络法"等。1956 年美国的一些工程师和数学家组成了一个专家小组首先开始了这方面的研究。1958 年美国海军武器处采用了计划评审技术,使北极星导弹工程的工期由原计划的 10 年缩短为 8 年,1961 年,美国国防部和国家航空太空总署规定,凡承制军用品必须用计划评审技术制定计划上报。从那时起,网络计划技术就开始被广泛应用。

网络计划技术是把一项工作或项目分成各种作业,然后根据作业顺序进行排列,通过网络的形成对整个工作或项目进行统筹规划和控制,以便用最少的人力、物力和财力资源,用最快的速度完成任务。为此,网络计划技术适用于各种工程项目,无论是设备维修,还是新产品开发、新厂房的建造,甚至航天工程都可以通过网络计划技术来科学地计划,并能够收到良好的效果。

(二)网络计划技术法的优点

网络技术法之所以被广泛地采用是因为它有一系列优点:

(1)制定计划时可以统筹安排,突出重点。通过网络技术能把整个工程的各个项目的时间顺序和相互关系清晰地表明,并指出了完成任务的关键环节和路线。这样对整个任务的完成既能全面统筹安排,又能不失重点抓住关键。

(2)可对工程任务的时间进度和资源利用实施优化。通过网络计划技术区分关键路线和非关键路线,从而挖掘非关键路线的潜力,调动非关键路线上的人力、物力和财力支持关键作业，进行综合平衡，这样既可节省资源又能加快工程进度。

(3)对工程任务的完成便于组织和控制。通过网络计划技术可事先掌握任务实施中的困难点，应准备好应急措施，减少完不成任务的风险。对比较复杂的大项目，也可分成许多支系统分别控制，对每个局部实现了优化，也就保证了整个项目最优。

(4)技术操作简便易懂。网络计划技术并非深奥难学，具有中等文化程度的人就能够掌握。对较复杂的、多节点的工程项目可以利用已有的软件在计算机上优化。

(三)网络计划技术操作的步骤

(1)对工程项目任务进行具体分析，确定完成任务所需要的各项作业，明确各项作业之间的相互关系，估计作业完成所需时间。例如表5-2为建造住宅的活动分析表。

某项目任务明细表 表5-2

作业代号	作业名称	紧前作业	完成时间
A	准备屋顶材料	—	12
B	准备砌墙材料	—	5
C	基础工程	—	7
D	下水道工程	C	7
E	砌墙	B、C	10
F	盖屋顶	A、E	4
G	布电线(I)	E	4
H	布电线(II)	F、G	2
I	铺地板	H、K	5
J	室内油漆整理	I	6
K	水暖安装	D、E	6
L	铺路	D、E	2
M	室内粉刷	H、K	6
N	门窗装饰	M	2
O	室外清理布置	L	2

表中的紧前作业是指该项作业开始之前必须完成的相邻作业。完成作业所需时间可以采用一定的方法进行估算，估算时要同时考虑有关的影响因素，时间的估算既要合理，又要可行。

(2)根据表5-2中的数据，绘制网络图(见图5-4)

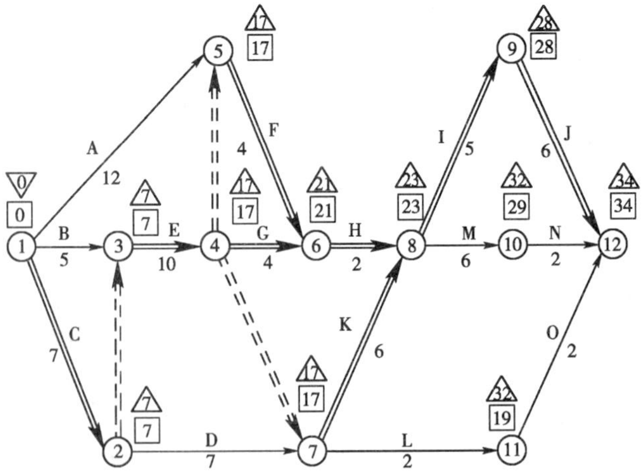

图5-4 网络图

图例说明：

○——节点，表示作业的开始点和终结点

→——作业，表示各项作业名称和时间

⇒——作业之间的关系

⇒——关键作业

□——该节点紧后作业最早可能开始时间

△——该节点紧前作业最迟必须结束时间

(3)根据图中确定的关键作业寻找关键路线。关键作业是指必须按时开工和完成的作业，否则将影响整个工期。图中所示的关键作业为 C,E,F,G,H,I,J,K，把这些关键作业有关关系联结起来就可确定关键路线为：

①C,E,F,H,I,J，总工期为 34；

②C,E,G,H,I,J，总工期为 34；

③G,E,K,I,J，总工期为 34。

(4)优化网络。即挖掘非关键路线上的潜力，重新平衡人力、物力，重新确定作业所需要的时间，以非关键作业的潜力支持关键作业，减少关键作业时间，从而缩短关键路线上的整个工期时间。

第四节 目标管理

导入案例 5-3

罗伯特·布朗是销售公司总经理，她与邮购处经理里卡多蒙特刚结束一场目标管理式的讨论。“那么，里卡多，你同意这 8 项目标？”“是的，罗伯特，它们看上去很适合我。”“那太好了，”总经理说：“6 个月后我再见到你时，想看看你到底干得有多漂亮。”

在这 6 个月里，里卡多在一个目标上遇到了麻烦，这个目标是要求在邮寄成本上削减 5%，他本来打算利用大宗整批邮寄以达标，把 1000 多份目录册寄到指定的邮区，可是销售部迟迟交不出客户们的名单来，邮签贴不齐，里卡多怕误事，只得追加邮费来零寄。

6 个月后，罗伯特见到里卡多时，一起来讨论他的工作表现，她说自己实在弄不懂里卡多怎么会在邮寄成本上无法达标。“如果你那时候来找我，我可以向销售部施加压力，让他们给你那儿邮签资料，这立刻就能办到！”她说。里卡多回答：“我想这 6 个月里得靠我自己，在那种情况下，我已尽了最大努力。”

他们在实施这套目标管理时，存在什么问题，应如何改进？

根据组织的宗旨与使命确定了组织的总目标之后，如何使之进一步转换成各个部门、各个单位以及每个人的分目标呢？这涉及由谁确定、如何确定等问题。传统的方法是由上级给下级指定目标，并交代如何去做。这种方法虽然也可以使目标层层分解落实到个人，但由于缺乏下属的参与，也带来许多弊端，如执行者的主动性和积极性不高、目标扭曲等，解决这个问题的一种有效的方法就是目标管理。

一、目标管理的含义

目标管理的定义很多，经常被引用的是乔治·奥迪奥恩的定义。他认为，目标管理是上级和下级一起制定共同目标,用预期结果来明确个人的主要责任领域,并用这些方法协调各部门的活动和评价每个成员贡献的过程。

进入20世纪70年代以来,美国一部分学者主张以全面、综合的系统观点定义目标管理。他们认为,目标管理并不是一种评价工具或一种激励技术,也不是一种计划工作和控制的手段,而是一种以目标为中心的管理系统方法。其中,美国旧金山国际管理大学教授海因茨·韦里克的定义较有代表性。他认为:目标管理是以系统方法综合诸多关键管理因素,有意识地导向组织目标与个人目标并有效实现的一个全面的管理系统。

从我国借鉴西方目标管理方法的实践来看,目标管理是一种将企业要达到的目标,同企业各项管理工作和企业每个成员的任务与职责结合在一起的管理方法。它是根据企业在一定时期的总方针,确定出企业的总目标;然后将目标层层分解,逐级展开,通过上下协商,制定出企业各部门、各单位直至每个职工的目标;用总目标指导分目标,用分目标保证总目标,从而建立起一个自上而下层层展开、自下而上层层保证的目标体系,形成一种全员参加、全程管理、全面负责、全面落实的管理体系。

目标管理是一种全新的管理方法。如果把管理看作是通过人的努力提高工作成果的话,我们可以从以下两个方面来探讨管理的方法,一种是以工作为中心的管理方法,另一种是以人为中心的管理方法。这两种管理方法的最终目的都在于提高组织的业绩,但采用的手段却相背而行。

(一)以工作为中心的管理方法

以工作为中心的管理方法注重工作科学化。这种管理方法的思想依据是,人是有感情的,人的行为往往是非理性的,很难与组织的要求相一致。因此,在管理方法方面特意排除人性面,对个人关系、社会关系和个人情感等非理性因素一概不予考虑。在这种管理方式之下,一切以组织的绩效为前提,所有的工作都以支持绩效为目标。换句话说,组织中优先重要的是工作,从事工作的人必须适应工作的要求。

以工作为中心的主要缺点是它会促使组织走向官僚化。工作的科学性、系统化会形成工作的专业化和工作方法、工作程序的标准化。将工作专业化的本来目的是提高组织成员工作的熟练程度,以便获得更大的经济效益。但实施专业化也会使人产生势力范围意识和专家意识。势力范围意识会使人过分专注于自己的工作,忽视其他人的工作,无法用广泛的眼光观察整体的工作。专家意识会使人只顾及其专业知识与技术的表现,不顾及工作绩效,使工作仅有外表而无实际的绩效。明确工作方法和程序的原来目的也是使任何人从事某项工作时都能轻易地达到目标,但实施后却很容易使人忘记原来的目的。每个人所关心的并不是通过自己的工作达到组织的整体目标,而是有没有按照规定的方法程序去做事,方法和完成的过程变成了最根本的问题。

以工作为中心的另一个主要问题是会使组织失去工作的意愿。工作专业化将工作细分成许多极小的部分。当自己担任的工作极微小、对整个工作的情况和结果都不能具体了解时,组织成员就会失去兴趣与关心。不仅如此,工作越细小越没有发挥能力的机会,更不会有利用创见、创意去处理工作的余地。当工作步骤和手续规定得详细完备,获得评价的依据不是成果而是遵守规定的程序时,会使组织成员失去进取心。组织真正关心的并不是这个规章上存在不存在、那个合不合规章手续,而是能获得多少成果。但组织成员却怕失败,墨守成规,工作因此维持在最低水平上。

(二)以人为中心的管理方法

以人为中心的管理方法注重人际关系。这种管理方法的思想依据是，即使工作非常的科学化，若担任工作的人员缺乏工作热诚的话，组织的目标仍然难以达到。因此，这种管理方式特别重视激发人的工作动机。与此相应，人与人之间的相互关系、个人的感情以及非正式组织也就受到重视。这种管理方法以人的非理性的一面和感情为中心，并不重视工作场所与工作的关系。

以人为中心的主要问题是人际关系与组织业绩的提高并无必然的联系。听听部下诉苦，为他们解决困难，对维持人际关系的确有用，但对组织业绩的提高是否有直接作用则令人怀疑。过分重视人性因素的结果，可能连与工作无关的因素都牵涉进来，与其说是解决问题，不如说是充当和事佬的角色。过分重视人际关系，反而远离了本来的人际关系原则。充满和睦气氛的工作场所，的确是每个组织所希望的，但是不要忘记组织并不是社交场所。经常充满欢乐的工作场所，并不一定就能提高组织的业绩。充满和睦的气氛只是条件之一，并非惟一重要的条件。

以工作为中心和以人为中心是两种极端的管理方法，以工作为中心的管理重视组织的业绩，强调工作因素，忽视人的因素；而以人为中心的管理则重视担负工作责任的人，强调人的因素，忽视工作因素。因此，单单采用其中的某一种管理方法，并不能够解决组织目标与个人目标之间的矛盾问题。那么，两种方法兼用的管理方式，即在某些时候、某种情况下采用以工作为中心的管理方法；在某些时候、某种情况下采用以人为中心的管理方法，是否可以使组织目标与个人目标这两个矛盾的因素融合在一起呢？两者兼用的管理方式只是一种逃避矛盾的权宜之计，并不能够真正解决采用某一种管理方法时所引起的种种问题，无法从根本上解决组织目标与个人目标之间的矛盾。只有当每个组织成员能在工作中找到生活乐趣，能专心地工作，并从工作任务的完成中获得满足感和成就感时，组织目标才随着个人需求获得满足而达到。这个时候，组织目标与个人目标、工作因素与人的因素才能达到融合的境界。这就是目标管理所追求的融合式管理方式。

二、目标管理的过程和特点

（一）目标管理的过程

目标管理的过程包括以下三个阶段。

1．目标设置

目标管理以目标设置为出发点。上自最高主管，下至基层主管，都要具体地设置计划期需要达到的目标。为达到组织总目标而设置的各个分目标必须互为连锁，形成一个体系。因为各个分目标是整体目标中的一部分，所以整个目标体系和各个分目标设置得好坏，对总目标的影响很大，也左右着组织的业绩和成果。因此，目标设置不但是目标管理的第一个阶段，同时也是最重要的步骤。目标设置得恰当，则目标实施过程的管理以及目标实施结果的测量与评估就比较容易。

2．目标实施

目标设置后，接下来是对目标实施过程进行管理。这一过程的管理与传统的管理方式不同，应尽量让完成目标的人自己管理自己，即实行自我控制，自我约束。这样做有利于调动目标完成者的积极性和独创性，充分发挥他们的能力。上级管理者也要相应地改变过去那种干涉下级工作的态度和方式，对下级完成目标的方法不加干涉，只给予一定的协助和建议，以支持的态度帮助下级达到自己设置的目标。

3．目标评估

目标完成之后必须加以测量和评估。目标完成结果的测量比较简单，只要将完成成果与预先设置的目标进行比较即可。原先设置的饿目标越具体，测量就越容易、越准确。目标完成结果的测量，原则上由目标完成者自己进行。评估的重点是目标完成者对测量结果的自我反省、自我启发，而不是对评估结果的赏罚。因此，下级的自我测量、自我反省，与上级的指导，是这一阶段的重要因素。

（二）目标管理的特点

传统的管理也是以目标达到为其目的，因此也可以说是目标管理，但它不能使组织目标与个人目标、工作因素和人的因素相融合。目标管理与传统管理相比较有如下特点：

1．目标体系

传统管理只规定组织的总目标，并不将目标体系化，因此每个组织成员应为达到组织目标做出努力的程度不够明确。目标管理方法通过手段——目的链，将组织的总目标层层分解，形成目标体系。具体来说，最高管理层确定了总目标之后，各部门主管根据总目标设置本部门的目标，各单位主管又根据部门目标设置本单位的目标，以此类推，一直到设置出每个组织成员的个人目标，这样就产生了目标的连锁。这种连锁关系形成了组织的目标体系。有了目标体系，每个人应达到的成果就十分明确了。

2．自我控制

传统管理方法把下属人员看成是愚笨懒惰，不敢承担责任的人，必须强迫他们工作。这种假设必然会导致将目标强加给下级的做法。目标管理方法则假设下属人员是愿意承担责任的，愿意为组织做出贡献的，愿意有所成就的。在这种假设下，下级比上级更清楚如何去做自己的工作，愿意而且也能够在工作中发挥自己的才智和创造性，能够对照目标来衡量自己的成就和成果，从而达到自我控制。用自我控制的管理代替别人统治的管理是目标管理的主要贡献之一。

3．分权管理

在传统管理方法下，制定目标的全部决策权都掌握在上级手中，上级制定目标和指出完成目标的方法，下级的职责就是贯彻执行。采用目标管理方法则不同，下属人员在目标制定和执行过程中均有一定的决策权力。制定目标时，下级可以就目标向上级提出建议，经过反复协商讨论，共同确定出下级的目标，下级有权在组织的政策规定范围内自己决定如何取得最佳成果。上级的责任只是在必要时给予指导。组织的目的在于获得成果而不在其工作方法，如果由上级硬性规定工作方法，可能会挫伤下属人员的工作积极性和独创性。

4．成果标准

在传统管理方法下，上级对下级的评价缺乏客观的标准，很容易根据印象和对某些问题的态度等主观因素来评价一个人的表现。实行目标管理方法则不然，它把完成目标的程度作为评价一个人工作表现的惟一标准，从而能够客观地按下级人员的实际贡献评价一个人的工作表现，不被表面工夫所蒙骗。

综上所述，目标管理是一种依据目标体系由各个组织成员根据其工作意愿自我设置目标，并在实施过程中进行自我控制的管理方法。它与工作为中心的管理方法的不同之处在于，目标管理重实质而不重形式，不拘泥于步骤、手段、方法等细节。同时它与以人为中心的管理方法也有所不同，目标管理是从工作与人的密切关系中掌握人的问题，尤其是注重人的工作意愿。由组织成员参与设置目标，不仅使他们因参与目标设置而产生工作意愿，对目标的达到也会产生强烈的责任感，在目标达到时还会产生成就感。以往，组织的需求与个人的需求往往是水火不相容的两个极端，而目标管理方法则将这两个极端融合在一起，使组织成员因自己参与设置的目标得以达到而满足了个人的需求，同时也为组织目标的达到做出了贡献。

三、对目标管理应用的认识

用目标进行管理并取得工作绩效的可能性虽然很大，但美国《幸福》杂志对美国最大500家公司所做的调查来看，对于目标管理，大多数企业还是说得多、做得少，能够取得绩效的则更加少。因此，总结一下目标管理的优点和缺点，对目标管理的推广应用是有好处的。

目标管理的全部好处可以用一句话来概括，就是它能导致管理工作的全面提高。下面我们就来分析一下目标管理对各项管理职能的贡献。

1. 对计划工作的贡献

目标与计划工作是相辅相成的。现实可行的目标，如果没有计划工作的保证就制定不出来；同时，计划工作也只有以最终目标为依据才会有意义。推行目标管理可以将这二者有机地结合起来，即它能促使各个层次的管理者去考虑怎样为最终的目标而进行计划，而不是仅仅为了安排工作而进行计划。

2. 对组织工作和任用工作的贡献

目标管理有助于明确组织机构的作用和职权关系。这是由于，目标的有效实施要求把主要目标尽可能地落实到岗位上，使之有人负责；要求按照预期的成果授予下级人员相应的权力。目标管理可以促使管理者去考虑为实现目标需要建立的组织机构和需要配备的人员，以及需要授予下级人员的权力。

3. 对领导工作的贡献

目标管理有助于诱发人们对自己的工作绩效承担责任。让下级人员参与目标的制定，并在目标的实施过程中给他们较大的自主权，能够激发下级人员的工作意愿，使他们产生完成目标的责任感，主动自觉地去工作。

4. 对控制工作的贡献

目标管理也有助于开展有效的控制工作。通过目标管理建立起来的目标体系提供了明确、具体的控制标准，这些可量化、可考核的控制标准又使测量实际成果的工作变得容易，使对测量结果的评估变得客观。

尽管目标管理有种种优点，但它也是有缺点的。有些缺点是方法本身就存在的，也有些是在运用中引起的。事先认识这些缺点，可使我们预先采取防范措施或提高警觉，避免或防止这些缺点发生。目标管理的缺点主要有以下几点。

(1)结果可能袒护过程

因为目标管理方法注重成果，很可能产生这样一种态度，只要能够获得成果，任何行动都可以接受。这种态度很可能使人们做出对组织构成损害的不明智的决策。例如，工厂厂长可能会决定减少或取消机器的必要保养维修，以保证工厂的年度生产计划能够完成。这个决定虽然可以使工厂年度生产计划按时完成，但却因设备加速磨损而损害了公司的长期利益。过于注重成果，特别是经济成果，会对下级产生压力，引起不道德的行为。

这个问题的解决途径是强调“如何”达到目标，而不是只问达到“什么”目标。如何达到目标的问题可以在上级和下级协商计划期应达到什么目标时一并加以讨论。当目标商定之后，接着便讨论可以什么方式完成目标。目标评估完成之后，还可以重新提起这个问题。为了减少采用不道德的手段去获得成果的可能性,高层管理者必须承认合理的目标,奖励道德的行为,惩罚不道德的行为。

2. 过分强调短期目标

目标管理所确定的目标一般都不超过1年,这对长期生存的组织会有一定影响。在某些情况下,短期目标的成就会妨碍组织的长期利益。例如,销售目标可能使推销员把精力集中于那些购买大量产品的顾客,忽略了去发展刚开始时不可能大量购买的新客户,使将来销售的可能性受到损害。避免发生短期行为的办法是使制定的现行目标不仅要和其他目标相配合,而且要和长期目标相配合。

3. 花费太多时间

一个有效的目标管理计划需要投入足够的时间进行准备。在计划早期,当组织成员对目标管理过程还不太熟悉时,投入的时间还要更多些。目标管理的原理虽然并不难理解,但实际做起来却要花费许多时间。统一认识、商定目标等都是很费时间的。许多组织推行目标管理之所以失败或收效甚微,都是因为这些组织的管理者不能或不愿在统一思想、协商目标、提供协助等方面花费必要的时间,从而削弱了目标管理的效果。

4. 缺乏灵活性

目标管理的另一个缺点是缺乏灵活性。如果目标经常改变,可能会使人认为这个目标是没有经过深思熟虑和周密计划的,因而是毫无意义的。另外,目标经常变动,如果下级不能完成目标,也很难确定责任,到底是因上级的责任还是下级的责任使目标没有实现。在计划工作的前提条件已经发生变化、组织的目标和政策已经改变的情况下,让下级为过时的目标继续奋斗,显然是不明智的行为。

5. 过分强调定量目标

目标管理需要制定的目标必须是可以考核的,但真正可考核的目标是很难确定的,在每年、每季都这样要求的情况下更是如此。建立可考核的目标并不比从事其他计划工作更困难,但比只是安排工作任务的计划来说,要付出更多的努力。定量目标容易考核,定性目标则难以考核,因此很容易使人产生重视定量目标、轻视定性目标的倾向。为了使目标成为可以考核的目标,人们可能过分使用定量目标,在不宜使用数字的领域里也企图使用数字。

本章提要

1. 计划是为实现组织既定的目标,对未来行动的规划和安排的活动。

2. 计划的主要意义在于,它促发了各种沟通、思考、预测等行为,使人们就组织的目标、当前的现状以及由现实过渡到目标状态的途径作出事先的安排。计划有助于提高组织的应变能力,由此降低有关风险。

3. 对于整个计划的编制,必须遵循其编制程序,而选择合适的编制计划的方法同样有举足轻重的作用。

4. 计划具有多种类型。对计划进行划分有利于人们更深入、更具体地理解和掌握有关计划的规律和方法。计划类型的划分依据取决于依据的标准。

5. 计划方案有多种表现形式,包括宗旨、使命、目标、战略、政治、程序、规章、规划、预算等。

6. 管理人员要了解和掌握一些重要的计划编制方法。这些方法包括甘特图法、滚动计划法、网络计划技术法等。

7. 随着目标管理的广泛应用，目标管理的具体实施标准与考核依据越来越重要。

案例分析

格拉斯纳曾在一家全国性大公司里当过地区经理，她以一流的工作，管理着250多个上门推销的销售人员。当她离开这家大公司之后，便开始经营自己的化妆品公司。她从意大利一家小型的香水厂得到了一套化妆品配置流水线，租用了一座旧仓库，并且安装了一套小型的化妆品灌瓶与包装生产线。3年过去了，格氏化妆品公司经营初见成效，格拉斯纳小姐打算拓展她的产品，增添生产线，建立分销网络。

格拉斯纳这样向外界阐明她公司的业务："格氏化妆品公司准备生产一套高质量的化妆品系列，在美国东北部通过百货商店和专业商店销售给高收入的顾客，并成为意大利香水在美国市场上的4位代理人之一。"格拉斯纳对公司职工提出的要求是，要在下一年度使公司的销售额达到300万美元。

格拉斯纳为扩展公司的业务去银行贷款，银行人士问她的经营有何独到之处，她回答说：第一，她只批发给独家经营她的产品的那些百货商店和专业商店；第二，如在圣诞节旺季到来的3个月之前来采购的话，她给那些商店在价格上打对折，甚至更优惠。格拉斯纳在公司内建立了一套制度，要求对所有购货的订单都先核实信用，然后在装货起运之前才在价格上标出适当的折扣。公司的货运室管理人员要求做到："绝对不可以在信用部门认可之前运走任何东西。"

格拉斯纳在得到所需贷款后着手制定具体的计划。她特别想达到的一个目标是：在美国东部的5座城市里开设自己的经销办事处。因此，她巡视了10座城市，寻找最佳的落脚点。在选中了5座城市后，她和律师与销售部经理一起为那些落脚点办理租约设立了一套程序，然后确立了最后期限，即次年6月1日，这些办事处开张营业。

【点评】

上述案例体现了计划的如下功能：

(1)保证决策目标的实现。决策的实施只有在计划的指导下，才能做到有的放矢。如果没有计划对实现决策目标的途径作出具体的安排，在决策目标实现的过程中，就有可能无法发现和防止各种意外因素对决策目标的干扰。

(2)有利于各种资源的合理配置。决策的实现都要涉及人力、物力和财力的有效安排与合理配置问题。这个问题的解决不可能在随机的决断中得以实现。只有通过制定计划，才能使有限的资源得到合理利用，并使之转化为更大的经济效益。

(3)预防意外情况对行动造成的干扰。事物在发展的过程中往往会遇到一些不可预知的条件和多种不确定的因素。如果没有一个可以作为指向标的计划，人们难免会迷失方向。因此，一个制定周密的计划可以指导人们前进的方向，在出现意外情况时，也可以采取措施予以纠正，从而保证决策的顺利进行。

(4)为实施控制提供依据。计划与控制密不可分，计划是控制的必要前提。因为，控制需要建立明确的标准，而计划就是一个可靠的标准，从而使控制有据可依。当出现越界行为时，可以及时发现并采取有效措施加以纠正。

思考与练习

一、复习思考题

1. 什么是计划？计划具有哪些特征？
2. 计划有哪些类型？
3. 计划工作一般包括哪些步骤？
4. 什么是滚动计划法？它具有哪些优点？
5. 什么是网络计划技术法？这一技术为什么会被广泛应用？
6. 目标管理的涵义是什么？它有哪些优缺点？

二、案例分析题

案例 5-1　关于“埃德塞尔”牌汽车的故事

1957 年，福特汽车公司着手生产一种新汽车，牌子叫做“埃德塞尔”。为了激起公众对新汽车的爱好，在“埃德塞尔”正式问世前一年就大肆进行了广告宣传。根据福特公司一位高级经理所说，在第一年中，计划是生产 20 万辆。但在两年后，也就是在实际生产了 11 万辆“埃德塞尔”之后，福特公司无可奈何地宣布，它犯了一个代价昂贵的错误。在花了几乎 2.5 亿美元进入市场之后，“埃德塞尔”在问世两年内估计还亏损了 2 亿多美元。

福特公司的战略是想利用“埃德塞尔”同通用汽车公司和克莱斯勒汽车公司在较高价格的汽车市场进行竞争。在制造分别适合美国社会的各种经济水平的不同类型的汽车方面，通用公司一直是非常成功的。在福特公司决定从大众化“福特”牌车型转向生产比较昂贵的汽车时，福特公司实际上已经失去了很大一部分市场。

有很多理由可以说明为什么“埃德塞尔”未能实现计划目标。其一“埃德塞尔”是在经济衰退时期较高价格汽车市场收缩的情况下进入市场的，其二当时国外经济型小汽车正开始赢得顾客的赞许。最后是“埃德塞尔”的车型和性能没有达到其他同样价格汽车的标准。

福特公司竭尽全力想出各种办法来防止全面的失败。他们向经销商提供折价出售“埃德塞尔”的方法作为销售额外分红，并且组织了一个有关车型、颜色、大小等方面的经销经验交流系统。并对全国性的广告预算增加了 2000 万美元。折价出售“埃德塞尔”给州公路局官员，为的使人们能在公路上看到这种汽车。为了招徕顾客，还制订了一个大规模的驾车游行推销规划，让有可能成为顾客的 50 万人参加了这一行动。

思考题：

“埃德塞尔”计划为什么会失败？

案例 5-2　目标管理缺少什么

某市公安局长在行政管理培训中学习目标管理计划时说：“我们经常有每个人为之努力的重要目标，我们的职责是公正地维持法律与秩序的尊严，保护人民的生命和财产安全。每一个在局里工作的人都了解这些目标。每一个人都知道他们必须为实现上述目标献身，如果不这样做，他将被解职。我认为在企业中，可用利润、销售、成本以及其他指标来衡量目标，当然，我们不可能用这些来检查我们的服务工作。但是这并不意味着我们没有实行目标管理。”这位公安局长又顿了顿嗓音自豪地说:“目标管理在我们这里并不是什么新玩意儿。”

根据案例提供的情况,请回答下列问题:

1. 这位公安局长认为目标管理仅仅是针对所有个人的,其实目标管理适合于管理(　　)。

A.组织　　B.工作和工人　　C.管理者　　D.自己

2. 较早提出目标管理的人是(　　)。

A.泰勒　　B.德鲁克　　C.孔茨　　D.法约尔

3. 在这项目标管理中,着重缺少什么(　　)。

A.详细的考核标准　　B.具体的个人目标

C.组织目标　　D.个人目标与组织目标的结合点

4. 目标管理的基本实施过程是(　　)。

A.组织目标的实现　　B.个人目标的汇总

C.确立、实施、评价目标的过程　　D.总目标的体现

5. 在这个案例中,这位公安局长所说的目标管理单纯指的是(　　)。

A.个人目标　　B.组织目标

C.组织的使命　　D.个人目标与组织目标的结合

三、讨论题

1. 怎样区分“技术效率”与“计划效率”,请讨论“技术效率高则计划效率也一定高”,这一命题的正确与否。

2. 某医院今年实行了目标管理,如果你是其中的领导人员,你能否运用本章节所学的内容,很好地解释目标管理及其实施过程与它的重要性?

第六章 组 织

【学习目的与要求】

1. 了解组织的含义与主要功能；
2. 熟悉组织结构设计的原则、任务；
3. 熟悉组织设计的基本程序；
4. 掌握组织结构设计的基本类型，具体掌握常见的组织结构类型；
5. 了解组织及其结构的发展趋势；
6. 了解组织变革的动因及解决方案。

第一节 组织概述

导入案例 6-1

在自然科学领域，石墨与钻石都是由碳原子构成的，构成要素一样，但两者的力量和价值简直无法相提并论。钻石为什么会比石墨坚硬，钻石为什么比石墨值钱？造成它们之间差异的根本原因就是原子间晶体结构的差异：石墨的碳原子之间是“层状结构”，而钻石的碳原子之间是独特的“金刚石结构”。

在工程技术领域，性能同等优良的机器零件，由于组装的经验和水平不同，装出来的机器在性能上可能相差很大。

在军队，一队士兵，数量上没有变化，仅仅由于组织和列阵的不同，在战斗力上就会表现出质的差异。

那么，在经济组织里的情况怎样？

组织是管理的又一主要职能，是管理的主要任务之一。要了解组织职能，首先要对组织的概念、作用、类型有一个全面的认识，还须认识组织与环境的关系。

一、组织的含义

组织是指参与组织活动的人(员工)与事(活动)进行有效的组合,决定和划分一个组织机构内各部门的职权范围,明确其相互关系,并考虑各人、各部门的利益和愿望,使之趋于一个共同的管理目标的职能过程。此概念包含以下主要内容:

(1)通过组织的职能以建立和发展其维系组织中员工工作关系的结构和规范。

(2)组织职能划分工作、明确责任达到分工合作的目的。

(3)组织职能对各部门的活动进行最有效的归并和配合,以建立各部门之间的适当关系,促使全体员工努力工作,有助于组织目标的实现。

(4)组织职能只能是手段,而不是目的,它只是达到目的的手段。

二、组织的主要功能

组织是重要的管理职能,它是确保人类社会、经济活动协调,使之顺利达到预期目标的必要条件。为此,管理的任务之一是建立一个有效的组织。一个有效组织应具有以下的主要功能:

(1)有效组织能让每个员工明确自己应实施的工作,从而确保每个人都能有效完成各自任务。

(2)有效组织能使每个员工明确个人在组织中的工作关系和隶属关系,从而确定各自的工作分工及其合作,保证工作的有序开展。

(3)有效组织还在于能维持所实施各项活动的相互关系,从而使组织的各部门,管理的各道程序保持统一、和谐。

(4)有效组织还能明确组织中各部门、各岗位为完成工作所必需的权力,来调动各管理层的积极性、主动性和创造性,从而确保完成各自所承担的义务和责任。

由此可见,通过有效的组织可以增强工作责任,提高工作效率。防止由于发生分工不同,职权范围不明确而出现的“互相推诿”、“彼此摩擦”、“政令不通”、“管理混乱”等不协调、低效率现象。当然造成这类现象的原因还在于许多方面组织的不齐全。为了实现以上功能,在组织结构上必须具备以下要求:

(1)有效组织能够自动调整各自所面临的特殊需要。

(2)有效组织的结构力求严密而精化。

(3)有效组织应强调建立“以责任为中心的责、权、利统一”的组织结构。

(4)有效的组织必须实行分层负责制度。

(5)有效组织应能做到命令统一,内部各部门之间联系密切,相互平衡协调。

(6)有效组织必须保持一定的弹性,不仅适应外部环境的变化,还需体现其灵活性。

第二节　组织结构设计

导入案例 6-2

凯迪公司是上海市的一家中型企业,主要业务是为企业用户设计和制作商品目录手册。公司在浦东开发区和市区内各设有一个业务中心,这里简称 A 中心、B 中心。

A 中心内设有采购部和目录部。采购部的职责是接受用户的定单,并选择和定购制作商品目录所需要的材料，目录部则负责设计用户定制的商品目录。凯迪公司要求每个采购员都独立开展工作，而目录部的设计人员则须服从采购员提出的要求。

凯迪公司的总部和B业务中心都设在市区。B中心的职责是专门负责商品目录的制作。刘利是凯迪公司负责业务经营的主管，他经常听到设计人员抱怨自己受到的约束过大，从而无法实现艺术上的创新与完美。最近，刘利在听取有关人员的建议后，根据公司业务发展的需要，决定在B中心成立一个市场部，专门负责分析市场需求和挖掘市场潜力，并向采购员提出建议。市场部成立后不久，刘利听到了各种不同意见。比如，采购员和设计员强烈反映说，公司成立市场部不但多余，而且干涉了他们的工作。而市场部人员则认为，采购员和设计员太墨守成规、缺乏远见。刘利作为公司的业务经营主管，虽然做了大量的说服工作并先后调换了有关人员，但效果仍不理想。他很纳闷：公司的问题究竟出在什么地方？

这则短短的案例生动地描述了凯迪公司组织结构设计和运作中存在的问题。市场研究、产品推销、产品设计、材料采购，这些部门之间的工作配合在凯迪公司中已明显地出现了问题。组织运转不顺利，原因在哪里？是设立市场部的决策错了吗？还是采购员和设计员之间的私怨需要解决？抑或是各职能部门之间的沟通没有建立起有效的渠道？凯迪公司有没有必要单独成立一个负责市场研究的机构？如有必要，应该怎么设置？如果没必要，是否应该由什么人员或部门来承担起这方面的责任？对凯迪公司中的各个业务经营部门，应该如何界定其职责权限？凯迪公司实质上是职能型结构还是地区事业部结构？这些问题的回答与管理的组织职能密切相关。

每个组织由于其所处的内外环境不同，组织目标也不一样，因而任何组织都会有其自身特点，建立与其相适应的组织结构。

一、组织结构设计的基本原则

组织结构设计是否合理有效对于组织成功与否举足轻重。因此，在设计组织结构时，必须遵循以下基本原则：

(一)有效性原则

有效性原则，首先要求组织结构设计要为组织目标服务并有利于组织目标的实现。因此，在设计组织结构时，必须以是否对组织实现目标有利作为舍取标准。要在服从组织目标的前提下，因事设机构与划分职责，按工作需要定员与配备人员，不设不必要的机构和人员，力求精干、高效、节约。

其次，有效性原则要求组织结构设计的本身要有效率。效率具体体现在：确立有效的管理幅度，设置合理的管理层次，这些都要符合实际需要，每个职位的职责要明确，信息传递迅速、办事渠道畅通，无扯皮、效率高。

再次，有效性原则还要求以比较少的人员，较少的层次，较少的时间达到较好的管理效果。层次多，则管理人员多，管理费用增加，办事拖拉，人浮于事，增加矛盾。而层次少，则管理人员少，便于良好的沟通，减少内耗，节约管理费用，提高工作效率。当然层次不是越少越好，层次太少，必然加大管理幅度，使领导工作难于深入、不具体、指挥无力无效。

(二)统一领导和分级管理原则

统一领导、分级管理原则是处理上下级之间关系的一条重要原则，它要求每个职务都要有人负责，每个人都知道他的直接领导是谁，下级是谁。要求上下级之间组成一条等级链，从管理最高层到最基层，这个等级链不能中断，而且任何下级只能有一个上级领导，不能实行多层领导，多层领导必然导致下级无所适从。在正常情况下，等级链上的每一个上级领导不得越权指挥，但可以越级检查，下级也不要越级请示，但可以越级反映情况和提出建议。例如，厂长不能越过车间主任直接指挥班组长，否则会使班组长无所适从，同时也使车间主任处于尴尬境地。

按照统一领导、分级管理的原则，要求在设计合理的管理层次，实行分级管理时，把集权和分权正确地结合起来。一般来说，凡是关系到组织全局的一些重要权力，如企业经营决策与生产经营计划的制定，企业资源的统筹安排，职工收入分配方案，主要规章制度的建立、修改或废除等，均应集中于企业最高管理层，以保证整个企业的生产经营活动正常、有序地进行。而属于履行企业日常管理中的职权问题，则应逐级分散授予中层或基层去管理。这样做不仅可以充分调动各级管理组织的积极性，还可以使企业最高层的领导人摆脱许多日常行政事务工作，集中精力研究和解决全局性、战略性的问题。

（三）权责对等原则

在委以责任的同时，必须委以自主完成工作所必须的权力，权责必须相对等，这是管理组织原则中非常重要的一项。权力是完成任务的必要工具，如果没有一定的职权，便无法尽到责任去完成任务；如果有权而无责，则会助长瞎指挥、滥用权力和官僚主义。只有做到权责对等，才能调动各级管理者的积极性，把责任落到实处，保证组织任务的完成。在实践中，若责大于权时，要求及时适当授予职权；若权大于责时，也应要求收回授权或增加职责，从而保持权责大体平衡和对等。

（四）协调原则

协调原则是管理组织的一条重要原则，它要求及时调整和改善企业内部（在某些方面也包括外部）各单位、各部门之间的关系，排除各种矛盾，保证组织结构上下左右有条不紊地运行，使整个组织能够步调一致地去实现组织目标。

协调有纵向协调和横向协调。纵向协调是构成各级机构等级链的上下级之间的工作协调和指挥协调。若纵向不协调就会出现瞎指挥，打乱仗，弄得下级无所适从失去方向。横向协调是指各职能机构之间、各车间之间、车间内部各工段和各班组之间的工作协调。若横向不协调，就会出现工作扯皮，无人负责，贻误生产经营的完成。因此，在组织结构设计中必须加强协调工作。

（五）分工与协作原则

在组织结构设计中还应强调分工与协作。分工就是按照提高管理的专业化程度和工作效率的要求，把组织的任务、目标分成各个层次、各个部门以及各个人的任务和目标，明确与其相适应的工作及完成任务的手段、方式和方法。分工是提高工作效率的有效手段，通过分工，人们可以专心从事某一方面的工作，对工作更加熟练，更能提高效率。实事求是、讲究实效是合理分工的要求。

协作是与分工密切相连的一个概念，它是指明确部门与部门之间以及部门内部的协调关系和配合方法。组织作为一个系统，各部门都是其子系统，各部门不可能脱离其他部门而单独运行，必须经常与其他部门相互协调，实现本部门目标，同时保证整个组织的目标实现。

可见，分工与协作是相辅相成的，只有分工没有协作，分工就失去意义，而没有分工就谈不上协作。因此，在进行组织结构设计时，要同时考虑这两方面的问题。

（六）弹性结构原则

现代组织理论非常强调组织结构应具有弹性。所谓具有弹性是指一个组织的部门机构、人员的职责和职位都应适应环境的变化而作相应的变动。这种弹性具体表现在以下两方面：

1. 使部门机构具有弹性

根据环境和完成组织目标的需要，定期审查组织内任何一个部门存在的必要性；如果没有必要存在应及时作出改组。有时是根据环境和工作要求，成立临时工作小组解决专门问题，有关工作人员从各部门抽出，任务完成后该机构即解散。如调资小组、技改小组、新产品试制组等等。

2. 使职位具有弹性

这种弹性在组织结构设计中可以做以下考虑：

(1)按任务和目标需要设立岗位。一个人的职位责任不是一成不变，应根据不同时期的组织目标和分配给他的任务而改变职责。

(2)干部的定期更换。即要求干部都有一定的任期，不能无限制地担任下去。职位增强弹性，也给更多有能力的人提供机会。

(3)实行职工一专多能。一人多岗，使岗位人员有弹性。如机场的海关检查，繁忙时开 12 个窗口，会计人员也可在此上岗，而清闲时只需开 4 个窗口，会计人员再回到原来岗位上去。

(4)实行多种用工制度，使组织内人员富有弹性。如一家大型超市，正常时保持 100 名工作人员即可，但每日下午 3:00 ~ 6:00 时顾客较多，此时可以再雇佣 10 名人员上班。周末 2 天顾客盈门，还可以雇佣 20 名人员在周末 2 天上班。这种用工方式能确保企业任务和效益的实现。

二、组织结构设计的任务

组织结构设计的基本任务是根据组织目标建立一套科学的组织机构，合理配备人员，明确各个管理层次和职能部门的责任、权力和应得的利益；合理确定组织各部门之间的相互关系，借助这种关系使组织各部分发挥协调的功效，充分调动各方面的主动性、积极性和创造性，从而形成一个统一、有效的管理机体，保证组织目标的实现。

为什么非要设计出一套组织机构？因为任何一个组织不可能是由几个人来管理的，而是由一群人来管理。尤其对今天的组织来说更是如此。面对全球一体化的经济形势，面对变幻莫测的市场，面对日新月异的科学技术，面对日趋激烈的竞争，任何组织的领导者都会感到需求决策的事情太多，仅靠一个层次的领导是不行的，时间不够用，能力不够强，惟一的选择是由一群人来管理，分为多个层次的领导方式。这就提出了权力和责任的划分问题，分工和协调问题，也就是必须设计出相应的组织机构，更好地发挥管理者群体的作用，实现有效管理。

从组织结构设计的基本任务可见组织结构设计的目的在于：以系统论观点指导组织设计，发挥整体大于部分之和的优势，使有限的人力资源形成最佳的配置效果。

同样的组织规模，如果采用不同的组织结构往往会得出完全不同的组织效应。一个优秀的组织结构，能够做到机构精简、高效，分工合理而明确，协作紧密而有序。这样的组织既发挥了个人的积极性和创造性，又能保持高度的和谐和统一，甚至还可以发挥出“以一当十”的巨大作用。反之，一个不良的组织结构，会因为机构臃肿、人浮于事而效率低下；因为职责不清、职能重叠而扯皮不止；因为有权无责而滥用权力；又因为有责无权而消极怠工。总之，在一些成功的企业中，我们可以看到优秀的组织结构设计，同样，在一些失败的组织中，我们也可以找到那种不良的组织结构设计的痕迹。

三、组织设计的基本程序

一般来讲组织设计包括四项基本内容:工作划分;工作归类;管理层次;职权关系。这四项基本内容构成了设计组织结构的四个基本步骤,即一般程序,如图 6-1 所示。

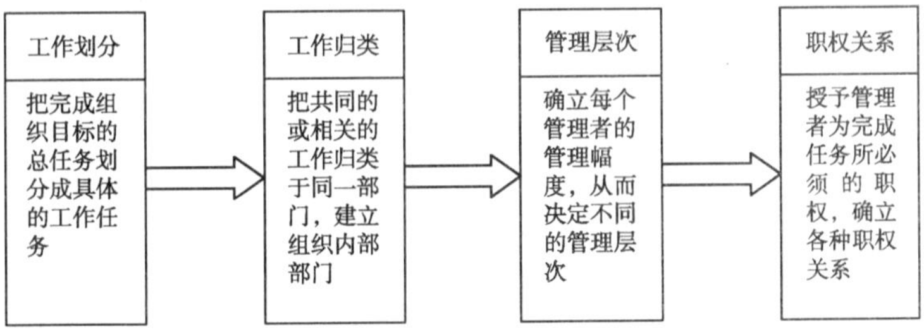

图 6-1　组织设计的一般程序

(一)工作划分,确定具体目标

实现计划拟定的目标,是组织的总任务。这个总任务是组织中任何孤立的个人所无法完成的。因此,作为管理者必须把这个总任务划分成许多具体的工作任务,使组织内的每个成员承担一部分。这样,经过组织成员的共同努力,最终实现总任务。把完成组织目标的总任务划分成若干个各不相同又相互联系的具体任务的过程,就是工作划分。

工作划分应根据目标一致和效率优先的原则进行。具体任务要服从并服务于总任务目标,工作划分要能充分发挥每一个组织成员的积极性和创造性,提高整个组织的工作效率和经济效益。

工作划分没有一个统一的标准。它是随组织任务不同,人员素质不同,所拥有的资源不同而不同的。但我们还是可以把组织内的工作按其性质不同划分为两类:作业工作和管理工作。

所谓作业工作,是以实际作业为主的工作。例如研究人员、工程师、推销员,以及工人所担任的工作均属此类。对这类工作的划分应注意的问题有:①作专业化考虑,在划分工作时必须发挥专业化的优点;②考虑作业流程的要求,使作业划分既有分工又有协作;③这类工作人员特别需要具备技术能力。

管理工作是以管理目标所配备的人员,从事配置物质资料、资金和选择工作方法为主的工作。例如经理人员、各级主管以及生产第一线的领班所担负的工作都属此类。对这类工作的划分应注意的问题有:①这类工作人员特别需要具备的是管理能力;②必须考虑管理费用成本,也就是说,管理工作划分时要有成本、费用的约束。

(二)工作归类,建立工作部门

在把总任务分成许多具体任务后,下一步工作就是将性质相同的或相近的工作进行归类合并,在组织内部建立职能各异的部门,例如生产部门、销售部门、人事部门、财务部门等。这些部门都是管理者根据一定的方式,把各种工作进行归类的结果。由此可见,工作归类对组织部门的建立极其重要,我们绝对不可将性质相同的工作硬性分开,也不可将性质完全相异的工作勉强合并,否则将会影响部门建立的科学性和合理性。

在组织选择归类方法时,必须考虑这个组织的具体情况。例如:组织宗旨、战略目标、组织规模、地理位置、工作性质、外部环境、人员素质等。最好的工作归类方法来自对这些条件的具体分析。

以工作归类为基础建立部门的基本方法有:

(1)按产品划分建立部门。这种方法是按产品类别或产品系列对企业经营活动进行归类划分,特别是大型、复杂的组织按产品划分部门很重要。如大型百货公司按产品可分为家电部、服装部、化妆品部、日用品部、食品部等。

(2)按生产顺序或设备类型建立划分部门。这种方法如按生产顺序,就是根据生产工艺特点把相同的工艺归类到一个部门,以制衣厂为例它应划分为裁剪车间、缝纫车间、整烫车间、包装车间等;如按设备类型划分,那就是根据设备情况把相同的设备归类到一个部门,以纺织厂为例它应划分为纺纱车间、织布车间等。

(3)按企业的职能建立划分部门。这里的职能指的是具体的业务活动,这种方法把企业内相同或相似的业务活动归类到一个部门。在现代企业组织中,有三项基本业务活动,即生产、供销与财务,所以一般企业都必须建立生产部门、供销部门和财务部门。按职能划分部门是最常见、最基本的划分方法。

(4)按地区划分建立部门。这种方法比较适应于在地理上较为分散的企业,也是一种比较普遍的方法。如跨国公司,对同一类产品可以在不同地区销售,它必须要按销售的不同地区来建立划分部门。

(三)确定管理幅度,划分管理层次

工作归类知识按一定的方式把各种有关的工作结合在一起,形成组织中的群体。但是,它没有解决一个工作群体应该包括多少件工作,多少个人的问题。这个问题需要通过确立管理幅度来解决。所谓管理幅度,是指一个管理者能够直接地、有效地管理的人数,也就是要求一个管理者有一个“适度”的管理范围。这个“适度”如何确定,至今没有一个公认的客观标准。这是因为影响管理幅度的因素很多,所以对管理幅度的适度性就很难确定,但我们还是可以根据以下主要的影响因素来确定管理幅度的。

(1)主管、部属能力的高低。凡能力强、精力充沛、经验丰富的优秀管理者,管理幅度可以适当大些;反之,则相应减少。

(2)职务的性质。凡职务性质较繁杂,需要创造、创新力度大的,对外联系比较频繁的,管理幅度应小些;反之,管理幅度应增大。

(3)对业务部门、参谋人员的重视和利用程度。重视这些组织的作用,有利于管理者指挥、监督、调整工作顺利进行,在这种情况下幅度可适当扩大。

(4)信息、交通传递方式的便捷程度。交通方便、信息传递灵便的,对于组织转移和控制、调整、命令传达都非常有利,管理幅度应适当增大。

(5)组织内部制度完善状况。对组织内部有完善的会计、统计、信息反馈和评价的严格管理制度的,可适当扩大管理幅度。

综上所述,在确定管理幅度时,应具体问题具体分析。不能绝对地说管理幅度是大好,还是小好。管理幅度的大小是有条件的,同样层次的管理者,管理幅度是有差异的。但就一般情况来说,掌握上层管理幅度以 4 ~ 8 人为宜,掌握下层管理幅度以 8 ~ 15 人为宜。

管理幅度确立了,相应地也就决定了管理层次,也称组织层次。所谓管理层次,是指一个组织内部从最低层次的工作人员至最高组织主管之间的隶属关系数目。管理幅度与管理层次成反比关系。加大管理幅度,可减少管理层次;缩小管理幅度,会增加管理层次。

由于管理幅度的大小不同形成了两种形式的组织结构:一种是管理幅度窄,组织层次多的高长式组织结构;另一种是管理幅度宽,组织层次少的扁平式组织结构。

高长式的组织结构如图 6-2 所示。在这种组织结构中每个管理人员领导的下属人数较少，层次多。其优点是：①可以进行严密的控制和监督；②使上下级之间联络迅速。其缺点是：①容易造成上级过多地插手下级的工作；②管理层次多，引起管理费用增加；③最高层与最低层距离拉长，信息的传递缓慢，容易失真。

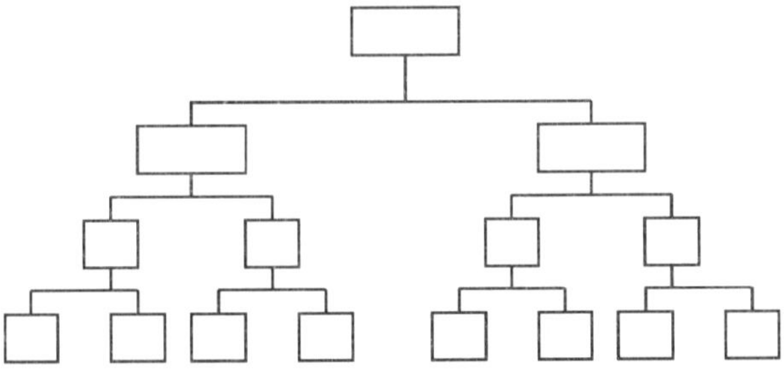

图 6-2　高长式组织结构

扁平式的组织结构如图 6-3 所示。这种组织结构管理人员管理幅度宽，层次少。其最大的优点是由于管理层次少，组织机构精简、工作效率较高，管理费用也可大大节约。其缺点是：①上级主管负担较重；②容易出现失控的危险；③组建要求较高，它要求管理者有良好素质，要求上级授权，要求制定明确的目标、计划和政策，还要求谨慎地选好下层人员。

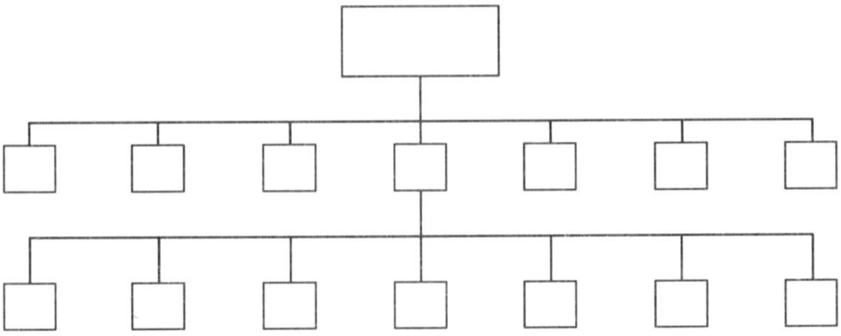

图 6-3　扁平式组织结构

高长式的组织结构与扁平式的组织结构各有其优缺点，一个组织采用何种结构形式应根据具体的情况而定。较为理想的组织结构应是管理幅度与管理层次趋于均衡，能以最低的管理成本完成组织的目标。

决定管理层次的因素除了管理幅度外，还必须考虑组织规模。组织规模与管理层次成正比关系，组织规模庞大的，必然管理层次较多；反之，则管理层次可以减少。

就一般组织而言，组织内的管理层次可分为决策层、管理层、指导层、监督层及执行层，每一层次都应有相应的工作目标和内容，当然也要授予必要的职权，从而建立组织内的职权关系，这就是组织设计的第四步骤。

(四)实行授权，建立组织的职权关系

在组织内部各个部门和每个管理层次中，必须设置一系列的职位，每个职位配置合适的人选，每个人员具有与职位相称的职务，负有一定的责任和义务，并由组织授予完成工作、履行职责的权力，这就是授权。授权是组织设计的重要内容。

授予各级管理者完成任务所必须的职务、责任和权力，它之所以重要，是因为以下 4 点原因：

(1)由于上级管理者能够有效管理下属的人数是有限的，所能够做的工作也是有限的，需要把一部分工作分配给下属，当然同时要授予下属完成工作所必要的职权。

(2)通过授权，使下属管理人员明确自己的岗位、任务、职责和权限；在实施自己的职能时，有什么决定权、执行权和指挥权；更使他们有权主动地处理一些突发例外事件，做到决策快、成效高。

(3)通过授权，可以培养下属管理人员的管理技巧和管理能力，充分发挥他们的积极性和创造性。

(4)通过授权，构织了组织内部的各种职权关系。

组织的职权关系可以分为以下两类：

(1)纵向职权关系，即上下级间的职权关系。这种职权关系是沿着组织内部管理层次由上而下建立的，形成了一条命令链来下达命令和执行决策。作为命令链中一个环节的管理人员具有指挥下级工作的权力，把工作和完成工作的职权授予下级；反过来说，他们又受上级管理者的指挥和控制，努力完成所分配的工作和行使上级授予的职权。可见纵向职权关系的实质就是上下级之间权力和责任的分配，其关键在于授权的程度。对一个组织的纵向职权关系处理上是集权为主好，还是分权为主好，得根据具体情况来确定。如一个组织的下级做出决策的频度或数目越多，这个组织职权分散的程度就越高；反之，下级很少作出决策，决策主要由上级做出，职权分散的程度就低。又如上级的控制程度也会影响职权的划分，当所有的决策无须事先经上级审批，分权的程度就高；相反，在做出决策之前，都要经上级审批，集权的程度就高。总之，要使集权和分权实现均衡，既达到分散管理的有效性，又能保证有效的控制，就要理顺纵向的职权关系。

正确处理上下级间职权关系还须注意以下几点：

①明确职责的绝对性。职责作为一种应该承担的义务是不能授予别人的。上级可以把工作和职权授予下级，但职责不能下授，上级应对下属的工作负责任，监督其工作情况，并向其上级负责。同样，下级也应对上级绝对地负责。每一级的管理人员的职责是绝对的，不能转移。

②职权和职责应该对等。职权是完成一定任务所必须的条件，而职责是完成这项任务的义务。有职权就应有相应的职责，有职责也应有履行职责必须的职权，这两者是对称的。

③授权要明确更要彻底。授权越是明确，职责将跟着清楚，更有利于下属发挥积极性、主动性和创造性。授权彻底是指一旦授权后，在下级的职权范围内的工作则应由下属自主做出决策，上级不能再越权干预下属的分内工作。

④保持良好的沟通。上级授权后，应与下属保持良好的沟通，了解他们的工作情况，给予下属关心和帮助，尤其当他们遇到困难时少些埋怨，多些理解支持，这样会使授权更加有效。

(2)横向职权关系，即直线部门与参谋部门之间的职权关系。直线职权是一种等级式的职权，直线管理人员具有决策权与指挥权，可以向下发布命令，下级必须执行。如企业总经理对分公司经理；厂长对车间主任。而参谋职权是一种顾问性或服务性的职权，其作用主要是协助直线职权去完成组织目标。常见的方法就是设立专门职能部门或聘请个人助理。参谋人员一般具有专业知识，可以就自己职能范围的业务向直线管理人员提出各种建议，但没有越过直线管理人员去命令指挥下级的权力。可见直线职权与参谋职权是两种性质不同、作用不同的权力，为了维护命令统一和指挥统一的原则，必须确定两者的关系。直线职权与参谋职权的关系应为主导和从属的关系，直线职权具有下命令的权力，参谋职权只有咨询和建议的权力，参谋职权从属于直线职权。

但是，在实际管理工作中，直线管理人员和参谋人员经常发生冲突。直线管理人员抱怨参谋人员发挥作用不大、架子好看不实用，或埋怨参谋人员越权干涉直线管理，出现多头领导使下级无所适从；而参谋人员则认为，直线管理人员不尊重他们，有益的建议往往被束之高阁无人问津，独断专行。为了避免产生冲突，更好地实行分工与协作，有效实现组织目标，就应处理好直线职权和参谋职权的关系。

第一，应明确设立参谋职位的目的。如果不需要参谋协助的，那么取消它当然是最精明的做法。但是，随着管理科学的发展和组织环境的快速变化，管理工作越来越复杂，直线管理人员需要参谋人员的帮助。为此，直线管理人员应明确设立参谋职位的目的，向参谋人员主动提出工作要求，倾听他们的意见，尊重他们的劳动，从而更好地发挥参谋人员的作用。

第二，应明确直线人员和参谋人员的关系。直线人员执行具体的管理工作，可以下命令指挥。参谋人员应协助直线人员做好工作，但只能提建议，在组织中充当配角。当他们的建议没有被采纳时，也应继续努力工作。

第三节　组织结构的基本类型

导入案例 6-3

制订得良好的计划，常常因为管理人员没有适当的组织结构予以支持而落空。而在某一时期是合适的组织结构，可能过了一两年以后就不再合适。格里和莉洛·利兹是经营 CMP 出版公司的一对夫妇，对此有着清楚的认识。

利兹夫妇在 1971 年建立了 CMP 出版公司。到 1987 年，他们公司出版的 10 种商业报纸和杂志都在各自的市场上占据了领先地位。更令人兴奋的是，它们所服务的市场（计算机、通信技术、商务旅行和健康保健）提供了公司成长的充足机会。但是，假如利兹夫妇继续使用他们所采用的组织结构，这种成长的潜力就不会得到充分的发挥。

他们最初为 CMP 设立的组织，将所有重大的决策都集中在他们手中。这样的安排在早些年头运作得相当好，但到 1987 年它已经不再有效。利兹夫妇越来越难照看好公司。比如，想要约见格里的人得早上 8 点就在他办公室外排队等候。员工们的问题越来越难得到答复，要求快速反应的重要决策经常被耽误。对于当初设计的组织结构来说，CMP 已经越来越不能适应了。

利兹夫妇认识到了这个问题，着手重组组织。首先，他们将公司分解为可管理的单位（实质上是在公司内建立半自主的公司），并分别配备一名独立的经理掌管各个单位。这些经理都被授予足够的权力去经营和扩展他们各自的分部。其次，利兹夫妇设立了一个出版委员会负责监管这些分部。利兹夫妇和每个分部的经理都是该委员会的成员。分部经理向出版委员会汇报工作，出版委员会则负责确保所有的分部都能按 CMP 的总战略运作。

这些结构上的变革带来了明显的效果。CMP 现在总共出版 14 种刊物，年销售额达到近 2 亿美元。公司的收益持续地按管理当局设定的 30%的年增长率目标不断地增加。

CMP 出版公司的例子说明，选择合适的组织结构在组织演进过程中起着至关重要的作用。

一、常见的组织结构

（一）直线制

直线制是一种最早也是最简单的组织形式。它的特点是企业各级行政单位从上到下实行垂直领导，下属部门只接受一个上级的指令，各级主管负责人对所属单位的一切问题负责。厂部不另设职能机构（可设职能人员协助主管人工作），一切管理职能基本上都由行政主管自己执行。其结构如图6-4所示。直线制组织结构的优点是：结构比较简单，责任分明，命令统一。缺点是：它要求行政负责人通晓多种知识和技能，亲自处理各种业务。这在业务比较复杂、企业规模比较大的情况下，把所有管理职能都集中到最高主管一人身上，显然是难以胜任的。因此，直线制只适用于规模较小，生产技术比较简单的企业，对生产技术和经营管理比较复杂的企业并不适宜。

（二）职能制

职能制组织结构，是各级行政单位除主管负责人外，还相应地设立一些职能机构，如在厂长下面设立职能机构和人员，协助厂长从事职能管理工作。这种结构要求行政主管把相应的管理职责和权力交给相关的职能机构，各职能机构就有权在自己业务范围内向下级行政单位发号施令。因此，下级行政负责人除了接受上级行政主管人指挥外，还必须接受上级各职能机构的领导。其结构形式如图6-5所示。

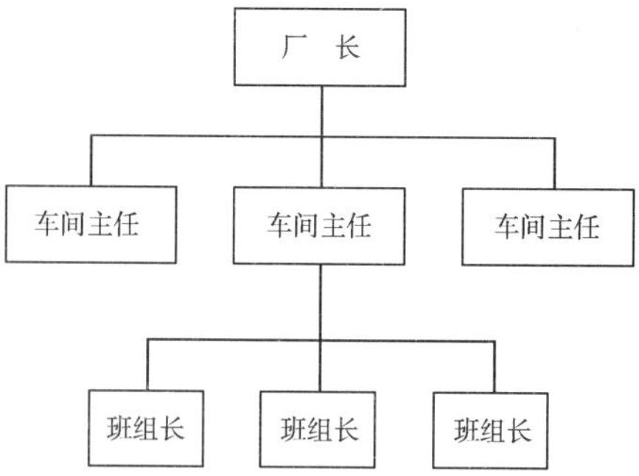

图6-4　直线制组织结构简图

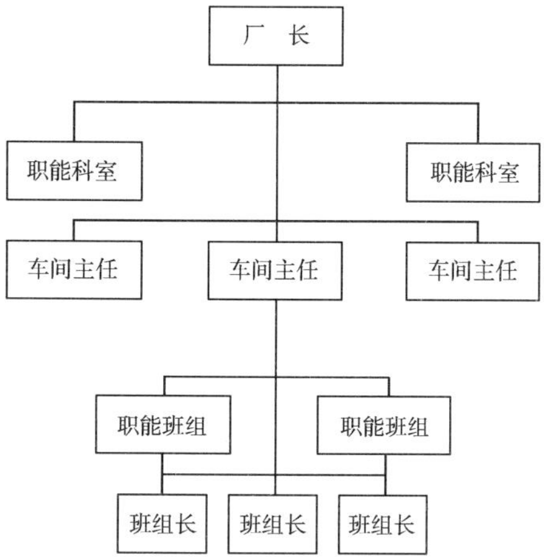

图6-5　职能制组织结构简图

职能制的优点是能适应现代化工业企业生产技术比较复杂，管理工作比较精细的特点；能充分发挥职能机构的专业管理作用，减轻直线领导人员的工作负担。但缺点也很明显：它妨碍了必要的集中领导和统一指挥，形成了多头领导；不利于建立和健全各级行政负责人和职能科室的责任制，在中间管理层往往会出现有功大家抢，有过大家推的现象；另外，在上级行政领导和职能机构的指导和命令发生矛盾时，下级就无所适从而影响工作的正常进行，容易造成纪律松弛，生产管理秩序混乱。由于这种组织结构形式明显的缺陷，现代企业一般都不采用职能制。

（三）直线职能制

直线职能制，也叫生产区域制，或直线参谋制。它是在直线制和职能制的基础上，取长补短，吸取这两种形式的优点而建立起来的。目前，我们绝大多数企业都采用这种组织结构形式。这种组织结构形式是把企业管理机构和人员分为两类，一类是直线领导机构和人员，按命令统一原则对各级组织行使指挥权；另一类是职能机构和人员，按专业化原则，从事组织的各项职能管理工作。直线领导机构和人员在自己的职责范围内有一定的决定权和对所属下级的指挥权，并对自己部门的工作负全部责任。而职能机构和人员，则是直线指挥人员的参谋，不能对直接部门发号施令，只能进行业务指导。直线职能制组织结构图如图6-6所示。

直线职能制的优点是：既保证了企业管理体系的集中统一，又可以在各级行政负责人的领导下，充分发挥各专业管理机构的作用。其缺点是：职能部门之间的协作和配合性较差，职能部门的许多工作要直接向上层领导报告请示才能处理，这一方面加重了上层领导的工作负担；另一方面也造成办事效率低。为了克服这些缺点，可以设立各种综合委员会，或建立各种会议制度，以协调各方面的工作，起到沟通作用，帮助高层领导出谋划策。

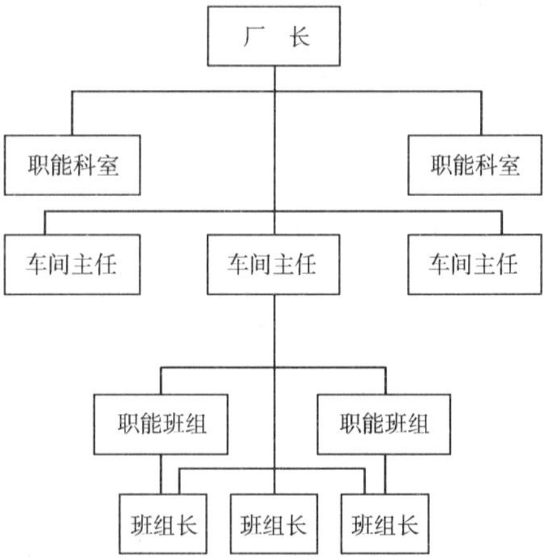

图6-6　直线职能制组织结构简图

（四）事业部制

事业部制最早是由美国通用汽车公司总裁斯隆于1924年提出的，故有“斯隆模型”之称，也叫“联邦分权化”，是一种高度（层）集权下的分权管理体制。它适用于规模庞大，品种繁多，技术复杂的大型企业，是国外较大的联合公司所采用的一种组织形式，近几年我国一些大型企业集团或公司也引进了这种组织结构形式。

事业部制是分级管理、分级核算、自负盈亏的一种形式，即一个公司按地区或按产品类别分成若干个事业部，从产品的设计，原料采购，成本核算，产品制造，一直到产品销售，均由事业部及所属工厂负责，实行单独核算，独立经营，公司总部只保留人事决策，预算控制和监督大权，并通过利润等指标对事业部进行控制。也有的事业部只负责指挥和组织生产，不负责采购和销售，实行生产和供销分立，但这种事业部正在被产品事业部所取代。还有的事业部则按区域来划分。这里就产品事业部和区域事业部做些简单的介绍。

1. 产品事业部（又称产品部门化）

按照产品或产品系列组织业务活动，在经营多种产品的大型企业中早已显得日益重要。产品部门化主要是以企业所生产的产品为基础，将生产某一产品有关的活动，完全置于同一产品部门内，再在产品部门内细分职能部门，进行生产该产品的工作。这种结构形态，在设计中往往将一些共用的职能集中，由上级委派以辅导各产品部门，做到资源共享。其组织结构见图6-7。

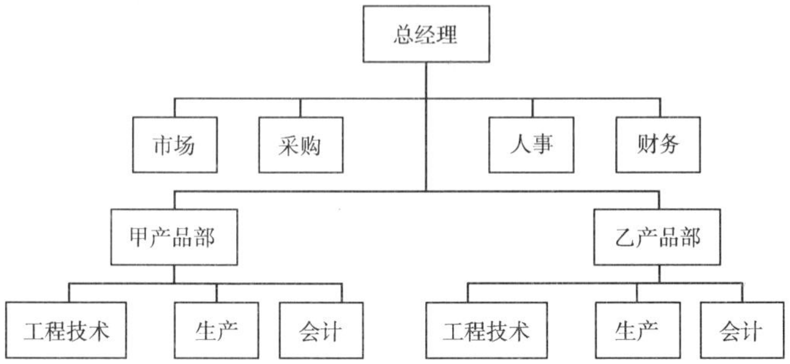

图6-7　产品部门化结构简图

产品部门化的优点是：

（1）有利于采用专业化设备，并能使个人的技术和专业化知识得到最大限度的发挥；

（2）每一个产品部都是一个利润中心，部门经理承担利润责任，这有利于总经理评价各部门的政绩；

(3)在同一产品部门内有关的职能活动协调比较容易，比完全采用职能部门管理来得更有弹性；

(4)容易适应企业的扩展与业务多元化要求。

产品部门化的缺点是：

(1)需要更多的具有全面管理才能的人才，而这类人才往往不易得到；

(2)每一个产品分部都有一定的独立权力，高层管理人员有时会难以控制；

(3)对总部的各职能部门，例如人事、财务等，产品分部往往不会善加利用，以至总部一些服务不能获得充分的利用。

2．区域事业部制(又称区域部门化)

对于在地理上分散的企业来说，按地区划分部门是一种比较普遍的方法。其原则是把某个地区或区域内的业务工作集中起来，委派一位经理来主管其事。按地区划分部门，特别适用于规模大的公司，尤其是跨国公司。这种组织结构形态，在设计上往往设有中央服务部门，如采购 、人事、财务、广告等，向各区域提供专业性的服务，这种组织结构见图 6-8。

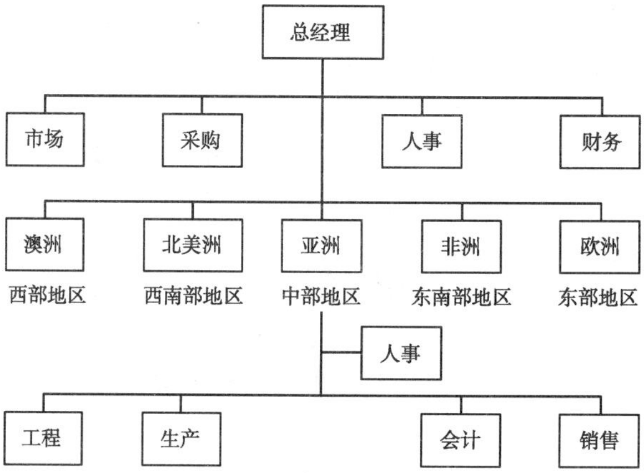

图 6-8　区域部门化(事业部)结构图

部门化的优点是：

(1)责任到区域，每一个区域都是一个利润中心，每一区域部门的主管都要负责该地区的业务盈亏；

(2)放权到区域，每一个区域有其特殊的市场需求与问题，总部放手让区域人员处理，会比较妥善、实际；

(3)有利于地区内部协调；

(4)对区域内顾客比较了解，有利于服务与沟通；

(5)每一个区域主管，都要担负一切管理职能的活动，这对培养通才管理人员大有好处。

其缺点是：

(1)随着地区的增加，需要更多具有全面管理能力的人员，而这类人员往往不易得到；

(2)每一个区域都是一个相对独立的单位，加上时间，空间上的限制，往往是“天高皇帝远”，总部难以控制；

(3)由于总部与各区域是天各一方，难以维持集中的经济服务工作。

总体来说，事业部必须具有三个基本要素：即相对独立的市场；相对独立的利益；相对独立的自主权。

事业部制的好处是：总公司领导可以摆脱日常事务，集中精力考虑全局问题；事业部实行独立核算，更能发挥经营管理的积极性，更利于组织专业化生产和实现企业的内部协作；各事业部之间有比较，有竞争，这种比较和竞争有利于企业的发展；事业部内部的供、产、销之间容易协调，不像在直线职能制下需要高层管理部门过问；事业部经理要从事业部整体来考虑问题，这有利于培养和训练管理人才。

事业部的缺点是：公司与事业部的职能机构重叠，构成管理人员浪费；事业部实行独立核算，各事业部只考虑自身的利益，影响事业部之间的协作，一些业务联系与沟通往往也被经济关系所替代。甚至连总部的职能机构为事业部提供决策咨询服务时，也要事业部支付咨询服务费。

(五)矩阵管理制

在组织结构上，把既有按职能划分的垂直领导系统，又有按产品(项目)划分的横向领导关系的结构，称为矩阵组织结构。如图 6-9 所示。

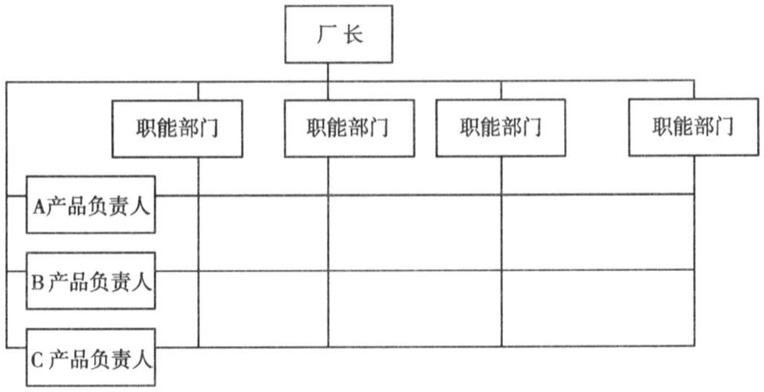

图 6-9　矩阵制结构简图

矩阵制组织是为了改进直线职能制横向联系差，缺乏弹性的缺点而形成的一种组织形式。它的特点表现在围绕某项专门任务成立跨职能部门的专门机构上，例如组成一个专门的产品(项目)小组去从事新产品开发工作，在研究、设计、试验、制造各个不同阶段，由有关部门派人参加，力图做到条块结合，以协调有关部门的活动，保证任务的完成。这种组织结构形式是固定的，人员却是变动的，需要谁，谁就来，任务完成后就可以离开。项目小组和负责人也是临时组织和委任的。任务完成后就解散，有关人员回原单位工作。因此，这种组织结构非常适用于横向协作和攻关项目。

矩阵结构的优点是：机动、灵活，可随项目的开发与结束进行组织或解散。由于这种结构是根据项目组织的，任务清楚，目的明确，各方面有专长的人都是有备而来，因此在新的工作小组里，能沟通、融合，能把自己的工作同整体工作联系在一起，为攻克难关，解决问题而献计献策。由于从各方面抽调来的人员有信任感、荣誉感，使他们增加了责任感，激发了工作热情，促进了项目的实现。它还加强了不同部门之间的配合和信息交流，克服了直线职能结构中各部门互相脱节的现象。

矩阵结构的缺点是：项目负责人的责任大于权力，因为参加项目的人员都来自不同部门，隶属关系仍在原单位，只是为“会战”而来，所以项目负责人对他们管理困难，没有足够的激励手段与惩治手段，这种人员上的双重管理是矩阵结构的先天缺陷；由于项目组成人员来自各个职能部门，当任务完成以后，仍要回原单位，因而容易产生临时观念，对工作有一定影响。

矩阵结构适用于一些重大攻关项目。企业可用来完成涉及面广的、临时性的、复杂的重大工程项目或管理改革任务。特别适用于以开发与实验为主的单位，例如科学研究，尤其是应用性研究单位等。

(六)立体多维制结构

参照矩阵组织结构原理，有些企业已开发出另一种组织结构形式——立体多维制结构。这种组织结构是美国的道-科宁公司于 1967 年首创的。

如图 6-10 所示，立体多维制结构是在矩阵制组织的二维空间结构的基础上，增加了若干个维度，形成了一种多维度的空间组织结构。立体多维制结构能够促使产品、地区、职能等多个部门都能从组织全局考虑问题，加强组织中的横向信息沟通和联系，减少摩擦，互通情报，集思广益，共同行动。其局限与矩阵制组织类似。立体多维制组织适用于从事大规模生产经营而又需要保持灵活反应的跨国公司或大型的跨地区企业。

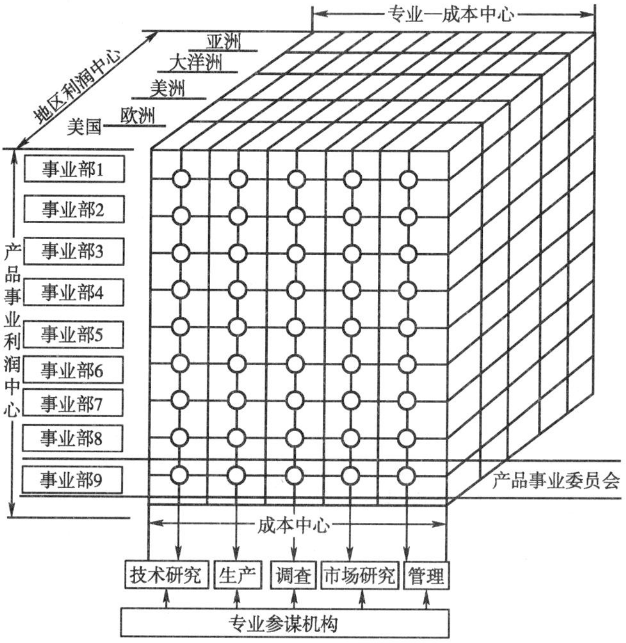

图 6-10　立体多维制结构

(七)网络型组织结构

网络型组织结构是基于企业间长期业务协作关系而出现，因现代信息技术手段迅速发展而被广泛使用的一种新型组织结构。如图 6-11 所示，网络型组织是由多个相互独立的企业组成的，以契约关系为纽带，通过互利互惠、相互协作、相互信任、相互支持的机制进行密切合作的组织结构。

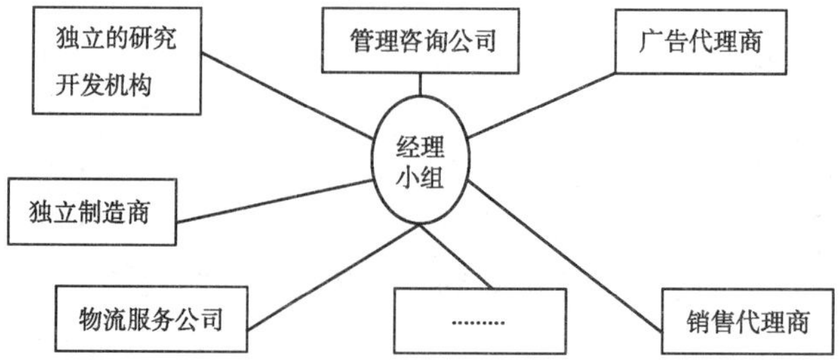

图 6-11　网络型组织结构

现代高度发达的信息技术提高了企业与外部交流信息、寻找合作伙伴的效率，这使得网络型组织结构在单个企业发挥自身优势并取得尽可能大的效益的同时，也实现了全社会资源的有效配置。在知识经济条件下，网络型组织结构将具有更广阔的发展前景。

二、组织及其结构的发展趋势

(一)柔性组织

随着社会的发展，管理从固定的组织系统向富有弹性的组织系统发展。这是社会管理发展又一个重要趋势。

过去在组织管理中，建立起一套完整的组织系统，长期固定不变，显得僵硬。但现在，由于社会环境的不断变化，要求组织机构应该趋于灵活而富有弹性，以求信息畅通并行动敏捷，能够具有很强的对环境的适应能力。为了简化发号施令和相互沟通的渠道，组织管理者将缩小机构，减少层次。在企业各下属机构变小的同时，将赋予它们更大的自主权，实行经营权和管理权下放。这既有利于发挥下属人员的专长和创造精神，又有利于使企业领导把主要精力集中在高层战略决策问题上。

80年代初，日本和美国的一些管理学者对日美几家著名企业的组织机构进行比较后指出，美国企业规模过大，组织机构过于复杂，企业内部各部门之间划分很细，部门间沟通少，管理集权程度高，灵活性差。而日本企业的组织结构相对简单，部门之间的横向联系多，各部门在经营上有很大的灵活性，许多企业可以根据生产和经营的需要，及时扩充或收缩某些业务部门，适应现代化生产。这种组织具有较强的应变能力，机动灵活而不僵化，形式多种多样，有较高的工作效率。这种富有弹性的组织是柔性组织。

社会正在发展的这种柔性组织是组织机构的一种发展趋势。虚拟公司就是其中的一种。这种正在发展中的新型公司由许多独立的公司、供给者、主顾、甚至是从前的竞争对手，通过信息技术联系起来的临时性网络。他们分享技术、分摊成本，互相进入共同的市场。它既没有组织机构，也没有领导层级，而是一种为利用某种特定的机遇而迅速联合起来的协作集团。一旦机遇来临，就采取行动；而一旦机遇不存在了，就解体。在一个虚拟公司内，取众家之长，各公司分摊费用、分享技术，共同来占领全球市场。

(二)扁平化的网络结构趋势

顾名思义，扁平型组织结构特征是扁而平，其管理幅度大，管理层次少。

迄今为止，最成熟、最有影响的管理组织形式是金字塔式、自上而下、递阶控制的多层组织结构，其在人员素质较低的条件下和平稳的管理环境中具有较高的效率，但对外界环境变化的响应迟缓，并压抑组织成员自身的全面发展。现代企业面对急剧变化的不确定的市场，需要针对市场和顾客的需要与要求，对业务工作的开展过程重新设计组织。企业要从“再造”中获得“新生”，与此相适应的，企业组织构成单位就势必从专门化的职能部门转化为以任务为导向，充分发挥个人能动性和多方面才能的过程小组，从而使企业组织形态从金字塔型(构筑在职能部门之上)向扁平型(构筑在过程小组之上)转变，扁平化的网络组织结构将取代金字塔式的多层组织结构。

新型扁平的网络组织结构是由多个创造形团队组成，企业的所有目标都是直接或间接地通过团队作战来达到，这种组织形式不断被重新界定，建立在组织要素与外部环境要素互动关系的基础上，以向顾客提供有价值的产品(或服务)为宗旨，伴随企业战略调整和产品方向转移，组织内部和外部重新构成，相互之间的关系也发生变化，网络组织以战略为中心，通盘考虑提高顾客满意度和自身竞争力的需要，不断进行动态演化，应对环境变化作出快速响应。所以，这种扁平化的网络组织结构是未来组织结构的发展趋势。

第四节　组织变革

导入案例 6-4

美国通用电气公司是美国、也是世界上最大的电器和电子设备制造公司，它的产值占美国电工行业全部产值的1/4左右。综观其发展历史，有一条经验值得注意，它自20世纪50年代至今一直积极地对企业组织进行改革，先后采用过"分权事业部制"、"战略事业单位"、"执行部制"等组织形式。上述报道阐述了组织管理的什么原理？

一、组织变革的动因和实施

世界上没有一个组织能永远保持不变。美国阿里·德赫斯在《长寿公司》一书中提到，企业是有生命周期的，世界各国企业发展中有两个衰亡率很高的时间门槛：10年左右和40年左右。10年左右衰亡的多为中小企业，如婴儿早夭；40年左右则多为大中企业，如壮年陨落。据统计，1970年的全球500强公司，到1982年时有1/3已经销声匿迹了，其中不少没有跨过"壮年死亡"这个门槛。为此，一个组织必须时刻评估自己的组织效能，掌握组织自身的发展规律，敏锐地洞察外界环境的变化，扬长避短不断自我完善，主动地寻求组织变革，求得组织的生存和发展。

(一)组织变革的动因

组织是一个不断地与其环境发生作用的开放系统，其内外部环境因素的变化，必然要求组织作出相应的变革。组织变革的动因首先来源于组织内外部环境因素的变化。

1．外部环境因素

组织的外部因素有政治的、经济的、社会的、技术的、文化的、法律的因素，这部分因素时刻都会发生着急剧的变化，而它又是管理者控制不了的。当这些环境因素发生变化时，要求组织作出相应的改变，来适应环境的变化。如技术的变化。技术的变化带来了新工艺、新材料、新设备的出现，这不仅会带来产品的改进革新，而且会出现新的职业和部门，会带来管理上、责权分工和人际关系的变革。

2．内部环境因素

组织的内部环境因素有组织目标和价值分系统、组织成员的个性和技术分系统、管理分系统等。当这些分系统发生变化时，组织结构也应作出相应的变革。如企业内部不协调、组织目标与个人目标、各部门之间目标分歧，人与人之间沟通不畅，摩擦冲突太多、指挥不灵，这些变化促使管理者及时采取变革的措施，以保证组织的生存与发展。

(二)组织变革的实施

组织变革具有必然性，当一个组织出现不完善或效率低下时，组织就应进行调整和变革。为了使组织的变革富有成效，必须重视研究组织变革的实施——组织变革的步骤。

组织变革的步骤，一般说来可以分为4个步骤：

1．确定问题

当组织出现无效率时，首先应确定问题的本质是什么？然后才能解决问题。管理人员应分析组织无效率是否由于组织本身引起的？是暂时、偶然的现象，还是经常的现象？若确定是由于组织本身引起的无效率，就应进行组织诊断，确定问题的实质。

2. 组织诊断

当问题确定后，组织可采用一些专门方法来进行诊断。常用的方法有：

(1)组织问卷。组织问卷可根据问题的性质设计，对组织结构、人员安排、工作责任、沟通交往、职权关系等内容进行调查，了解问题的实质所在。

(2)职位说明书。通过职位说明书了解各职位的工作、权限、职责以及组织关系。

(3)组织图。通过组织图了解组织的职权关系。

(4)组织手册。通过组织手册，了解组织的目标、政策、职权关系等。

通过上述方法，对组织进行诊断，分析问题产生的根本原因，选用适当的方式对组织进行变革。

变革的方式可分为：

(1)结构性的改变。这种改变是指组织的基本组成部分或组织的总体设计的改变。组织的基本组成部分的改变包括分权程度的改变、管理幅度的改变、协调方法的改变等。组织总体设计的改革是选择或设计一种新的组织结构形式。

(2)技术性的改变。这种改变包括设备的改变、生产工艺的改变、工作流程的改变将导致组织结构和组织关系的改变。

(3)人员导向的改变。这种改变是以人为中心的组织变革，它是通过改变组织成员的态度、个人行为、群体行为、人员的培训来改变整个组织的功能。

选择哪种变革方法应根据诊断出的问题的性质，有针对性的选择。现实中的改革往往采用综合的方法，针对问题选择重点，相辅相成，配套进行。

3. 实施变革

针对问题应考虑各种可行的变革方案，并对各种方案进行分析、评估，然后确定变革方案，实施变革。在实施变革中，还应认真分析各种变革的力量和变革的阻力，创造变革的气氛，充分发动群众，让大家了解认识改革的必要，使每个人投入改革的实践。

4. 变革效果的评估

根据变革实施后的结果进行评估。如果变革的效果达到预期效果，这一步骤不会引起任何新的行动。如果没有达到预期效果就会导致变革的再次进行。

二、解决组织老化的对策

组织如同任何有机体一样有其生命周期。“组织生命周期”理论认为一个组织的成长大致要经历：创业阶段→聚合阶段→规范化阶段→成熟阶段→再发展或衰退阶段。组织成长的每一阶段的组织结构、组织关系、管理方式都有其特点，而且每一个阶段都会面临某种危机和管理问题，因此都要求采取一定的有效变革措施来解决这些危机，维护和促进组织的健康成长。尤其在组织成长的后阶段更是管理者应加以重视的阶段，因为此阶段的发展前景可以通过组织变革与创新重新获得再发展，也可以更趋向成熟、稳定；但也有可能由于各种因素的变化不适应环境而走向衰退，遭致淘汰。为此如何解决组织老化问题是组织变革的核心。目前许多著名企业都把防止和解决组织老化的问题作为企业发展战略来研究，总结了不少积极的有效的对策。

(一)组织老化的预兆

“人老六十，企业则三十。”意即人到六十开始走向衰退，而企业在经历30年发展后也有衰退、老化问题。组织老化的预兆或标志有以下几种情况：

(1)模式僵化。经过几十年的延续，组织模式刚性很大，难以改变陈旧落伍的组织结构和组织关系，反认为“存在即合理”；思维模式也开始僵化，难以接受外界的新观念和新思路，管理人员都趋于抱残守缺，墨守成规；行为模式也同时僵化，几十年习惯了的一贯制做法，使办事拖拉，你急他不急，互相扯皮，办事低效。

(2)机构臃肿。组织机构越设越多，机关管理人员越来越多，因“人多”而制造出许多事来，使上级协调工作量大增，管理的重点忙碌在“人事”上，而不是在“工作”上。机构臃肿必然出现“文山文海”现象，协调工作量越大，会议越多，文件越多，管理者整天忙碌在开会和签署文件之中而感到痛苦无奈。

(3)反应迟钝。庞大的管理机构失去了对事物的敏感性，企业内部信息沟通不良，甚至出现堵塞现象。这将导致组织关系的不协调，产生各种各样的矛盾纠纷。上级部门可能对下属情况不了解而在“瞎指挥”；下级对上级的指示意图不明白，因此“执行不力”、“埋怨对峙”；部门与部门之间常常因信息滞留而“误解”、“中断联系”，甚至发生种种矛盾。

(4)决策不当或失误。决策者缺乏雷厉风行的作风，决策的形成过程过于缓慢，以致不能充分利用有效时机；决策层也因信息情报量的缺乏及对问题的分析失误而作出错误的决策。

(5)部门工作无效率。老化组织各部门的工作往往是推诿扯皮，效率低下。一天可办完的事情得办“五天、一星期”，一个月可结束的工作拖他一年半载来完成。有些事一经递到机关，犹如石沉大海。生产部门常常陷于计划不能按期完成、成本失去控制、产品质量低劣等被动局面。

(6)缺乏创新。整个组织缺乏活力，对产品开发、技术创造和技术创新缺乏积极性，没有新观念、新创意，导致企业竞争力的衰退。

(二)防止和克服组织老化的对策

防止和克服组织老化是组织变革的重大课题。事实证明，人要返老还童几乎是幻想，但是组织经过变革、增加弹性和活力，返老还童、焕发青春是可以做到的。常见的对策有：

1. 定期审议

把组织结构的调整精简、组织关系的整顿修订列入议事日程，定期进行。在美国、日本的许多企业里，每年审查和调整一次组织机构，包括职能部门的撤并，也包括事业部的分并和改组。在美国，有些企业实行“日落法”，即各个组织机构要像遵循太阳“朝起暮落”的规律一样对待自己的组织变革，每年年初打报告申诉自己继续存在的理由，由领导层逐个审查，决定其是否继续存在，以及是否进行撤、并和改组。

2. 破格行为

为了冲破僵化的组织及其官僚主义作风的阻碍，可以采用一些破格行为，逼迫组织焕发活力。例如，举行“现场办公”会议，把有关部门的负责人召集到现场，分析问题，商量对策、落实措施和任务，这种有议有决的会议使久拖不决的事最终得以解决。

3. 走动管理和越级建议

在欧美日等国家，许多企业推崇“走动管理”方式。这种方法规定管理者不得依靠会议和文件来办公，而要深入第一线，走到现场去调查研究，了解基层真实情况，随之来修改和完善原有的政策和制度。还可以在现场面对面地实行工作指导，这对克服组织的老化和高高在上的官僚化作风是相当有效的。还有些著名企业实行“开门政策”，鼓励越级提议。提出“总裁办公室的门永远向全体员工敞开”，鼓励普通职工反映问题，提出建议，参与管理，这些措施都能收到良好的效果。

4. 人员平行流动

许多企业都在实行管理人员、经理人员的平调制度，即对这些人的工作岗位定期进行调离流动。因为一个人久在一个部门工作，久干一件工作，容易造成思想僵化、行为僵化，以及形成小团体主义，不利于组织的建议。这种人员平调制度不仅可以防止和克服上述老化现象，还有利于培养多面手和全面的管理人才。

5. 组建团队组织，培育“学习型”企业

这是防止和克服组织老化的有效措施，企业可以根据实际情况，组建一些精干的团队组织，这种组织具有活力，有较高的工作效率。企业还可以着手培育“学习型”企业，这种企业区别于以追求经济指示为根本宗旨的经济型企业，而是着眼于企业持续健康的成长为根本宗旨，保证企业在整个成长过程中充满活力、焕发青春。这两种组织目前正是许多优秀企业所追求的组织目标，也是一些管理学家所研究的重大课题。

本章提要

1. 组织作为重要的管理职能在于它是确保人们各种活动的协调发展，使之顺利达到预期目标的必要条件。组织管理的重要任务在于建立一个有效的组织。

2. 组织的设计和建立是组织管理的重要内容。组织设计的一般程序为：进行工作划分，确立具体目标→对工作归类，建立工作部门→确定管理幅度，划分管理层次→实行授权，建立职权关系。

3. 组织结构是整个组织系统的基本框架，是实现组织目标和任务的工具。组织结构的设计必须遵循科学、合理的原则，并根据组织自身的特点采用不同的组织结构形式。

4. 任何组织必须进行变革，其变革的动因既来自于外部环境的变化，又有内部因素的变化。组织变革的实施需要有序的步骤和适当的方式。

案例分析

松下电器产业公司是世界上最大的电器公司之一，它成功的主要因素之一是其合理的组织结构。松下电器公司采用分级管理、分级核算，实行事业部制。公司经营管理分为两级，即总公司一级，事业部一级。总公司设有最高领导层与一套健全的职能机构。总公司以下按照产品建立事业部，事业部部长对事业部的经营管理负总责。事业部也设有一套职能机构。

松下电器公司是日本最早采用事业部制的企业。事业部是一个自负盈亏、独立核算的经营单位，因此，事业部制可以更好地明确各部门的职责和权限，发挥他们的积极性和主动性，进一步进行专业化分工，然而，各事业部独立后，比较容易脱离总公司的控制，各部门的合作也日益困难，同时高度专业化的部门不一定会有全局观念去应付所有产品的危机。因此，总裁松下幸之助以集中4个主要功能来平衡分权之举。首先，松下设立严格的财务制度，由财务主管负责直接向总裁报告其财务状况，并且订立了严格的会计制度；其次，松下建立公司银行，各部门的利润都汇总于此，同时各部门增加投资时，必须向公司银行贷款；第三，实行人事管理权的集中，松下认为人才是公司最重要的资源，每一位超过初中学历的员工都必须经过总公司的仔细审核，所有的管理人员的升迁都必须经过总公司的仔细审查；第四，松下公司采取集中训练制度，所有的员工都必须经过松下价值观的训练。

这样就形成了一种分权与集权的结合，但世界市场风云变幻莫测，分权与集权的机械式结合并不总是能应付自如。因此，松下公司总是不断地根据实际情况，对其结合方式和程度进行调整，以确保其组织的活力。

问题：松下公司运行的是什么样的组织结构形式？试述其优缺点。

【点评】

松下公司的组织结构形式属于事业部制组织结构。

事业部制组织结构是一种分权制的组织结构形式，它所划分的事业部具有很大的权力，组织最高领导除了保留人事管理、财务控制、组织监督等权力以外，把很大一部分权力下放到事业部。事业部由事业部部长负责，进行独立的业务活动和独立的核算，并设有自己的职能部门。因此，它是组织最高权力下设置的具有半独立性质的管理部门。

事业部制可以使最高管理部门摆脱日常的行政事务，集中精力于组织的战略问题和决策，可以使事业部具有很大的自主性，有利于其主动性和积极性的发挥；有利于组织的专业化运行。另一方面，事业部也可能造成组织整体性下降，事业部本位主义增强，管理部门增加，机构设置重复等问题的发生。

思考与练习

一、复习思考题

1. 什么是组织？
2. 组织结构设计的基本原则有哪些？
3. 组织设计的程序包括哪些步骤？
4. 管理幅度在组织设计中起何作用？
5. 为什么要进行组织变革？

二、案例分析题

案例 6-1　SAM 公司

SAM 公司是一家国内最大摩托车修配市场的配件供应商，其下属经销商遍布华南、华东、华北及西北 21 个省区的大型专业摩配市场共 400 多家。这 400 多家经销商包括省级总代理及地区经销商，每一省区均有一位业务主管负责经销商管理。

十几年来，SAM 公司培养了一批优秀的业务人员和一批忠诚度较高的经销商队伍，其营销中心已按照现代市场营销的理念调整架构，设市场部、销售部及客户服务部对 4 大区进行垂直管理。公司在 2002 年调整策略，计划由代理制转为密集分销制，在自家后院广东省进行密集分销试点。这样一来，SAM 公司必将面临组织结构的调整与内部沟通机制的重塑。于是，公司抽调 8 名精干的业务主管组成专案部，与市场部、销售部及客户服务部并列形成营销中心的 4 架马车，并把广东市场从 4 大区中分离出来变成广东特区，直属专案部管理。专案部的干部并未脱离对原来的业务区域的管理，反而在广东市场密集分销活动中对公司的政策有了透彻的了解，并对供应系统的作业流程和产品质量控制的状况有了全新的认识。这样一来，彻底改变了营销中心与供应中心的矛盾。SAM 公司又干脆撤销供销协调会议与营销工作会议这两个看似必要而实质上已变成官僚机构的组织。现有的企业沟通机制变得灵活而畅通,公司运行以客户的满意与问题的解决为中心,打破了原有机械式、制式化程度高的运作模式。一年后,广东区密集分销取得成功,专案部遂把此运作模式以专案形式推广到华南、华东、华北及西北大区,这样,市场份额将由原来的 17.5%增长到 25%,销售额将由 2000 年的 1.8 亿增长到 3 亿元。

问题:试用组织有关理论,阐述 SAM 公司改革后的组织结构特点。

案例 6-2　巴恩斯医院

下面这一事件发生在天气凉爽的 10 月的某一天,地点在圣路易斯的巴恩斯医院。

黛安娜·波兰斯基护士长给医院的院长戴维斯博士打来电话,请求立即作出一项新的人事安排。从黛安娜的急切声音中,戴维斯感觉到发生了什么事,她要求马上见他。大约 5 分钟后,波兰斯基走进了戴维斯的办公室,递给他一封辞职信。

"戴维斯博士,我再也干不下去了,"她开始申述:"我在产科当护士长已经 4 个月了,我简直干不下去了。我怎么能干得了这工作呢? 我有两个上司,每个人都有不同的要求,都要求优先处理。要知道,我只是一个凡人。我已经尽最大的努力适应这种工作,但看来这是不可能的。让我给举个例子吧。请相信我,这是一件平平常常的事。像这样的事情,每天都在发生。"

"昨天早上 7:45 分我来到办公室就发现桌上留了张纸条,是达纳·杰克逊(医院的主任护士)给我的。她告诉我,她上午 10 点钟需要一份床位利用情况报告,供她下午在向董事会作汇报时用。我知道,这样一份报告至少要花一个半小时才能写出来。30 分钟以后,乔伊斯(黛安娜的直接主管,基层护士监督员)走进来问我为什么我的两位护士不在班上。我告诉她是雷诺兹医生(外科主任)从我这要走了她们两位,说是急诊外科手术正缺人手,需要借用一下。我告诉她,我也反对过,但雷诺兹坚持说只能这么办。你猜,乔伊斯说什么? 她叫我立即让这些护士回到产科部。她还说,一个小时以后,她会回来检查我是否把这事办好了! 我跟你说,戴维斯博士,这种事情每天都发生好几次的。一家医院就只能这样运作吗?"

问题:

1. 这家医院的正式指挥链是怎样的?

2. 有人越权行事了吗?

3. 戴维斯博士能做些什么改进现状?

4. "巴恩斯医院的结构并没有问题。问题在于,黛安娜·波兰斯基不是一个有效的监管者。"对此,你是赞同还是不赞同? 提出你的理由。

5. 波兰斯基可以行使哪些权力来使自己更好地处理工作中的冲突?

三、讨论题

1. 事业部型、简单型和矩阵型,哪一种结构设计你最愿意在其中工作? 哪一种又最不愿意呢? 为什么?

2. 你是以小组来学习呢,还是独自学习? 你觉得哪一种更为有效? 将你的答案与 20 世纪 90 年代的工作设计联系起来。

第七章　领　　导

【学习目的与要求】

1. 了解领导的定义与作用，熟悉领导者权力的来源；
2. 明确领导者与管理者之间的差异；
3. 了解特质理论的基本观点；
4. 掌握在实践中怎样选择合适的领导方式；
5. 理解管理方格理论；
6. 理解领导权变理论的实质，懂得如何灵活运用权变理论；
7. 概述菲德勒的权变模型；
8. 概述路径-目标模型；
9. 解释生命周期理论；
10. 掌握提高领导行为效率的方法。

第一节　领导者与管理者

导入案例 7-1

亚科卡是美国当代汽车行业著名的企业家，曾任美国两大汽车公司的总裁。1984 年《亚科卡自传》的出版轰动了美国，引起世界注目。该书一出版就以每周出售 10 万册的记录发行，1985 年底已再版 16 次。1982 年美国《华尔街日报》和《时代》周刊都曾刊登过关于亚科卡可能被提名担任总统候选人的新闻，一时成为美国人民心目中的民族英雄。亚科卡的一生充满传奇：

• 一个意大利移民的后裔居然能一步步地最后当上福特汽车公司总裁，他凭的是什么本领？

• 连任福特公司 8 年总裁的亚科卡，为什么立下了汗马功劳，正当他大展宏图时，却突然被解雇，用他的话说“从珠穆朗玛峰顶被一脚踢到谷底”这是为什么？

•临危受命，出任美国第三大汽车公司克莱斯勒公司总裁。当时，该公司濒于崩溃。从1978～1981年，克莱斯勒公司共亏损36亿美元，创下了美国历史上亏损的最高记录。人们普遍认为，该公司倒闭指日可待。然而，事情发展并不如人们所料，在亚科卡领导下，经过几年的惨淡经营后，克莱斯勒公司竟奇迹般地从死亡线上活过来了。到1982年，其股票价格上涨425%，11种新车投入市场；1983年，公司销售额增加了132亿美元，比1982年增长了近30%，盈利7.009亿美元，并提前7年偿还了联邦政府15亿美元的贷款。克莱斯勒公司终于战胜了死神。那么，亚科卡是如何挣扎、奋斗，战胜险恶，使企业扭亏为盈的呢？亚科卡的传奇经历充分说明了领导的重要性。领导是一种重要的管理职能，也是人类社会活动的重要要素。任何一个组织都离不开领导和领导者。那么，如何做一个有效的领导者呢？本章将就此作些有益的探索。

一、领导的含义

领导可以定义为激励和引导人们去实现组织目标的过程。在这里，领导与领导者是两个不同的概念：领导者是实施领导的人，或者说是利用影响力带领人们实现组织目标的人；而领导则是一种影响力，是对人们施加影响的艺术过程，从而引导人们达成某一目标。

二、领导者权利的来源

所谓权力，是指一个人主动影响他人行为的潜在能力。这里“潜在”的意思就是说，一个人拥有一定的权力，尽管可能根本就未行使这种权力。例如，一个足球队的教练有权开除表现不好的队员，但是由于队员们意识到教练拥有这种权力因而严格要求自己，这样教练实际上就很少真正行使这方面的权力。没有行使权力，并不意味着他不拥有这种权力。

美国管理学者弗兰奇和雷文认为领导者的影响力（或权力）基本可分为5种：

1．法定权力

指组织内各领导职位所固有的合法的、正式的权力。这种权力可以通过领导者利用职权向下属发布命令、下达指示来直接体现，有时也可借助于组织内的政策、程序和规则等而得到间接体现。某位工人对不符合质量标准的产品要进行返工，是因为他知道质量标准是必须遵守的，返工是合法的要求。连队士兵听从连长指挥向敌军阵营发起猛攻，因为连长具有这种人们所接受的合法的职权。企业中的各级管理人员对其下属也拥有法定权力，这种权力是组织的等级指挥链所固有的。总之，一个人在组织中承担多大的责任，就应当有多大的权力。如，一个公司中总经理的职务比部门经理的职务高，责任比后者大，因而权力也比后者大。

2．奖赏权力

指提供奖金、提薪、升职、赞扬、理想的工作安排和其他任何令人愉悦的东西的权力。由于被领导者感觉到领导者有能力使他们的需要得到满足，因而愿意追随和服从他。可以说，领导者所控制的奖赏手段越多，而且这些奖赏对下属越显得重要，那么他拥有的影响力就越大。

3．强制权力

指给予扣发工资奖金、降职、批评、分配较差的工作等，甚至开除等惩罚性措施的权利。强制权利和奖赏权利一样，都是与法定权利密切相关的，如交通警可以对违反交通规则的驾驶员发出罚款单或扣留驾驶执照，这些权利的行使都是与其所担负的工作和职务相关。

4．专家权力

指由于领导者具有某种专业知识和特殊技能而产生的权力，并因此而赢得同事和下级的尊敬和服从。如律师、医生、大学教授和企业中的工程师、高级技师等可能拥有相当大的影响力。与之相反，一个身居领导职位的人，因为缺少某种专门知识，因而可能缺乏相应的专家权力。提倡"内行当家"，其道理之一就在于此。

5．感召和参考权力

这是指与个人的品质、魅力、经历、背景等相关的权力，这种权力是因为领导者具有好的思想品质、好的作风、好的风尚等，因而受到下级的敬佩。例如，黑人领袖马丁·路德·金，尽管法定的权力很小，但凭着他人格的力量，有力地影响着许多人的行为。同样的情形还见于电影明星、歌星、战斗英雄和其他具有表率作用的榜样人物身上。感召权力亦称为个人影响力。除这种权力之外，有些人因为与某领导者或某权威人物有着特殊的关系，可能因此具有与普通人不同的影响力，此称为参考权力。如董事长的夫人，她虽然不在公司担任职务，却可能对该企业内的员工产生影响力。又如，总经理的秘书，其头衔和职务系列远低于部门经理，却可能令这些人对他或她敬畏三分。

总之，一个领导者获得影响力的途径是多样的。我们将主要依靠法定权力、奖赏权力和强制权力而形成的影响力，统称为职位权力（或制度权力），而与个人因素相关的专家权力、感召和参考权力统称为个人权力。正式组织中的有效的领导者应该是兼具职位权力和个人权力的领导。仅有职位权力的领导者只会是指挥官，而不能成为令人信赖和敬佩的领袖。非正式组织的领导者并不拥有职位权力，但却能使周围的人对他一呼百应，其影响力就主要来源于其个人的力量。这从一个侧面说明，正式组织的领导者应该加强个人素质的修炼，以便在拥有职位权力的同时获得更大的个人权力。而且，不管运用哪种权力，都要注意运用权力的艺术。

三、领导的作用

领导的作用主要有以下三个方面：

1．指挥作用

有人将领导者比作乐队指挥，一个乐队指挥的作用是通过自己与演奏家的共同努力而形成一种和谐的声调和正确的节奏。由于乐队指挥的才能不同，乐队也会做出不同的反响。领导者不是站在群体的后面去推动群体中的人们，而是站在群体的前列去促使人们前进并鼓舞人们去实现目标。

2．激励作用

领导者为了使组织内的所有人都最大限度地发挥其才能，以实现组织的既定目标，就必须关心下属，激励和鼓舞下属的斗志，发掘、充实和加强人们积极进取的动力。

3．协调作用

在组织实现既定目标的过程中，人与人之间、部门与部门之间发生各种矛盾和冲突，在行动上出现偏离目标的情况是不可避免的。因此，领导者的任务之一就是协调各方面的关系和活动，保证各个方面朝着既定的目标前进。

四、领导者与管理者

过去，人们更多地把领导与拥有某种职务联系在一起，认为领导就是统治和指挥别人。现代领导观念则认为：领导的实质是影响别人，领导是一种影响过程，也是一种人与人之间的交往过程，通过该过程来影响、激励和引导人们执行某项任务，以达到特定目标的一种行为。作为领导者应帮助群体最大限度地使用其能力来实现组织的目标。他们不是站在一个群体的后面去推动、去督促，而是作为带头人来引导、前进，鼓励人们去实现组织的目标。拿破仑说过："只有糟糕的将军，没有糟糕的士兵"。优秀的领导者能激励别人去思考、去行动，他们是力量的主体。这之中的差异集中反映在两个方面：一是领导是否应该是非强制性的即向下属施加影响时不采用权威、奖励和惩罚方式；二是领导与管理之间是否有区别，后一问题尤其成为近年的热点话题，很多专家在这方面有着不同的看法。

哈佛商学院的亚伯拉罕·扎莱尼克指出，管理者和领导者是两类完全不同的人，他们在动机、个人历史及想问题、做事情的方式上存在着差异。他认为，管理者如果不是以一种消极的态度，也是以一种非个人化的态度面对目标的，而领导者则以一种个人的、积极的态度面对目标；管理者倾向于把工作视为可以达到的过程。领导者的工作具有高度的冒险性，他们常常倾向于主动寻求冒险，尤其当机遇和奖励很高时；管理者喜欢与人打交道的工作，他们回避单独行为，他们根据自己在事件和决策过程中所扮演的角色与他人发生联系。而领导者则关心的是观点，以一种更为直觉的方式与他人发生联系。

同在哈佛商学院的约翰·科特却从另一角度指出了管理与领导的差异。他认为，管理主要处理复杂的问题，优秀的管理者通过制定计划、设计规范的组织结构以及监督计划实施的结果而达到有序而一致的状态。相反，领导主要处理变化的问题，领导者通过开发未来的前景而确定前进的方向，然后，他们把这种前景与其他人进行交流，并激励其他人克服障碍达到这一目标。科特认为，要达到组织的最佳效果，领导和管理具有同等的重要性，二者不可或缺。但是大多数组织总是过于强调管理而忽视领导的重要性，因此，我们应更加注重开发组织中领导的作用。

美国学者斯蒂芬·P·罗宾斯则认为："管理者是被任命的，他们拥有合法的权力进行奖励和处罚，其影响力来自于他们所在的职位所赋予的正式权力。相反，领导者则可以是任命的，也可以是从一个群体中产生出来的，领导者可以不运用正式权力来影响他人的活动"也就是说，并非所有的领导者都是管理者，也不是所有的管理者都是领导者。有人虽有经理头衔，但很少能影响他人的行为和工作；也有人并无正式职权或经理之名，但却能以个人的身份和感染力去影响他人的行为。他们不是管理者，但却是一个领导者，一个至关重要的非正式领导。

第二节　领导方式及其理论

一、领导的特质理论

特质理论也称伟人理论。是研究领导者的心理特质与其影响力及领导效能关系的理论。这种理论阐述的重点是领导者与非领导者的个人品质差别。

长期以来，人们一直在就"伟人"理论进行争议。历史是否是像凯撒大帝、拿破仑、丘吉尔这样的人创造的？或者这样的人是否是历史造就的？这些人是否具有某些品质，足以对人类事件的进程产生重大的影响？或者这些人成为领导仅仅是由于遇上合适的地点和合适的时间？这些问题诱发了学者的对领导特质的研究，试图找出领导者与非领导者特质上的区别。例如，有的研究者认为，只要测定好的领导者和差的领导者的特质，比较其差别，就可找到问题的答案。1940 年，曾有人列出了 20 份不同的性格表，认为表上所列的性格就是领导者的特征，尔后又有不少人提出个人才智、工作能力、自信心、决断能力、客观性、主动性、可靠性、干劲、善于理解人、体贴人以及感情的稳定性、追求成功的强烈欲望，同他人合作的能力、个人品德的高度完善性，甚至身高、体格、外貌等等，都决定领导的成败。还有人认为领导特质是生俱来的，先天不具备这些特质者就无法当领导。

研究者在现实生活中也找到了一些依据。例如，一般领导者在社交性、坚持性、创造性、协调性、处理问题的能力等方面都超过了普通人。此外，其性格特征也有别于普通人，如一般性格较为外向、智力较高、爱好群居、责任心强、积极地参与相应的社会活动，在工作中有坚韧性、能细致周到地考虑和解决问题等等。但是，持反对意见的人认为，很多领导者并无上述天赋的个性特质，并且很多有上述特质的人也并未成为领导者。不同的研究所得出的结论往往不一样，而且常常有相互矛盾的情况，究其原因：

第一，领导是一种动态进程，任何人都不可能生而具有领导者的特质，领导者的特性和品质是后天的，是在实践中形成的，可以通过培训而获得。

第二，各种组织的工作性质不同，为达成组织目标所需要的功能也不相同。因此，不同组织对领导者人格特质的要求大不相同。即使在同一组织中，工作和任务也是多质性的，工作岗位的性质不同，对领导者的人格特质的要求也不一样。有人适合做这种工作的领导，但不一定适合做另一种工作的领导。领导的人格特质都是具体的、特定的。企图找到一种普遍适用的领导人格特质，显然不符合实际。

总之，大量的研究表明：具有某些特质确实能提高领导者成功的可能性，但没有一种特质是成功的保证。

阅读材料之一：美国人的有效领导观

（一）苏伦斯·格利纳在哈佛商学院通过对 300 多人进行调查研究，整理出有效的领导者应具备的重要特质：

1. 劝告、训练与培训下属。
2. 有效地与下属沟通。
3. 让下属人员知道对他们的期望。
4. 建立标准的工作要求。
5. 给予下属参与决策的机会。
6. 了解下属人员及其能力。
7. 了解企业的士气状况，并能鼓舞士气。
8. 不论情况好坏，都应让下属了解真情。
9. 下属工作好时，及时给予表扬。

（二）麦金泰公司通过对美国公认的 37 家优秀企业中的 10 家进行调查研究，得出有效领导者的标准是：

1. 善于迅速行动，能边工作、边计划、边解决问题。
2. 简化组织机构，防止人浮于事。
3. 重视市场研究，一切从实际出发。
4. 与基层人员经常联系，并通过各种办法激励其努力工作。
5. 善于授权。
6. 善于选择业务，发扬本公司的长处。

阅读材料之二：日本人有效的领导观

十项品德	十项能力	十项品德	十项能力
1.使命感	1.思维决策能力	6.进取心	6.劝说能力
2.责任感	2.规划能力	7.忍耐性	7.对人理解能力
3.依赖感	3.判断能力	8.公平	8.解决问题能力
4.积极性	4.创造能力	9.热情	9.培养下级能力
5.忠诚老实	5.洞察能力	10.勇气	10.调动积极性能力

二、领导方式理论

导入案例 7-2

爱穿工作服的总裁——本田公司的创始人田宗一郎

当我们在旅行中或在电视里看到驰骋在世界五大洲的本田轿车和摩托车时，会自然而然地想起本田公司的创始人——本田宗一郎。这个奇迹的创造者并非富家子弟，也不是名牌大学的高才生。本田宗一郎出身清贫，没钱上学，一生全靠自我奋斗、自学成才。他是从修自行车起家的，在艰苦的创业道路上曾屡遭挫折。

他的公司只认才干，不认文凭，不拘一格选拔人才是他一贯的用人之道。在公司里，经常可以看到他身穿白色工作服和工人们一同出入车间，同桌进餐。本日认为，这样有利于沟通意见，协调关系，也能够及时了解工人的生产情况和情绪。在他眼里，工人绝非机器，如果将工人和机器置于同等地位，那么企业就要破产了。他鼓励员工发牢骚、提建议、献计献策，工人的建议被采纳后记录评分，当积分达到某一标准时，颁发“本田奖”或免费出国旅游。因此，工人非常喜欢这位爱穿工作服的总裁。

试想：在本田宗一郎先生身上，体现了哪些类型的领导方式？

领导方式是领导者在活动中表现出来的比较固定的和经常使用的行为方式和方法的总和，又称为领导者工作作风，它表现出领导者的个性。例如，有的领导工作起来大胆泼辣又主观武断、粗暴、独断专行；有的领导在工作中胆小怕事左请示、右汇报，非得等上级有十分具体、明确的提示后才肯行事，等等。领导方式既是个性的表现，又影响着他所领导的工作群体的作风，从而影响工作群体的工作效率。

关于领导方式的研究最早开始于莱温。他根据权利定位于谁，将领导类型分为三种形式：

(1)专权型——权利掌握在领导者个人手中，一切由领导者个人决定，领导者喜欢发号施令，不考虑别人的意见和想法，不愿与下属沟通，要求下属绝对服从。而且由领导者去监督执行情况。

(2)民主型——权利定位于群体，成员在很大程度上能参与决策，通过集体讨论，集思广益，他们在一定的范围内可以自己决定工作内容和工作方法。工作有一定的自主权和灵活性。

(3)放任型——权利定位于每个成员个人。领导者很少运用自己的权力，在工作中给予下属高度的独立性甚至是“自由放任”。这类领导者主要依靠下属自己确定他们的目标以及实现目标的方法，而领导者充当信息的提供者以及群体和外部环境的。领导只做任务布置，既不监督执行，也不检查完成，而是放任自流。

以上三种领导方式各有其优点和缺点。专权型的领导者能够通过严格的管理达到目标，但组织成员没有责任感，情绪消极，士气低落；民主型的领导方式工作效率高，不但能实现工作目标,而且组织成员有工作积极性和创造性;放任式的领导方式效率最低,能达到组织成员的社交目标,但难以实现工作目标。

比较三种领导方式的优劣,大多数人都认同民主型领导,但从实际情况来看,无论哪种领导方式在不同的环境下都有成功的事例,例如,遇到紧急情况,处世原则、方法和程序不能有违;或许发生内部矛盾,用民主的方法不能解决时,采取专权型的领导方式也许会更有效。关键在于如何根据实际情况,选择合适的领导方式。

这三种领导作风中还有不少变型。例如某些专制独裁的领导者被看成为“开明的独裁者”,这些领导者在自行决策之前能够听取别人的意见。参与式领导者一种变型是支持型的领导者,他们认为自己的任务不仅是要同下属磋商,认真考虑他们的意见,而且还要尽其所能地帮助下属来履行职责。

三、领导行为理论

导入案例 7-3

早晨 8 点 30 分,公司常务副总、董事老杜接到市政府电话,通知企业开展冬季消防检查;10 分钟后老杜打电话给保卫部,通知他们去处理这项要求;9 点 15 分,老杜接到库房电话,被告之房屋后墙再次被人钻了个洞,又有几十箱产品被偷走;8 分钟后,老杜打电话给市公安局请他们改善本地治安情况……整个上午老杜接电话、打电话,倒也挺忙。根据管理方格理论,老杜最接近 1.1 型的领导者。(管理方格理论见本章)

领导行为理论是研究关于领导行为及其结构,组成要素和实际效能的理论。其中有代表性的理论主要有:

(一)利克特的领导方式

利克特是美国的一位心理学家和行为科学家。他曾长期担任密歇根大学社会中心主任一职,从 20 世纪 40 年代就开始了对领导问题的研究。通过对许多领导者和其下属人员的访问调查,利克特发现了 4 种基本的管理方式,如图 7-1 所示。

方式1	方式2	方式3	方式4
专制的独裁型	仁慈的独裁型	协商型	参与型

图 7-1 领导方式的 4 种类型

方式 1:专制的独裁型。领导者非常专制,对下级没有信心,不信任;下级根本没有同上级讨论工作的自由,不能过问决策的程序。下级的工作意识靠恐吓、威胁、惩罚以及偶尔的奖赏激发。

方式 2:仁慈的独裁型。领导者仍然是专制的,但采取了家长制的恩赐式领导方式。领导者保持严格的控制,对下级就像主人对待仆人那样,可以以恩赐的态度给予信任和信赖。在解决问题时偶尔也征询下级的意见和看法。但下属在与上级讨论工作时感到不很自由。

方式 3:协商型。领导者对下级有较大但并不充分的信任,他们仍然保持对最后决定权的控制。他们经常听取下级的意见并尽量积极采纳。下级与领导讨论工作比较自由。

方式 4:参与型。领导者采用民主的形式,在所决定的事情上,完全相信和信任下属,他们只给下属指出一些方向,实行全面的集体参与,并按照一致的意见或多数人的意见做出决定。下属有充分的自由与领导讨论工作。

利克特的调查结果表明，工作效率高的组织多数是实行第三、四种领导方式的。利克特认为如果领导者以职工为中心，不仅注意职工的工作，也关心他们的需要和愿望，那么，这个组织的效率就高；如果领导者仅以工作为中心，不关心职工的需要和愿望，这个组织的效率就低。如果领导者采取民主的方式来领导，则工作效率就高；反之，如果采取独裁的方式，则工作效率就低。

利克特认为，一个领导者不是以工作为导向，就是以职工为导向；这两种领导方式是相互对立的。研究表明：以职工为导向的领导要比以工作为导向的领导的效果更好。

(二)领导行为四分图

美国俄亥俄州立大学人事研究委员会以亨普希尔为首的一批学者，从 1945 年开始研究领导行为，并提出了领导行为四分图，他们经过调查列出了 1790 种刻画领导行为的因素，通过逐步概括，最后归纳为“抓组织”和“关心人”两大类。

(1)“关心人”的领导行为，注重与下属之间的友谊、相互信任、尊重下级的意见，关心他们的需求，分担他们的忧虑，鼓励部下与他交谈，对待所有下属一视同仁，帮助下属解决私事等，这是重视人际关系的领导行为。

(2)“抓组织”的领导行为，注重工作的组织、计划和目标，规定成员的工作职责和关系，建立明确的组织形态、信息沟通渠道及工作程序方法，要求群体成员遵守标准的规章制度。

按照“抓组织”和“关心人”的不同内容，他们设计了“领导行为描述答卷”，每次内容列举了 15 个问题，发给有关领导者进行调查。结果发现两种领导行为在一个领导者身上有时一致，有时并不一致，因此，他们认为领导是两种行为的具体组合。他们用“四分图”的形式将这一概念加以表示。根据调查结果在图上评定领导者的类型。这是以二维空间表示领导行为的首次尝试，为以后领导行为的研究开辟了一条新的途径。见图 7-2。

(三)管理方格理论

罗伯特·布莱克和简·穆顿在 1946 年出版的《管理方格》一书中就企业中的领导方式提出了所谓的管理方格理论，如图 7-3 所示。

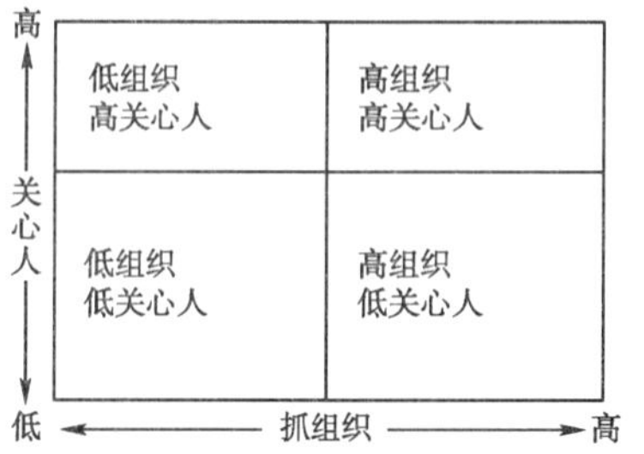

图 7-2　领导行为四分图

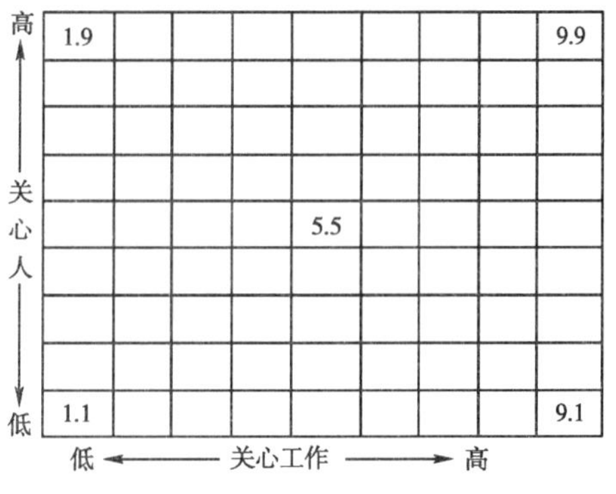

图 7-3　管理方格

布莱克和穆顿认为在对生产关心和对人关心的领导方式之间，可以有各种不同的混合领导方式。即下面所提到的几种领导方式：

(1.1)被称为贫乏式的管理。领导者既不关心生产，也不关心人，只求维持生产的起码水平。这样的领导自然是不称职的。

(9.1)被称为任务式的管理。领导者只注意工作效率，有效地组织和安排生产，并将工作环境安排好，从而使个人需求的成分对工作的影响降低到最低限度。在这种管理方式下，领导者严格控制下属，要求下属唯命是从，以保证工作效率。

(1.9)被称为乡村俱乐部式的管理。领导者只强调人的因素，强调满足人的需要，搞好人际关系，建立和谐的组织气氛，但对生产不关心，对指挥监督、规章制度等重视不够。

(5.5)被称为中间道路式管理。这是一种一般水平的管理。这种方式既不偏重人的因素，也不偏重生产的因素，保持组织需要和员工需要之间的平衡。这种方式往往会束缚生产的革新和员工的创造性。

(9.9)被称为团队(或战斗集体)式的管理。领导者对生产的关心和对人的关心都达到了最高水平。这种管理方式能使组织的目标和个人的需求最有效地结合起来。它要求创造出这样一种工作条件，使得员工了解问题，关心工作的成果，员工和企业的利益相结合，这样员工就会自我指挥和自我控制，从而导致很高的工作效率和成果。

布莱克和穆顿认为，企业的领导者应努力地把自己的领导方式改造成(9.9)型的方式，以求企业的最高效率。但是值得指出的是，(9.9)型并不是在什么时候都是最佳的领导方式，要根据具体情况而定。

四、领导的权变理论

导入案例 7-4

刘邦因怀疑韩信谋反而捕获韩之后，君臣有一段对话。刘问："你看我能领兵多少?"韩答："陛下可领兵十万："刘问："你可领兵多少?"韩答："多多益善："刘不悦，问道："既如此，为何你始终为我效劳又为我所擒?"韩答："那是因为我们两人不一样呀，陛下善于将将，而我则善于将兵"

在这段对话里，韩信关于他与刘邦之间不同点的描述最能体现了领导的权变理论的基本观点。

领导的权变理论是在领导的特性理论和行为理论的基础上发展起来的。这类理论认为有效领导不仅取决于领导者的特性和行为，而且取决于特定的环境。现将主要的领导权变理论介绍如下：

(一)菲德勒的权变领导模型

这个模型是美国依利诺大学的教授菲德勒经过十多年的研究后提出来的。菲德勒是权变理论的创始人，也是第一个把人格测量与情境分类联系起来研究领导效率的学者。从 1951 年起，经过 15 年的大量调查研究，提出了菲德勒模型。他认为，任何领导行为都可能是有效的，也可能是无效的。关键要看它是否与环境相互适应。领导者必须是一位具有适应能力的人。

菲德勒定义的环境包括以下三项内容：

(1)领导者与被领导者的关系。这是指下属对领导人的信任、喜爱、忠诚和愿意追随的程度，以及领导者对下属的吸引力。它是决定领导者在群体中的控制力和影响力的主要因素。

(2)工作任务结构。指下属担任工作任务的明确程度，即表明任务的目的、方法和绩效标准的清楚程度。含义模糊不清的任务会带来一种不确定性，从而降低领导者对情景的控制度。

(3)领导者的职位权力。指领导者拥有的权力变量(如聘用、解雇、训导、晋升、加薪)的影响程度。

为了测定领导者的人格特征与情境之间的关系，菲德勒对 1200 个群体进行了广泛调查，也设计了一个"最不愿与之共事者"(Least Prefered Co-worker)问卷，简称 LPC 问卷。问卷由 16

组双极性问题组成，让作答者想出一个与自己最难共事者，然后对他进行评价。问卷以 1－8 等级计分，最后累加得分高者，说明即使对最不喜欢共事者，他也给了好的评价，那么，他一定是关心人而宽容的领导，属关系取向型。LPC 得分低者则相反，他对人苛刻，是从工作为中心的，属于任务取向型。菲德勒运用 LPC 工具可以将绝大多数作答者划分为两种领导网络。当然，也发现有一小部分处于两者之间，他承认很难勾勒出这些人的个性特点。

菲德勒模型的下一步是根据三次环境变量进行评估。领导者与成员关系或好或差，任务结构或高或低，职位权力或强或弱。他指出：领导与成员关系越好，任务的结构化程度越高，职权越强，则领导者拥有的控制力和影响力也越高。反之，领导者的控制力越低。总之，三项权变变量总和，便可得到 8 种不同的情境或类型，每个领导者都可以从中找到自己的位置。研究结果表明：任务取向型领导者在有利或不利的情境下工作更有利（见图 7-4），也就是说，当面对 1、2、3、8 类型的情境时，任务取向型领导会干得更好，而关系取向型领导则在中间状态的情境，即在 4、5、6、7 类型的情境中会干得更好。

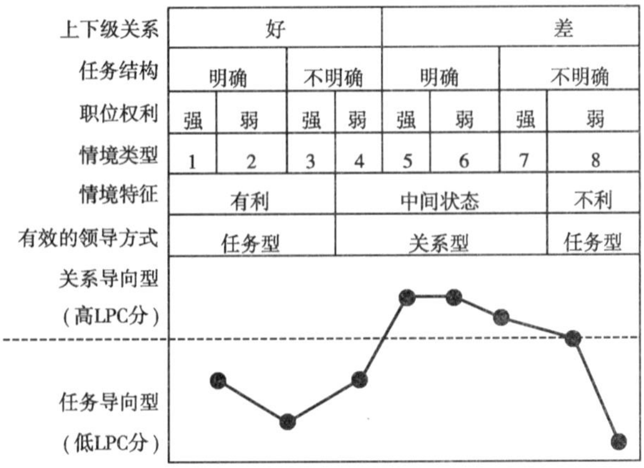

图 7-4　菲德勒的权变领导模型

尽管有人批评菲德勒的权变模式在研究方法上和理论上都存在错误或缺点，但该模型确实为领导方式的研究做出了很大贡献。它强调的是，领导方式本身无所谓好坏，一个管理者的领导风格在一种情况下可能有效，而在另一种情况下则可能失败。

（二）路径——目标理论

路径——目标理论已经成为当今备受人们关注的领导理论之一，它是在 20 世纪 70 年代初期由加拿大多伦多大学教授罗伯特·豪斯提出的一种领导权变模型。

路径——目标理论是以期望理论以及对工作和对人关心的程度模式为依据的。该理论认为，领导者的效率是以他能激励下属达到组织目标，并在其工作中得到满足的能力来衡量的。领导者的基本职能在于制定合理的、人们所期望得到的报酬，并为下属实现目标扫清道路。

换一句话说，领导者的工作一是帮助下属在实现工作目标的过程中得到更多的满足，二是帮助下属找到一条实现目标的途径。该理论认为，除了期望理论中变数之外，还应当考虑到有助于领导有效性的其他因素。这些因素包括（见图 7-5）：下属的特性，如下属的需要、自信心和能力等；工作环境，奖励制度及与同事的关系等。

路径——目标理论的要点如下：

(1)管理行为只有被员工认为能导致其眼前和未来的满足时，才能被员工接受；

(2)领导者要承认员工中存在着实现工作目标的需要，而且要激起员工的这种需要；

(3)当员工达成工作目标后，应增加报酬的种类和数量（即增加目标成果的效价）从而增加对员工的激励；

(4)通过使员工更容易找到获取这个报酬的途径；

(5)当员工的工作规定不够明确时，领导可以通过明确的目标，给予支持性的监督和指导，从而增加达到工作目标的期望值。因为激励力 = 效价期望值，期望值提高了，激励力也就高，从而领导效率也就提高了。但是，当员工的工作已规定得很明确时，就不必过多地监督和指导，如图 7-6 所示。

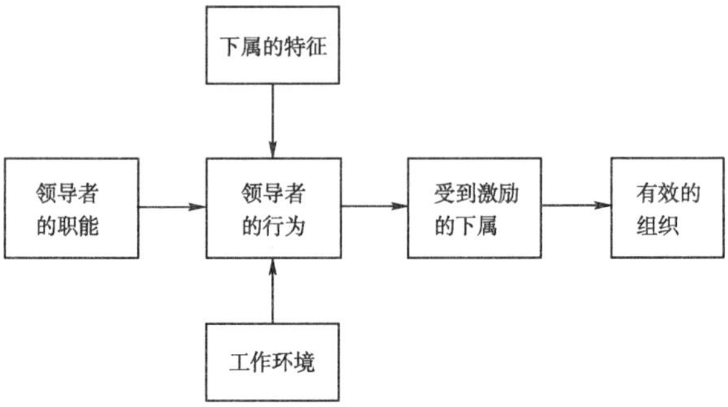

图 7-5　路径——目标理论

	领导多指导	领导少指导
工作明确	低满足	高满足
工作不明确	高满足	低满足

图 7-6　领导指导与员工满足的关系

(6)帮助员工消除实现目标的障碍并增加获得个人满足的机会。

(7)领导方式的类型有 4 种：

①指导性方式。要给下属提出要求，指明方向；要给下属提供他们所希望得到的指导和帮助，指导下属按照工作程序去完成自己的任务目标。

②支持性方式。对下属友好，平易近人，关心下属的生活福利。

③参与性方式。与下属商量，吸取下属的意见，尽量让下属参与决策和管理。

④成就性方式。树立具有挑战性的组织目标，相信并鼓励下属去实现目标。

(8)领导方式的采取取决于具体情况。对于一个领导者而言，没有什么固定不变的领导方式，要根据不同的环境，选用不同的领导方式。例如，当下属本身的能力较差，又愿意接受领导时，或者工作尚未处于程序化而较复杂时，则是用指示性方式最为有效。当任务结构程度较高，职工的能力又较强时，就不宜采用指示性方式。因此，领导者应根据环境的变化来调整自己的领导方式。

(三)领导的生命周期理论

领导生命周期理论是由科曼首先提出，后由保罗·赫西和肯尼斯·布兰查德予以发展的，领导生命周期理论也称情景领导理论，这是一个重视下属的权变理论。赫西和布兰查德认为，依据下属的成熟度，选择正确的领导风格，就会取得领导的成功。西方不少企业在培训其管理者的领导艺术时常使用这一理论，如《财富》杂志 500 家企业中的北美银行、IBM 公司、美孚石油公司、施乐公司等都采用此理论模型，甚至美国军队中的一些部门也采用这一模型培训其军官。

赫西和布兰查德重视下属在领导效果方面的作用，是因为下属可以接纳或拒绝领导者的命令，领导者的领导效果经常取决于下属的行为和活动。然而这一问题的重要性却被许多的领导理论所忽视或低估。

赫西和布兰查德将成熟度定义为：个体对自己的直接行为负责任的能力和意愿。它包括两项要素：工作成熟度与心理成熟度。前者包括一个人的知识和技能。工作成熟度高的个体拥有足够的知识、能力和经验完成他们的工作任务而不需要他人的指导。后者指的是一个人做某事的意愿和动机。心理成熟度高的个体不需要太多的外部激励，他们主要靠内部动机激励。

领导的生命周期理论使用的两个领导维度与菲德勒的划分相同：工作行为和关系行为。但是，赫西和布兰查德更向前迈进了一步，他们认为每一维度有低有高，从而组成以下 4 种具体的领导风格，如图 7-7 所示。

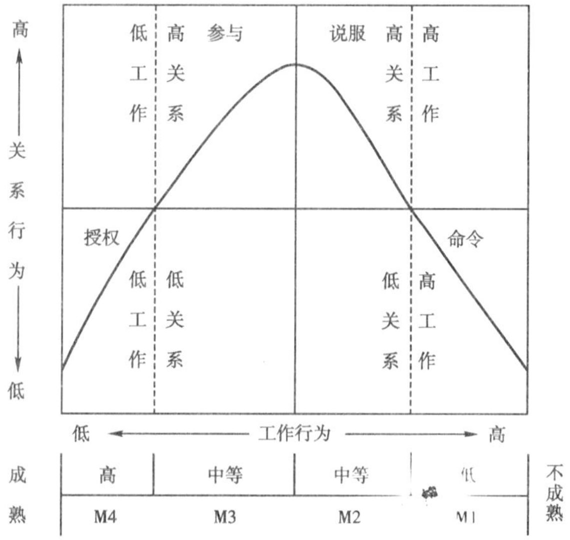

图 7-7 领导生命周期曲线

(1)命令型领导方式(高工作—低关系)

领导者定义角色，告诉下属应该干什么、怎么干以及何时何地去干。

(2)说服型领导方式(高工作—高关系)

领导者同时提供指导性的行为与支持性的行为。

(3)参与型领导方式(低工作—高关系)

领导者与下属共同决策，领导者的主要角色是提供便利条件与沟通。

(4)授权型领导方式(低工作—低关系)

领导者提供极少的指导或支持。

赫西和布兰查德的领导生命周期理论对下属成熟度的 4 个阶段的定义是：

第一阶段：这些人对于执行某任务既无能力又不情愿。他们既不胜任工作又不能被信任。

第二阶段：这些人缺乏能力，但愿意执行必要的工作任务。他们有积极性，但目前尚缺足够的技能。

第三阶段：这些人有能力，却不愿意干领导者希望他们做的工作。

第四阶段：这些人既有能力又愿意干让他们做的工作。

图 7-7 概括了情景领导模型的各项要素。当下属的成熟水平不断提高时，领导者不但可以不断减少对下属行为和活动的控制，还可以不断减少关系行为。在第一阶段(M1)，需要得到具体而明确的指导；在第二阶段(M2)中，领导者需要采取高工作—高关系行为；高工作行为能够弥补下属能力的欠缺；高关系行为则试图使下属在心理上“领会”领导者的意图；对于在第

三阶段(M3)中出现的激励问题,领导者运用支持性、非领导性的参与风格可获最佳解决。最后,在第四阶段(M4)中,领导者不需要做太多事,因为下属愿意又有能力担负责任。

第三节 领导行为与工作效率

导入案例 7-5

“闲可钓鱼”与“无暇吃鱼”

(一)“闲可钓鱼”的王业震

新港船厂是中国船舶工业总公司下属一家较为大型的企业,1982 年 11 月,46 岁的高级工程师王业震出任该厂厂长。当时有职工 6500 人,固定资产 1.2 亿元。在技术上和管理上,借鉴日本三井造船、大阪造船等企业的经验,锐意改革。

企业内部管理体制设两大系统:直线指挥系统和职能系统。

日常工作中,上级不可越级指挥,但可越级调查;下级不可越级请示,但可越级投诉。明确每个人只有一个直接上级,而每个上级直接管辖的下属为 3~9 人。归厂长王业震本人直接领导的只有 9 人。此外,专设 3 个“厂长信箱”,随时了解职工的意见和建议。一次,某车间工人来信反映某代理工段长不称职,王震业于第二天收阅后批转有关部门查处,经调查属实随即做人事调整,前后仅 5 天时间。

“一个厂长不时时想到为工人服务,就没有资格当厂长。”一次,香港和美国的两艘货轮在渤海湾相撞,由该厂承担抢修业务。在夜以继日的抢修中,王厂长让后勤部门把馒头、香肠、鸡蛋送到现场。任务提前完成后,赢利 80 万元。王业震和厂领导班子决定破例发给参加抢修的职工加班费和误餐补助费 8600 元。

新领导班子对会议作了改革。全厂必须召开的 15 个例会,时间、地点、出席人员都通过制度固定下来。一般会议不超过 2 小时,每人发言不超过 15 分钟。王本人每周仅召集 2 次会:厂长办公会和总调度会。

王业震基本上按时上下班,很少加班加点。每逢出差外出,他就委托一位副厂长代行职权。厂里曾经委托派一位中层管理人员去日本监造主机,行前又明确授权让他一并购买主机控制台用的配件。那人到日本后,却接连就价格、手续、归期等事项挂国际长途电话向厂里请示。王业震的答复是:“将在外,君命有所不受。”你是厂里的全权代表,可以做主,不用遇事请示。那里的事你相机定夺嘛。今后再挂电话来,电话费由你自己付。

仅仅一年光景,新班子和王业震初试锋芒即见成效。1983 年新港船造船 4 艘、修船 137 艘,工业总产值、利润、全体劳动生产率分别比上年增加 25.6%、116%和 20%。

(二)无暇吃鱼的步鑫生

海盐衬衫总厂坐落在浙江海盐县武原镇。该厂的前身是成立于 1956 年的红星成衣社,一个仅有 30 多名职工的合作社性质的小厂。自 1976 年起,该厂由门市加工为主的综合性服装加工转为专业生产衬衫。此后,陆续开发出了“双燕”牌男女衬衫、三毛牌儿童衬衫和唐人牌高级衬衫等产品。到 1983 年,该厂已拥有固定资产净值 107 万元,600 多名职工,当年工业总产值 1028 万元,实现利润 52.8 万元。步鑫生闻名遐迩。

容易却艰辛。步鑫生为厂里大大小小的事情操心,可谓“殚精竭虑”、“废寝忘食”。他性喜吃鱼。却忙得连吃鱼也顾不上了。有一次,食堂里没有别的菜,只有鱼。鱼颇鲜美,正合口味,可是他只吃了几口,因为太浪费时间,张口将未及咀嚼的鱼连肉带刺吐了出来,三口两口扒饭下肚，急匆匆地走了。他每天工作十五六个小时从不午睡，每次出差，都是利用旅途小憩，到达目的地立即投入工作。

步鑫生常对厂里职工说："上班要拿出打老虎的劲头。慢吞吞，磨蹭蹭，办不好工厂，干不成事业。"他主持制订的本厂劳动管理制度规定：不准迟到早退，违者重罚。有位副厂长从外地出差回来，第二天上班迟到了3分钟，也被按规定扣发工资。以1983年计，全厂迟到者仅34人次。步本人开会，分秒必争，今天要办的事决不拖到明天。在他的带动下，全厂上下形成了雷厉风行的作风。只要厂内广播一通知开会，两分钟内，全厂30名中层以下干部凡是在厂的全都能到齐。开会的时间一般不超过15分钟。

进入1984年，一阵风在中国刮起了"西装热"。步鑫生先是不为所动，继而办起了一个领带车间，最后终于做出了兴办西装分厂的决策。在与上级主管部门来人的一次谈话中，前后不过2小时，步生鑫做出了这一重大决策，副厂长小沈闻讯提出异议："不能这样匆忙决定，得搞出一个可行性研究方案。"然而，这一意见被步厂长一句："你懂什么，老三老四"否定了。一份年产8万套西装、18万美元的估算和外汇额度的申请报告送到省主管部门，在那里又加大了倍数，8万套成了30万套，18万美元成了80万美元，层层报批、核准，6000平方米西装大楼迅速进入施工，耗资200万元。

无奈好景不长。宏观经济过热急剧降温，银根紧缩，国家开始压缩基建规模。海盐厂的西装大楼也被迫停工。与此同时，市场上一度十分抢手的西装也出现了滞销迹象。步鑫生是靠衬衫起家的，年产120万件的产量和"唐人"、"三毛"、"双燕"三大牌号的衬衫令他引以为自豪。但代表本厂水平的"唐人"牌高级衬衫在全国同行业产品评比中落选了。

1985年入秋，步鑫生被选送浙江大学管理系深造。他并不因此而稍有解脱，企业严峻的经营状态令他放心不下。他频频奔波于厂校两地，在厂的日子远多于在校。半年以后，他退学回厂，决心以三年时间挽回企业的颓势。

仍然是精明强干的步鑫生，他的助手多数也很能干，只是当他从早到晚忙着处理厂里大事小事时，他的助手似乎插不上手，步鑫生备尝创业的艰辛，终因企业濒临于破产而被免去厂长之职。

"我没有预感到会有这样的结局"，步鑫生这样说。他进而补充了一句："我是全心全意扑在事业上的。"副厂长小刘也不讳言："到现在为止，我敢说步鑫生仍是厂里工作热情最高的人。"

试想：王业震与步鑫生领导方式和管理措施有何不同？致使步鑫生的时间被无效利用的主要原因有哪些？

每个领导者在工作中都可能遇到下面两个棘手的问题：

一是如何支配工作时间？领导者的时间是宝贵的，但领导者往往不能根据自己的需要来安排工作时间，因为每个人都可以随时来找你，上班的时候，许多日常工作要你处理，许多意想不到的事情要你去解决，下班的时候，也有许多事情正在等着你，一些人到你家里要求帮助，另一些人到你家里要求你对某些矛盾进行仲裁等等。你的时间就这样过去了，日复一日，年复一年……你的时间变成了他人的时间，你没有足够的时间考虑组织当中的重大问题。

二是怎样摆脱日常事务？遇到什么问题就解决什么问题，或"不务正业"，专干别人干的事，这是许多领导者所习惯的工作方式。本来属于身边工作人员的事，他给代劳；本来分工由别的领导者负责的事，他也插手；本来是下级和职能部门范围内的事，他也包办。这样一来，尽管他“两眼一睁、忙到熄灯，”累得焦头烂额，却不见成效。

一、有效统筹时间

时间是最宝贵的资源。一个优秀的领导者必须学会有效地统筹自己的时间，掌握节约时间的方法。

（一）做时间的主人

不作时间的奴隶，不被事务牵着走，而要“领着事务走”。应该积极主动地对待时间与工作，了解自己和组织的使命、目标、主要任务、工作重点，立足于此，专注于此，统筹时间。

（二）关注重要事务

要分清工作的轻重缓急。一个优秀的领导者应当总结自己的工作规律和生物节奏，找出每天的黄金时间，在这段时间去做最重要、最难办的事务，而把例行性的、不重要的工作安排在其他时间去做，以提高工作效率。

（三）提高会议效率

会议是实施领导、推动工作的重要工具和手段。也就是说，既然作了领导者，就与会议结下了不解之缘，它如影随身，根本无法摆脱。所以，问题的关键不在于要不要开会，而是要提高会议效率，要开好非开不可的会：一是要在会前做好充分准备，明确主题、明确议程，提出可供参考的预选方案；二是要养成良好会风，准时出席、准时召开，艺术地把握会议进程；三是对有争议的问题，应通过有关部门从中协调，提出解决办法，基本达成共识后再提交会议通过，否则使其他人无意义地卷入争吵，荒废时日。

（四）正确把握时机

时机抓得好，事半功倍；反之，再好的计划，再努力，因时机不对将难求预期效果，甚至归于失败，导致时间、精力、资源的极大浪费。

（五）营造良好氛围

仅领导者一个人努力不可能有效利用时间。重要的是形成珍惜时间、注重效率的组织氛围和环境。这种氛围的形成关键又要靠领导者以身作则，言必行、行必果。宣布 8 点开会，自己却 8 点半才到，形成不了重视时间的环境。正人先正己，只要领导者为人表率，员工就会仿效，整个组织有效利用时间的良好氛围才会形成。

二、充分合理授权

授权就是向部下提出有效开展工作所必需的权限和行动空间，让他们立足实际，对自己的工作做出决策、判断，自主地采取一些必要的行动，自主地运用必需的人力、物力和财力去有效地开展工作。

当你将一定的工作权限授予你的下属，你就同时授予了他责任，给了他工作的压力。你的部下将不再是一个消极被动、推一推、动一动的“工作机器”，而将成为一个积极主动工作的“自在人”。

然而，在实践中，不能合理授权的领导者俯拾皆是，他们要么不肯授权，要么不会授权，结果自己忙得团团转，陷身于琐碎事务之中，却丢弃了他作为一个领导者所应履行的根本职责，即对发展大事、组织大事的思考与决策。他不得不成天去分派任务、亲临一线督战，甚至亲自操作，使部下毫无自主权，行动起来需要步步请示，事事询问。既影响了其积极性，又使工作缺乏主动性和创造性，最终影响组织效率。

授权要则：

(一)明确职责

首先要把各层次、各岗位的职能、责任、权力搞清楚，干什么活、负什么责，有什么权。不属于自己的权力不揽，属于自己的权力不放。

(二)因事择人，视能授权

这是授权最根本的一条准则。一切以事业的需要和被授权者的能力大小、水平高低为依据，力求做到权和能的统一。

(三)授权要留责

授权下属不等于放弃责任。把权力交给下属，将责任留给自己，这样才能激励下属毫无顾虑地拼命工作，发挥他们的聪明才智。

(四)分权而不放任

授权后，领导者的事务性工作减少了，但监督和协调的职能却加强了。对"领命而去"的部下要加强考核、协调和监督、检查，发现问题，及时指导、及时纠正。这与过多地干涉不是一回事。

(五)授权要适度

如果授权过分，就等于领导者放弃了权力；如果授权不足，领导者将被杂乱的事务所困扰，下级仍将事事被动，样样请示。一般地说，凡属下级职责范围内的权力都要授予下级。领导的核心权力是不能下放的。如有关全局的最后决策里全局的集中指挥权、主要方面的人事任免权等，若将这些权力授予下级，那就可能被"架空"，领导系统就失去了控制，大权势必旁落；小权分散，大权才能集中。该集中的不集中，该分散的不分散是包办，这就是领导权力的辩证法。

本章提要

1. 领导的实质是影响别人。领导者可以是任命的，也可以是从一种群体中产生出来的。领导者可以不运用正式权力来影响他人。管理者是被任命的，其影响力来自于其所在的职位赋予的正式权力。

2. 特质理论研究的重点是领导者与非领导者的个人品质差异。具有某些特质确实能提高领导者成功的可能性，但没有一种特质是成功的保证。

3. 专权型、民主型和放任型三种领导方式在不同的环境条件下都有成功的事例，因此应根据具体情况，选择合适的领导方式。

4. 非德勒的权变模型确定了三次情境变量：领导者与被领导者关系、工作任务结构和职位权力。在十分有利和十分不利的情境中，任务取向的领导者工作更好；在中等有利的情境中，关系取向的领导者工作得更好。

5. 生命周期理论认为，有效的领导行为要把工作行为、关系行为与被领导者的成熟程度结合起来考虑。当下属的成熟水平渐高时，领导者应尽量减少控制和参与。

6. 路径——目标理论认为，领导者的效率是以他能激励下属达到组织目标，并在其工作中得到满足的能力来衡量的，领导者所选择的具体行为方式应与环境要求和下属的特点相匹配。

思考与练习

一、复习思考题

1. 一个网络聊天室的主持人是领导者还是管理者？或者都不是？或者都是？请回答。

2. 虽然我们常说我们和大陆同胞是“同文同种”，但根据您所学到的领导理论，一个领导者在领导大陆的员工和台湾的员工可能有何差异？

3. 想想您过去认识的领导最成功和最失败的上司(或老师)，并从领导理论来看，说明他们之所以成功或失败的原因何在。

4. 有人说：“做人比做事重要”，您赞成吗？请用相关的理论进行其是否适当的讨论。

5. 您觉得下列这些领导者应该具备哪些独特的领导者特征？

(1)学生会的主席；(2)军队中的连长；(3)外经贸部部长；(4)某政党主席；(5)邓丽君基金会执行长。

6. 你如何看待领导的特质理论，你认为有效的领导者是天生的还是后天造就的？

二、测试题

专制型、民主型、放任型领导方式测验请你回答如下各题：

1. 你喜欢经营咖啡馆、餐厅之类的生意吗？

是______不是______

2. 平时把决定或政策付诸实施之前，你认为有说明其理由的价值吗？

是______不是______

3. 在领导下属时，你认为与其一方面跟他们工作，一方面监督他们，不如从事计划，草拟细节等管理工作：

是______ 不是______

4. 在你管辖的部门有一位陌生人，你知道那是你的下属最近录用的人，你不介绍自己而先问他的姓名。

是______ 不是______

5. 流行风气接近你的部门时，你当然让下属追求。

是______ 不是______

6. 让下属工作之前，你一定把目标及方法提示给他们。

是______ 不是______

7. 与部门过分亲近会失去下属的尊敬，所以还是远离他们比较好，你认为对吗？

是______ 不是______

8. 郊游之日到了，你知道大部分人都希望星期三去，但是从多方面来判断，你认为还是星期四去比较好，你认为不要自己做主，还是让大家投票决定好了。

是______ 不是______

9. 当你想要你的部门做一件事时，即使是一件按铃召人即可的事，你一定要自己去以身作则，以便他们跟随你做。

是______ 不是______

10. 你认为要撤一个人的职并不困难？

是______ 不是______

11. 越能够亲近下属，越能够好好领导他们，你认为对吗？

是______　　不是______

12. 你花了不少时间拟定了解决某个问题的方案，然后交给一个下属，可是他一开始就找该方案的毛病，你对此并不生气，但是对于问题依然没解决而觉得坐立不安。

是______　　不是______

13. 充分处罚犯规者是防止犯规的最佳方法，你赞成吗？

是______　　不是______

14. 假定你对某一情况的处理方式受到批评，你认为与其宣布自己的意见是决定性的，不如说服下属请他们相信你。

是______　　不是______

15. 你是否让下属为了他们的私事而自由地与外界的人们交往？

是______　　不是______

16. 你认为你的每个下属都应对你抱忠诚之心吗？

是______　　不是______

17. 与其自己亲自解决问题，不如组织一个解决问题的委员会，对吗？

是______　　不是______

18. 不少专家认为在一个群体中发生不同意见的争论是正常的，也有人认为意见不同是群体的弱点，会影响团结。你赞成第一种看法吗？

是______　　不是______

判断：

如果 1、4、7、10、13、16 题答“是”多，说明具有专制型倾向；

如果 2、5、8、11、14、17 题答“是”多，说明具有民主型倾向；

如果 3、6、9、12、15、18 题答“是”多，说明具有自由放任型倾向。

三、案例分析题

案例 7-1　一次重大的人事任免

某钢铁公司领导班子会议正在研究一项重大的人事任免案。总经理提议免去公司所属的、有 2000 名职工的主力厂——炼钢一厂厂长姚成的厂长职务，改任公司副总工程师，主抓公司的节能降耗工作；提名炼钢二厂党委书记林征为炼钢一厂厂长。姚、林二人都是公司的老同志了，从年轻时就在厂里工作，大家对他们的情况可以说是了如指掌。

姚成，男，48 岁，中共党员，高级工程师。60 年代从南方某冶金学院毕业后分配到炼钢厂工作，一直搞设备管理和节能技术工作，勤于钻研，曾参与主持了几项较大的节能技术改造，成绩卓著，在公司内引起较大震动。1983 年他晋升为工程师，先被任命为一厂副总工程师，后又任生产副厂长，1986 年起任厂长至今，去年被聘为高级工程师。该同志属技术专家型领导，对炼钢厂的生产情况极为熟悉，上任后对促使炼钢一厂能源消耗指标的降低起了巨大的推动作用。他工作勤勤恳恳，炼钢转炉的每次大修理他都亲临督阵，有时半夜入厂抽查夜班工人的劳动纪律，白天花很多时间到生产现场巡视，看到有工人在工作时间闲聊或乱扔烟头总是当面提出批评，事后通知违纪人所在单位按规定扣发奖金。但群众普遍反映，姚厂长一贯不苟言笑，没听姚厂长和他们谈过工作以外的任何事情，更不用说和下属开玩笑了。他到哪个科室谈工作，一进办公室大家的神情便都严肃起来，犹如“一鸟入林，百鸟压音”，大家都不愿和他接近。对他自己特别在行的业务，有时甚至不事先征求该厂总工程师的意见，直接找下属布置工作，总工对此已习以为常了。姚厂长手下几位很能干的“大将”却都没有发挥多大的作用。据他们私下说，在姚手下工作，从来没受过什么激励，特别是当他们个人生活有困难需要厂里帮助时，姚厂长一般不予过问。用工人的话说是“缺少人情味。”久而久之，姚厂长手下的骨干都没有什么积极性了，只是推推动动，维持现有局面而已。

林征：男，50 岁，中共党员，高中毕业。在基层工作多年，前几天才转为正式干部，任车间党支部书记。该同志脑子灵活，点子，宣传、鼓动能力强，具有较突出的工作协调能力。1984 年出任炼钢二厂厂办主任，1986 年调任公司行政处副处长，主抓生活服务，局面很快被打开。1988 年炼钢二厂党委书记离休，林征又回炼钢二厂任党委书记。林征长于做人的工作，善于激励部下，据说对行为科学很有研究。他对下属非常关心，周围的同志遇到什么难处都愿意和他说，只要是厂里该办的，他总是很痛快地给予解决。民主作风好，工作也讲究方式方法，该他做主的事从不推三阻四。由于他会团结人(用他周围同志的说法是“会笼络人”)，工作能力强，因此在群众中享有一定的威望。他的不足之处是学历低，工作性质几经变化，没有什么专业技术职称(有人说他是“万金油”)，对工程技术理论知之不多，也没有独立指挥生产的经历。

姚、林二人的任免事关炼钢一厂的全局工作，这怎么能不引起公司领导们的关注？公司领导们心里在反复掂量，考虑着对炼钢厂厂长这一重大人事变动提议应如何表态。

问题：

1. 根据姚成的性格特点和技术专长，对他这次任免是否合适？

2. 对厂长的领导素质、领导风格应有什么要求？林征会成为一名合格的厂长吗？

案例 7-2　海南：一份改革方案导致一名所长杀身之祸

核心提示：

尽管不是所有的人都认为他是好所长，但即便是反对者也认为他是好医生。一个公认的好医生却因为所里刚刚试行的管理方案而死在一个职工的刀下，死时年仅 40 岁。

当今中国正处于社会急剧转型期。国有企业和政府机构改革尚未结束，事业单位改革正在启动。事业单位改革涉及 2800 多万人的利益调整，因个人利益受损而引发的心理问题尤其值得关注和重视。

2002 年 1 月，38 岁的符平钊被派往万宁市结核病防治所担任所长。当时，结核所人员严重超编——10 个人的编制，实际却有 64 个人，所里每月只有两万余元收入，职工工资根本无法正常发放。符平钊经过几个月努力，结防所的年门诊量由 7000 人次猛增到 1.8 万人次，月业务收入由两万元上升到 6 万多元，人均年收入上升到 7307 元。

让人意想不到的是，这位改变了结防所窘况的所长上任不到两年却被同所一名职工当众杀害。最直接起因竟然是他刚刚推行一个月的管理方案。

万宁市结防所负责签到的韩姓女职工是那场血案的目击者。

2003 年 12 月 17 日早上 7 时刚过，符平钊就和妻子曾爱玲(当时也是该所职工)来到所里。自从 2002 年 1 月来到结防所任所长的那天起，符平钊几乎每天都是这个时间来到所里。尽管前一天(12 月 16 日)夜里 10 时左右，符平钊还因为所里一名姓郑的职工生病又回到所里打针和看护。当夜 12 时多，符平钊才回到家里。

“签完到之后，符所长就坐在他的座位上看报纸。冯俊德来了，就问他：‘你发不发我工资？’几句话以后，冯俊德就掏出刀刺向了符所长。符所长一点防备都没有，就被他刺中了胸部。”

冯俊德还要再次行刺，但被闻讯赶来的几位职工死死抱住了，所持尖刀被夺下。一片惊恐慌乱中，冯俊德若无其事，扬长而去。

在一位职工的陪同下，符平钊坐了一辆出租摩托车去了医院。

“他坚持着自己走出去，上了车。我们都没想到那么严重。到医院后抢救无效，一个小时后，他就去世了。”

2004 年 5 月 10 日，万宁市纪委对万宁市结防所副所长蒋应卿做出了留党察看两年的处分决定。

决定说，蒋应卿在符平钊被杀身亡的前 5 天，看见冯俊德拿凶器尖刀放在门诊办公室的桌上，并听见冯俊德扬言要刺杀符平钊，当时蒋应卿没有采取得力措施制止或收缴其凶器，也没有及时将这一危险情况报告符平钊及有关部门，只是简单劝说了事，致使凶手冯俊德后来拿起尖刀到办公室刺杀符平钊身亡。

蒋应卿没有及时承担起组织指挥现场的责任，没有及时组织所里医务人员对符平钊就地进行抢救，也没有采取果断得力措施组织人员捉拿凶手或指派人员报警，放任凶手骑着自行车回家准备逃跑。

蒋应卿对组织上给他的处理决定颇为不满。

一份有争议的管理改革方案

符平钊死在同事刀下的直接导火索，是该所于 2003 年 11 月 1 日试行的管理方案。这份引起争议的管理方案说，原则是不养一个闲人，不留一个懒人，不亏一个能人。人尽其才，才尽其用，用而有效，效而有得。按劳取酬，多劳多得。

根据这个方案，大多数职工的收入都跟所创造的效益挂钩。全所分为办公室、医生组、护士组、检验室、X 光室、项目组和工勤组等 7 个科组。关于所长和医生工资及奖金的发放，是这样规定的：所长属财政定编人员，工资根据财政拨款全额支付，奖金根据个人的收入按分成表中的比例，利润的 60%作为奖金。医生实行计件工资，按照分成表中的利润直接记到个人。

2003 年 11 月，医生冯俊德没有看一个病人。根据这个管理办法收入为零。12 月初，发工资的日子刚过，冯俊德就带了把尖刀放在诊所里，并扬言不发工资就要杀人。没想到他说到做到。

何子坤是召开职工大会时公开反对管理方案的惟一一个人，但他说实际上医生组都反对。他认为新方案最大的问题是，把医生的工资直接跟处方挂钩，原来也搞医生按处方提成，但那是按集体——医生组，现在是按个人。他认为这样会造成医生之间的矛盾，或者乱开药，开“大处方”，“这种分配方法不符合现行的事业单位干部职工的工资政策，也违背了医疗卫生工作的根本方针和宗旨。”

何子坤认为第二个不合理是提成比例不合理，造成科室之间的差距，没有科学依据，带有一定的主观性和片面性。这样就造成医生的收入比不上其他科室。

此外，他认为作为一个领导，所长属于国家编制，一个人享受财政工资，不管所里状况如何都拿全额工资，如果还要拿这么多奖金，也不合理。

“符所长绝对不是为了自己多挣点钱才制订这个方案。”万宁市结防所的护士王娇虹说。“他常说的一句话就是，只要是认真工作我都不会亏待。照顾到有些大夫业务不强，符所长开了处方，让这些大夫填上自己的名字，目的就是为了让这些医生完成任务。他不是为了整某个人，而是想改变这种局面。因为即使业务不精，但只要态度好总是可以提高的。而有些大夫连病人来了理都不理。”

“如果他想挣钱就不会到这里来了。”结防所出纳黄燕说，“他来了结防所后，有很多他在市委大院门诊的病号跟着他到这里来看病都说他傻，一个人干不挺好的吗？他在市委机关诊所每个月至少有5000元的收入。到了我们所里以后，不到1000元，有时候有奖金，1000多一点。”

冯俊德在受审时辩解，该方案没有经过职工大会表决。他是助理职业医生，而不是职业医生。他辩称，本案是间接故意；被害人有明显过错，表现为不顾众多职工反对，强行通过该方案；明知被告人没有处方权，出于报复而将被告人调到门诊，被害人对本案的发生有一定的责任。

但他的说法遭到了主管部门万宁市卫生局的驳斥。

万宁市卫生局专门下文对此进行说明：“据了解，《万宁市结核病防治所管理方案》（试行）的出台是基于激励全体职工的积极性，在竞争中生存，奖勤罚懒的目的。方案出台之初，经过了各科室的充分酝酿和讨论，并集中大家意见进行修改，又经过全所职工大会表决，绝大多数职工同意通过的。”“冯俊德的执业资格为执业助理医师，根据《执业医师法》规定‘执业助理医师应当在执业医师的指导下，在医疗、预防、保健机构中按照其执业类别执业’。冯完全可以在结防所里其他执业医师的指导下从事诊疗活动，并非‘没有处方权’。”

一名评价不一的改革者

冯俊德也有支持者。据说，2004年春节前夕，冯俊德被批捕后，还有人提议要不要给冯俊德发补助。

记者在采访中了解到，有人对符平钊颇有微词。“从医生的角度来讲，他技术水平比较高，对病人服务态度好，随叫随到，这一点不可否认。”医生组以前的负责人何子坤说，“但他不是一个称职的所长。从领导的角度来讲，缺乏一种宽容的胸怀，碰到一些小事，太斤斤计较。比如在分配方案上，比如补助什么的。”他举了个例子，比如说年终发奖金，何子坤建议按月出勤情况发放，但符平钊坚持要按天出勤情况发。何认为他太计较，没有必要，“作为一个所长，对不同意见还是要认真考虑的。”

受到处分的蒋家卿也向记者反映说，仅因“冯俊德多次提了符所长工作上的一些意见”，符平钊未经所领导班子讨论同意，也没有上报市卫生局批准，擅自宣布取消了冯俊德的诊病处方权，调整到本所“项目控制”办公室工作。2003年11月，当结防所搬迁后，符又将冯俊德调整到所门诊当医生，使冯俊德在门诊室既没有位置，又没有明确给他处方权，因此，冯俊德无法开展医疗活动。符平钊担任所长期间，制订了新的管理方案，所里部分医护人员对许多不合理的问题，三番五次地向主管局领导反映，并请求协助该所解决方案中分配不公的有关问题，主管局到底认真研究没有，做了哪些工作，符平钊所长是否尊重采纳局里的意见？作为主管局，直属单位发生这么大的事件，难道主管局没有责任吗？

何子坤也认为符平钊心胸不够开阔。符曾经批评冯俊德“根本就没有资格当医生”，因为冯医生和他吵了几句，就把他调到了项目组。

但也有职工对此进行了驳斥：“符所长说的本来就没错。不仅是冯俊德，我们所还有很多医生都没有资格当医生。医术不高，对病人还爱理不理，冯俊德就是这样的。考虑到在门诊影响不好，符所长才把他调到项目组，但他在项目组仍然是什么都不干。经常是符所长给病人看病忙得连吃饭的时间都没有，而很多医生却什么事都不干。他们为什么不想想这是什么原因呢？”

众人说到的保底工资问题，符平钊在方案试行一个月以后就意识到了。

12 月 10 日，也就是在遇害 7 天前，符平钊专门对 11 月的收入进行过分析，其中提到“3 名医生不服从安排，想上班就上班，想下班就下班，想骂人就骂人，为所欲为，其中一名医生本月收入为零。”这个分析报告里说管理方案将再次讨论修改，逐步完善；缩减分成比例，固定最低生活补贴 150 元～180 元，建议 11 月份分文未收的人员，如有正当理由可向所里申请最低生活补贴。

万宁市卫生局副局长杨浪认为，结防所的管理方案与海南省卫生厅早在几年前就要求各单位做的人事和分配制度改革是一致的，符平钊做的都是在政策范围内的。当时局里也看到方案里没有保底工资，就指出应该有 200 元～250 元生活费，但考虑到该所每月只有 8000 元事业费，人均只有 130 元，所以后来定为 150 元。“这个方案已经讨论过很多次。”杨浪说，“符平钊根本就不是个强硬的人，他也不会耍手腕。”

他不无感慨地说：“有些人就是每个月给他 5 万元，只要有人比他多 0.1 元，他就不舒服，而只要他是最高的，哪怕只有 20 元，他心里也就平衡了。”

问题：

1．运用你所学的领导方式及其理论分析符平钊所长的领导风格及特点？

2．深入分析惨剧发生的根本原因，我们应从中吸取哪些经验教训？

第八章 激　　励

【学习目的与要求】

1．领会激励的重要意义，熟悉激励的过程；

2．掌握需要层次理论、双因素理论和成就激励理论的主要观点；

3．掌握期望理论、公平理论和强化理论的主要观点；

4．掌握激励的技巧与方法。

第一节　激励概述

导入案例 8-1

韩国某大型公司的清洁工，本来是一个最被人忽视、最被人看不起的角色，但就是这样的一个人，却在一天晚上公司保险箱被窃时，与小偷进行了殊死搏斗。

事后，有人为他请功并问他的动机时，答案却出人意料。他说，当公司的总经理从他身边经过时，总会不时地赞美他："你的地扫得真干净！"

就这样简单的一句话，却使他受到了极大的激励，并愿意为公司奉献出自己宝贵的生命。由此可见，激励在调动员工积极性方面的重要作用。

激励是领导职能中的重要方面。在组织活动中，只有使所有参与活动的员工都保持高昂的士气和工作热情，才能取得最好的效果。激励就是调动人的积极性的过程。

一、激励的含义

激励一词就是激发鼓励的意思。作为管理学中的概念，激励就是激发人的动机，诱导人的行为，使其发挥内在潜力，为实现所追求的目标而努力的过程。简单地说，激励就是调动人的积极性。激励的本质就是激发人的动机的过程。而所谓动机，就是引起、维持并且指引某种行为去实现一定目标的主观原因。因此，要理解激励的本质，就必须研究下面 3 个问题：

(1)什么因素引起人的行为。

(2)什么因素指引着该行为朝着目标前进。

(3)这种行为是如何坚持下去或最后终止的。

激励是现代管理的核心问题之一，贯穿于管理过程的始终。管理活动的首要任务，是如何激励人们发挥出他们最大的潜能，以完成组织、部门的任务和目标。管理者必须运用正确的激励手段，不断开拓新的激励方式，充分发挥激励的作用，才能成为有效的管理者。

二、激励过程

人的激励过程如图 8-1 所示，开始从需要或动机出发，由此产生了要求，这种要求一时不能得到满足时，心理上会产生一种不安和紧张状态，这种不安和紧张状态会成为一种内在的驱动力，导致某种行为或行动，进而去实现目标，一旦达到目标就会带来满足，这种满足又会为新的需要提供强化。如果遭受挫折，就可能产生再一次的追求或放弃追求的行为。

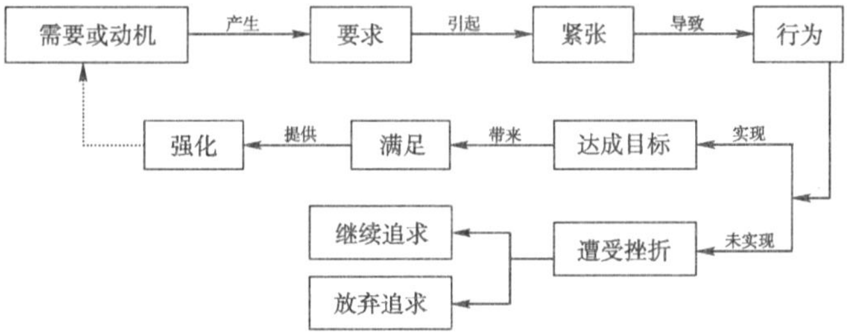

图 8-1　激励过程

上述激励过程是一个复杂的连锁过程。首先，需要并不是单纯的，除了饥饿等生理需要外，需要还受环境的影响。即使是生理需要，其中也有许多会对环境因素的刺激有所反应。

环境对于人的较高层次的需要则影响更大。同事的晋升会激起我们对更高地位的向往；一个有挑战性的问题会增强我们解决它以取得成就的愿望；一个志趣相投的群体可能会引发我们加入该群体的需要；当一个人过分孤独时，会产生一种想与人交往的强烈动机。

其次，不仅需要会导致一定的行为，而且需要也可能成为行动的结果。一个需要满足了，可能会引起满足更多需要的愿望。当一个人达成了所追求的目标，其成就需要会更强烈，但一个人也可能因受挫而倍感消沉。

再则，人的需要或动机不仅复杂，有时还互相矛盾。人们可能受到各种经济上需要的激励，尽管这些愿望可能相当复杂，有时还相互冲突。此外，一个人还有自尊、地位、成就感或休闲娱乐等要求。

激励人的动因是多种多样的，它们可以是较高的报酬、一项荣誉头衔、领导人的一番鼓励、同伴的欢呼或喝彩、老师的肯定和表扬，及其他许多使人情愿做事的因素。当激励反应了要求，如一些看得见的奖励或诱因，则会加强满足这些要求的愿望。这时，各种冲突的需要会得到调和，或重点强调一种需要，使其得到优先满足。

此外，人们还可以通过各种方式来满足自身的要求，譬如，一个人可以通过积极参加社会上的联谊活动，而不必一定在自己的单位中来满足归属的需要。所以在任何一个组织中，管理人员一定要关注各种激励人的因素并创造性地运用它们。主管人员不能期望去支配他人的全部活动，个人都有与单位无关的动机和愿望，但是，不管什么组织，要卓有成效，则必须在每个职工身上激发起足够的需要，并设法满足他们。

三、激励的作用

从管理的角度来讲，激励的最主要作用在于借此激发、鼓励、调动人的积极性，从而使工作更有效率，取得更大的工作成绩。具体来说，激励有如下重要作用：

（一）对人的激励是管理的关键

有的管理学家说“管理就是用人”，这是非常有道理的。管理上最重要的就是“用人”，当然最难的也是“用人”。其一，管理的职能表现为有效地组织并充分利用人力、物力和财力资源。其中以人力资源的管理最为重要，原因之一是对物力资源的管理和财力资源的管理都要取决于对人力资源的管理。其二，在人、财、物这三者中，对人力资源的管理是最为困难的。人们能比较精确地预测、计划、控制财力和物力，但对人力资源及其内在的潜力则至今无法精确地加以预测、计划和控制。

（二）提高组织成员工作的自觉性、主动性和创造性

组织中的每个成员，都会抱有个人的利益和目标而工作的。当个人的利益和目标与组织的目标是一致的、统一的时，成员的自觉性及主动性、创造性就能得到充分发挥。当成员的个人目标和利益与组织目标不一致时，就要通过思想工作，解决成员的认识问题，使成员自觉地让个人的目标和利益服从于组织的目标。这一转变提高的过程是通过激励来实现的。

（三）激发人们工作的热情和兴趣

激励不仅可以提高人们对自身工作的认识，还能激发人们的热情和兴趣。通过激励，使其成员对本职工作产生强烈、深刻、积极的情感，并以此为动力，动员自己的全部精力为达到预定的目标而努力工作。

兴趣是影响人的动机形成的重要原因，通过激励，使人们对工作产生高度注意力、敏感性，形成对自身职业的偏爱。个人的技术和能力一般也是在浓厚的职业兴趣基础上发展起来的。因此，强烈而稳定的职业兴趣，也是人们提高技术，保证技术、能力充分发挥的心理条件。

（四）挖掘人的潜力、提高工作效率

一个人在组织中的工作业绩可以用下面的公式表示：

工作业绩 = f(能力，激励水平，工作条件)

即工作成绩取决于能力大小、激励水平和工作条件的高低。能力固然是取得成绩的基本保证，但是不管能力多强，如果激励水平低，就难以取得较好的成绩。再有，在一定条件下，一个人的能力的提高，并不是短时间就可以办到的。因此提高工作成绩的最有效的办法，就是提高激励水平。

从心理学的角度讲，一个人的潜力是巨大的。美国哈佛大学的威廉·詹姆士教授在对职工的激励的研究中发现，按时计酬的职工仅能发挥其能力的 20% ~ 30%，而如果受到充分的激励，则职工的能力可以发挥到 80% ~ 90%，其中 50% ~ 60% 的差距系激励工作所致。也就是说，同样一个人在通过充分激励后所发挥的能力相当于激励前的 3 ~ 4 倍。

第二节　内容型激励理论

导入案例 8-2

李英现已快到 40 岁了。回首这二十几年的工作经历，很为自己早年艰苦而又自强不息的日子感叹不已。想当初，自己没有稳定的工作就结了婚，妻子是位孤女，有父母留下的一栋虽

然面积不小但很破旧的平房。妻子在待业之中，俩人常为生计发愁。后来，李英在某企业找到了一份固定的工作，并很快地被提拔为工段长，接着又成为车间主任，进而升为生产部长。他记得那段日子对他个人和公司来说，都是极重要的转折。他没命地为公司工作，很为自己是其中的一分子感到自豪。他的付出也给他带来了丰厚的回报。他的工资收入已相当可观了。更重要的是，他在不断地提拔、升级中得到了权力和地位，他妻子也很为他自豪。有段时间，他自己也沾沾自喜过，可现在细细想来，觉得自己并没有什么成就，心里老是空落落的。他现在是企业生产的总指挥官，可他看着企业一年比一年不景气，很想在开发新产品方面为企业作出更大的贡献。可他在研究开发和销售方面并没有什么权力。他多次给企业领导提议能否变革组织结构，使中层单位能统筹考虑产品的生产、销售及研究开发问题，以增强企业的活力和创新力。可领导一直没有这方面的想法。所以，李英想换个单位，换个职务不要太高，但能真正发挥自己潜能的地方。可自己都步入中年了，"跳槽"的决定又谈何容易。

表面看来，李英已功成名就了，但为什么他会觉得困惑和想"跳槽"呢？

内容型激励理论着重探讨什么因素能够使一个人采取某种行为，即着重于研究激励的起点和基础，研究如何从需要入手，通过满足需要来激励、调动人的积极性。内容型激励理论主要有如下一些理论：

一、马斯洛的需要层次理论

(一)需要的层次

人的需要层次理论，是由美国心理学家马斯洛(A. H. Maslow)于1943年提出来的，是一种提出最早、影响最大的激励理论。

马斯洛把人的需要由低到高划分为五个层次，即：生理需要、安全需要、社交需要、尊重需要和自我实现的需要。如图8-2所示。

图8-2 需要的层次

第一层次，生理的需要(Physiological Needs)。包括维持生活所必需的各种物质上的需要，如衣食、住房、医药等。这些是人们最基本的也是推动力最强大的需要。

第二层次安全的需要(Safety Needs)。这是有关免除危险和威胁的需要。如人们都希望自己身体健康，喜欢安全的、有秩序的、可以预测的环境，要求有稳定的职业和生活保障，等等。

第三层次，社交的需要(Social Needs)。又称爱与归属需要，包括对人际交往，对某群体或家庭的依赖，同事的友谊和异性的爱情等方面的需要。这一层次的需要得不到满足，可能会影响人的精神上的健康。

第四层次，尊重的需要(Esteem Needs)。这里包括自尊和被人尊重。人们一般有自尊心、自信心、知识、成就、名誉地位等方面的需要，并要求得到别人的承认、尊重等。这一层次的需要一旦得以满足，必然信心倍增，否则就会产生自卑感。

第五层次，自我实现的需要(Self-actualization Needs)。这是最高一级的需要，指的是使人最大限度地发挥自己的能力，完成与自己能力相称的一切事情，实现自己理想和抱负的需要。这是人类最高层次的需要。马斯洛认为，如果一个人想得到最大快乐的话，那么，一个音乐家必须创作乐曲，一个画家必须绘画，一个诗人必须写诗。一个人能做哪样的人，他就必须成为哪样的人。

需要层次理论认为,人们一般是按照这个阶梯从低级向高级来追求各项需要的满足的。当然这并不是说不同层次的需要在同一时间内发挥作用,而是说在一定的时期总有某一层次的需要在发挥主要的作用。例如,在图 8-3 中,A 为生理的需要占主导地位,B 为尊重的需要占主导地位。人们首先追求满足较低层次的需要,如生理上的需要。只有在较低层次的需要得到合理满足后,较高级别的需要才会发展并起激励作用。如果高层次的需要能够得到满足,而低层次的需要却得不到满足时,有些人可能会牺牲高层次的需要而去谋求低层次的需要,还有些人可能牺牲低层次的需要而谋求实现高层次的需要。

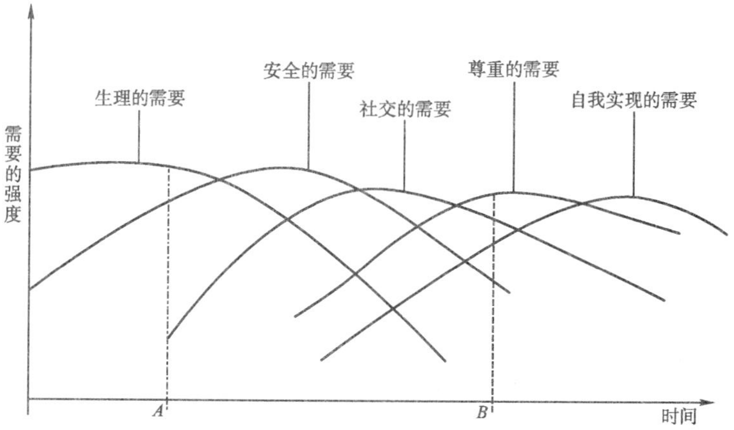

图 8-3　需要与心理发展过程的关系

马斯洛认为,一个社会的多数人的需要除受年龄因素影响外,还与该社会的经济状况和教育普及程度有关。经济落后地区的人民,其需要多在低层次,经济愈繁荣,教育程度愈高,人们的需要愈向高层次发展。马斯洛还认为,在同一时期内,不同层次的需要可以并存。任何一种需要并不因为下一个高层次需要的发展而消失,各层次的需要相互依赖与重叠,高层次的需要发展以后,低层次的需要仍然存在,只是对行为的影响力量减轻而已。

马斯洛认为,需要层次理论对下列 7 种人不适用,这 7 种人是:(1)心理变态的人;(2)抱负水准极低的人;(3)狂妄自大的人;(4)身居高位,对低层次需要估计不足的人;(5)放弃某种需要的人;(6)有创造天赋的人;(7)有理想、有某种坚定信仰的人等。

(二)需要层次与管理对策

未满足的需要是激励的开端,而需要的满足则是激励过程的完成。可见,需要是人类行为的出发点、基础和最根本的原因。管理者要了解员工的需要以及员工之间需要的差异,然后有针对性地采取管理对策(见表 8-1),才能收到良好的激励效果,充分调动员工的工作积极性。

(三)需要层次理论的贡献与不足

马斯洛在 20 世纪 40 年代提出的这个需要层次理论,因其使人们注意到人们的需要这个重大问题,所以多年来广为传播。但马斯洛的论点是根据分析观察而不是实验提出的。后来人们根据有关的实验结果,指出了马斯洛这一理论的贡献和不足之处。

1. 贡献

(1)马斯洛将人类的各种需要划分为 5 类,并指出人的需要是从低层次向高层次发展的,这基本符合人的心理发展过程。

需要层次与管理对策 表 8-1

需要层次	激励因素	管理对策
生理需要	工资和奖金 各种福利 工作环境	工资和奖金制度;贷款制度;医疗保健;工作时间;创造健康的工作环境;住房与福利设施等
安全需要	职业保障 意外事故的防止	雇佣保证;退休养老金制度;意外保险制度; 安全生产措施;危险工种的营养福利制度
社交需要	友谊(良好的人际关系) 团体的接纳 组织的认同	建立和谐的工作团队;建立协商和对话制度;互助金制度;团体活动计划;教育培训制度
尊重需要	名誉和地位 权利与责任	人事考核制度;职务职称晋升制度;表彰制度;责任制度;授权
自我实现需要	能发挥个人特长的环境 具有挑战性的工作	决策参与制度;提案制度;破格晋升制度;目标管理; 建立公关小组提倡创造性工作

(2)人们在不同的时期内可能会有不同的起主导作用的需要。因此管理者必须注意目前对职工起主导作用的需要,以便有效地激励他们。

(3)需要层次理论揭示了人的需要包括物质的和精神的两个方面。特别是在物质方面的需要得到一定程度的满足后,精神方面的需要能起到更持久的激励作用。

2.不足

(1)马斯洛认为已满足的需要一般不再起大的促进作用,但满足的意义不够明确。如一个人虽然眼下吃穿不愁,但他可能认为自己不能保证一辈子丰衣足食,因此他可能永远有着强烈的物质需要。至于更高级的需要那就更复杂了。一位高层管理者的自我实现的需要可能是很强烈的,但他的尊重的需要、社交的需要、安全的需要可能仍在起着相当重要的作用。

(2)人与人之间需要的先后次序不尽相同。当生理上的需要得到合理满足后,并没有一种方法可以预测对某一个人来说哪一种更高层次的需要将成为下一个必须满足的需要。一般说来,人的各种需要的出现往往取决于本人的职业、年龄、性格、受教育程度、经历、社会背景等等。有的人在较低层次的需要(如生理需要和安全的需要)得以满足后,就不再追求更高层次的需要。

二、奥德费的“EGR 理论”

“EGR 理论”是由美国耶鲁大学的心理学家奥德费提出来的。“EGR 理论”是生存(existence)—关系(relatedness)—成长(growth)需要理论的简称。

奥德费在大量实际研究基础上,对马斯洛的需要层次理论进行了修改。他认为,在管理实践中将职工的需要分为以下 3 类,较为合理和有效。

(1)生存需要。包括生理需要和安全需要。

(2)相互关系需要。包括社交、人际关系的和谐、相互尊重的需要。

(3)成长需要。包括尊重和自我实现需要。

EGR 理论的基本观点是:

(1)各个层次的需要得到的满足越少,则这种需要越为人们所渴望。

(2)较低层次的需要越是能够得到较多的满足，对较高层次的需要就越渴望得到满足。

(3)如果较高层次的需要一再遭到挫折，得不到满足，人们就会重新追求较低层次需要的满足。

EGR 理论不仅提出了需要层次的“满足—上升”趋势，而且也提出了“挫折—倒退”的趋势。这一规律在管理中是很有启发意义的。因为在实际情况中，职工常常之所以追求低层次需要，往往是因为管理者的激励手段不当所造成的，如未能给员工提供能满足高层次需要的环境和条件所致。这一点是应引起管理者重视的。

三、双因素理论

(一)激励的双因素

双因素理论是由美国心理学家赫茨伯格提出来的，又称为“激励因素—保健因素”理论。赫茨伯格于 20 世纪 50 年代后期在美国匹兹堡地区对 200 余名工程师和会计师进行了访问谈话。他要工程师和会计师们回答两个问题：第一，什么原因使你愿意干你的工作？第二，什么原因使你不愿意干你的工作？调查的结果是，使职工满意的往往是属于工作本身或工作内容方面的；使职工不满的往往是属于工作环境或工作关系方面的。赫茨伯格将工作本身和工作内容方面的因素称作“激励因素”，把工作环境和工作关系方面的因素称作“保健因素”。所谓保健因素，是指那些因素的作用类似卫生保健对身体健康所起的作用。卫生保健不能直接提高健康状况，但有预防效果。同样，保健因素不能直接起激励职工的作用，但能预防职工的不满情绪。换句话说，当保健因素得到改善时，职工的不满情绪就会消除，但不会产生更积极的影响。只有激励因素才能产生使职工满意的积极效果。保健因素和激励因素的内容很多，其主要内容如表 8-2 所示。

保健因素与激励因素 表 8-2

保健因素	激励因素	保健因素	激励因素
金钱	工作本身	公司政策与管理者	责任
人际关系	成就	监督	个人成长与发展
工作条件	赏识(认可)	地位	

赫茨伯格批评了传统的满意与不满意的观点。他认为满意的反面不是不满意，而是没有满意；不满意的反面也不是满意，而是没有不满意。传统观点与赫茨伯格的观点如图 8-4 所示。

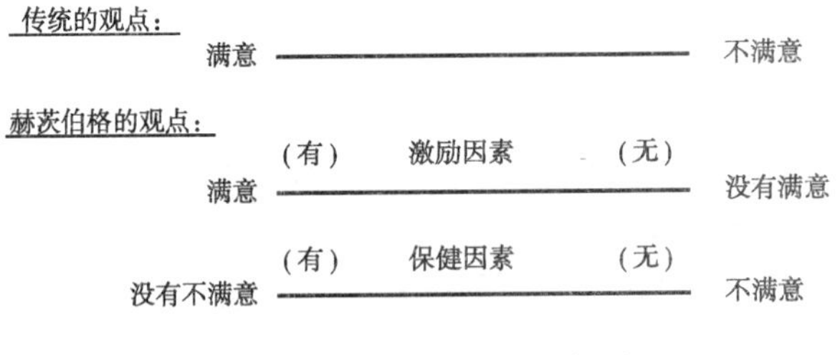

图 8-4 满意与不满意的不同观点

(二)双因素理论的贡献与不足

1. 贡献

双因素理论告诉我们，要调动职工的积极性，不仅要有必要的物质利益和合适的工作环境等，更要注意对人进行精神鼓励，对职工的工作成绩及时给予表扬和认可，尽量使职工的工作具有一定的挑战性，为职工的成长、发展和提升提供机会。也就是说，激励理论要求管理者更多地注意与工作本身有关的因素，通过激励来提高职工的劳动积极性，这样才能使激励更有效并维持更长的时间。

2. 不足

有人指出，赫茨伯格所调查的对象代表性不够。不同阶层的人，对于激励因素和保健因素的反应是不一样的。在美国，工程师和会计师的薪水较高，安全和工作条件等也较好，因此所谓的“保健因素”对他们就不会起很大的激励作用，但一个体力劳动者可能会把金钱和安全等看成是激励因素。即使在同一阶层，一个人认为是激励因素的东西，另一个人会认为是保健因素。

另外，人们往往把不好的结果归咎于客观的条件或他人，而把好的结果归功于自己的努力，这是人的一般心理特征。再说，满意与不满意都不是绝对的。赫茨伯格未能提供衡量满意与不满意程度的标准。

还有人指出，满意并不意味着劳动积极性的提高或劳动生产率的提高，满意与生产率之间没有必然的联系。

(三)双因素与需要层次理论之比较

赫茨伯格的双因素理论与马斯洛的需要层次理论大致是相符合的。双因素理论中的激励因素大致相当于需要层次中较高层次的需要(如自我实现需要、部分尊重需要)，保健因素则大致相当于较低层次的需要(如生理需要、安全需要、社交需要)。如图 8-5 所示。

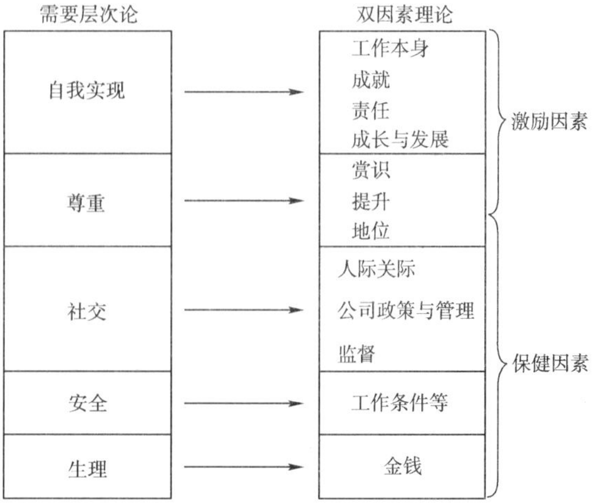

图 8-5 需要层次理论与双因素理论的关系

四、成就激励理论

美国哈佛大学心理学教授戴维·麦克莱兰等人自 20 世纪 50 年代初起对成就需要这一因素做了大量研究，提出了成就激励理论。

(一)人的 3 种需要

成就激励理论不讨论人的基本需要，主要研究在人的生理需要基本得到满足的前提条件下，人的其他需要主要有哪些。麦克莱兰认为，这些需要有权力的需要(Need for Power)、归属的需要(Need for Affiliation)和成就的需要(Need for Achievements)。

1. 权力的需要

麦克莱兰等人发现，具有很大权力需要的人特别重视发挥自己的影响力和控制力，这类人一般都追求得到领导职务，他们通常十分健谈，好发议论，敢于发表自己的意见，性格坚强，头脑冷静，爱教训别人和在公开场合讲话。

2. 归属的需要

具有高度归属需要的人通常喜欢取悦别人，总是试图避免被群体排斥而招致的痛苦。作为个人，他们既能关心并维护融洽的人际关系，欣赏亲密友好和理解的乐趣，又能随时抚慰和帮助处境困难的人，并且乐于同别人友好交往。

3. 成就的需要

具有强烈成就需要的人既有很大的求得成功的愿望，也有同样强烈的失败的恐惧，他们愿意接受挑战，喜欢为自己设置一些有一定难度（但不是无法达到）的目标，并对风险采取现实的态度。他们不是投机者，更喜欢分析和评价问题，能为完成任务承担个人责任，喜欢在自己的工作绩效方面得到明确和迅速的反馈。他们喜欢长时间工作而不休息，即使遭到失败也不会过分沮丧，并且喜欢独当一面。

根据麦克莱兰和其他学者的研究结果，企业家（指开创并培养一个企业的人）显现出很高的成就的需要和权力的需要，而归属的需要则十分低。管理人员一般表现出较高的成就的需要和权力的需要，而归属的需要相对较低，其中的差距没有企业家那样显著。

麦克莱兰还发现，成就的需要在小公司员工身上较为强烈，小公司的总裁普遍具有非常高的成就需要。有趣的是，他发现大公司的总裁只有一般程度的成就需要，而权力和归属的需要往往较为强烈。大公司中的中层和其他高层管理人员在成就的需要上却要高于他们的总裁。麦克莱兰认为，这种情况是可以理解的，总裁已经到达顶峰，而那些下面的人员还正在使劲地往上爬。

（二）成就激励理论的应用

麦克莱兰认为，动机按影响行为潜力的程度排列，而行为是因人而异的。一项有挑战性的工作会引起某些人的快感，而对另一些人则不一定如此。对挑战性工作有兴趣的人对工作有强烈的成就感，他们的成就动机处在动机层次的顶端，只要稍稍触动一下他们的期望，他们就会竭尽全力去完成任务。动机强弱对任务的完成有很大关系，对人的行为也有很大影响。

成就的需要是组织中的重要动力。如果把高成就需要的人放在有困难的工作岗位上，工作的挑战性就会引起成功的动力，这种动力有激发出致力于成就的期望；相反，如果把高成就需要的人放在例行的、没有挑战性的工作岗位上，则成就的动机就有可能不被激发，这就会使一些人的聪明才智被埋没，雄心壮志受压抑。在这种情况下，就没有理由期望他们出色地完成工作。因此，发现具有高成就需要的人才，并把他们放在有挑战性的工作岗位上，是管理者的一项重要职责。

麦克莱兰认为，具有高度成就需要的人对于企业和国家都有重要的作用。企业拥有这样的人越多，发展就越快，越能取得好的经济效益；国家拥有这样的人越多，就越兴旺发达。特别需要指出的是，麦克莱兰强调通过教育和培训可以造就出具有高度成就需要的人。举办训练班，宣传高成就需要人物的形象，交流经验等措施都可以取得积极的效果。

第三节　过程型激励理论

导入案例 8-3

坦丁姆计算机公司是詹姆士·特雷比格于1970年创建的。目前，它每年的销售额达到3亿美元，计划10年以后的销售量达到10亿美元。

詹姆士在斯坦福大学获得工程硕士学位后曾在得克萨斯仪器公司工作过几年，随后便在硅谷区创建了坦丁姆计算机公司。

该公司一开始就以生产其第二计算机继续工作系统而著称。第二计算机继续工作系统就是在一个系统中同时使用两台计算机。在正常的情况下，两台计算机都工作，如果其中一台出了故障的话，而另一台就会自动地承担全部的工作，使工作不间断地继续下去。同时，对系统中的计算机数据和程序还有各式各样的保护措施。有了这种第二计算机继续工作系统，工作就可以畅通无阻，避免不必要的损失。

坦丁姆公司地处加州硅谷地区，受到各方面的强有力竞争。由于剧烈的竞争环境，也由于詹姆士本人的管理天才，他创造了一套有效而独特的管理方法。

他为职工创造了极为良好的工作环境。在公司总部设有专门的橄榄球场地、游泳池，还有供职工休息的花园和宁静的散步小道等。他规定每周五下午免费给职工提供啤酒，公司还经常定期举办各种酒会、宴会，同时还举办由女职工担任裁判的男职工健美比赛等活动。除此之外，他还允许职工有自由选择灵活机动的工作时间的自由。

当然，詹姆士深深地知道，要长期维持住这样一批倾心工作的职工确实不是一件容易的事。随着公司的不断扩大，它的生产增长速度自然会放慢，也会出现一个更为正式而庞大的管理机构。在这种情况下，应如何更有效地激励职工呢？这自然是人们所关心的问题。

詹姆士还可以采用哪些更有效的激励方法呢？

过程型激励理论是着重研究动机的形成和行为目标的选择，即激励过程的理论，其中最有影响的包括期望理论、公平理论和强化理论等。

一、弗鲁姆的期望理论

（一）弗鲁姆等人的期望模式

美国心理学家维克多·弗鲁姆是期望理论的代表人物。他在 1964 年发表的《工作和激励》一书中，发展了前人的期望理论，提出了新的期望模式：

$$激励力 = 效价 \times 期望值$$

其中：

激励力指一个人受激励的程度。

效价指一个人所预计的一定结果所带来的满足或不满足的程度。

期望值指某一行动会导致一个预期成果的概率。

效价实际上是指一个人对某一行动结果的评价，它是一个由 +1 到 －1 的值。结果对某人越是重要，这个数值就越接近于 +1；如果取得什么样的结果对某人无关紧要，他对结果也漠不关心，其数值就接近于零；如果某人不愿意让某种结果出现，则效价就是负数。效价变动的范围如图 8-6 所示。

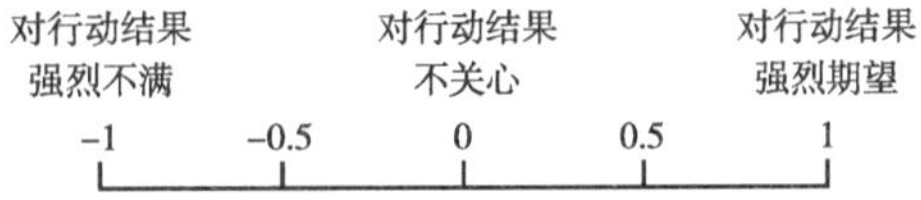

图 8-6 效价的变动范围

期望值是一个概率，它是一个人根据个人的经验对某一行动导致某一结果的可能性大小的判断，其数值由零到一。

后来，一些行为科学家在弗鲁姆的期望理论中加进一个重要的概念，即所谓的媒介值。媒介值指的是工作绩效与所得报酬之间的联系，其变动范围也在 0 到 1 之间。工作绩效被称作第一级结果，所得回报或报酬被称作第二级结果，如图 8-7 所示。

从图 8-7 可以看出，经过努力后获得的绩效往往对职工不具有效价，它只是取得第二级结果的媒介或工具。这样，激励力的大小取决于期望值、媒介值和效价三者的高低。一般说来，只有期望值、媒介和效价三者都很高时，员工的工作积极性才会很高，三个因素中只要有一个数值较低，员工的工作动力就会较低。

例如欲激励某人爬上某座山的山顶，其激励力取决于如下两大因素。一是爬上山顶以后他将得到什么，这是他是否愿意往上爬的前提。如果爬上山顶后他可以得到 1 元钱(效价很低)，他将不屑一顾；如果说爬上去了可以获得 10 万元(效价很高)，他将奋力攀登。另一个因素是，他能否爬得上去呢？如果前路都是悬崖绝壁，爬上去的可能性几乎为零(概率很小)，他也不会去试。这里应注意两点，一是“努力(爬山)—绩效(到达山顶)—奖赏(钱)”的关系；二是期望概率是指他个人的主观判断，并不是指客观概率。所以，效价、概率都是因人而异的，对某人效价很大的事件对另一个人则可能变为零甚至为负，对某人概率很大的事件对另一个人则可能很小。

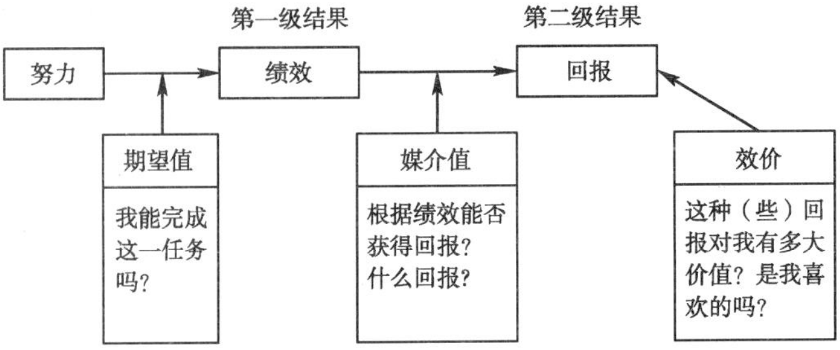

图 8-7　期望理论的基本模式

期望理论比较清楚地说明了员工受到激励机制的原因。管理者必须通过各种渠道了解员工的思维过程，从而知道应该从哪些方面，用何种手段来提高员工的激励力。

为了提高期望值，管理者要设计具体可行的目标，选择有能力达到目标的员工或注意培训员工以提高其完成任务的能力，同时还要创造有利于完成任务的条件。

为了提高媒介值，管理者必须明确指出取得绩效后的报酬是什么，并及时兑现报酬等。

为了提高效价，管理者必须弄清员工的需要，对不同的人根据其不同需要给予不同形式的报酬。

(二)波特和劳勒的期望模式

波特和劳勒的模式建立在弗鲁姆的期望模式的基础上，如图 8-8 所示。

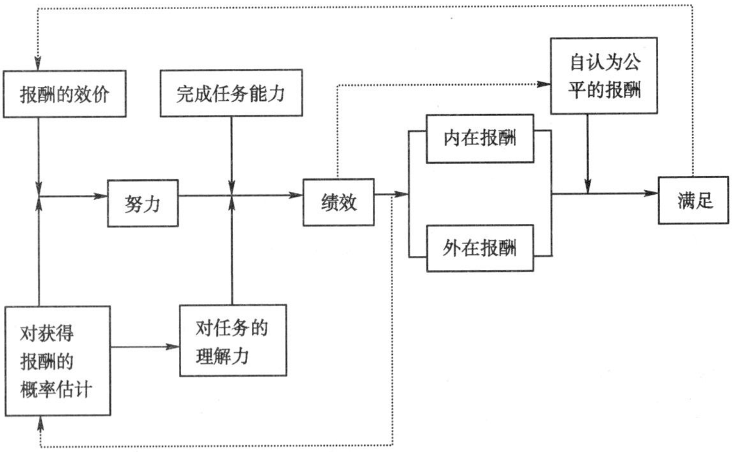

图 8-8　波特和劳勒的期望模式

分析波特和劳勒的期望模式，我们可以得出如下结论：

(1)绩效取决于一个人的努力程度、能力大小以及当事人对所需完成任务的了解程度。

(2)满足取决于内在的报酬和外在的报酬。

(3)激励是对内在报酬和外在报酬的期望。

二、公平理论

公平理论又称社会比较理论。该理论是由美国的斯戴西·亚当斯于1956年提出来的,是一种侧重于研究利益分配的合理性、公平性对员工的工作积极性和工作态度的影响的一种激励理论。

(一)公平理论的基本观点

亚当斯认为:职工的工作态度和工作积极性不仅受其所得的绝对报酬(自己的实际收入)的影响,而且还受其所得的相对报酬(自己的收入与自己劳动之比值)的影响。职工不仅会将自己付出的劳动(或贡献)和所得的报酬之比值与他人付出的劳动(或贡献)和所得的报酬之比值进行横向比较,还会把自己现在付出的劳动(或贡献)和所得的报酬之比值与自己过去付出的劳动(或贡献)和所得的报酬之比值进行纵向比较。比较的结果,若两种比值是相等的,就会产生公平感。这一理论可以用公式表示为:

$$\frac{\text{自己的所得}}{\text{自己的付出}} \overset{?}{=} \frac{\text{他人的所得}}{\text{他人的付出}} \qquad \text{(横向比较)}$$

$$\frac{\text{自己现在的所得}}{\text{自己现在的付出}} \overset{?}{=} \frac{\text{自己过去的所得}}{\text{自己过去的付出}} \qquad \text{(纵向比较)}$$

上述所说的“付出”和“所得”都是一个人的主观感受或判断。

“付出”指的是一个人自己觉得劳动量的多少、效率高低和质量好坏,还指自己所感受到的能力、经验、资历、学历、投资等贡献的高低或多少。

“所得”指的是一个人的主观认识到的工作劳动后所得到的回报,如工资报酬、奖金、地位、权利、赞赏、表扬甚至自己体会到的成就感等。

上述公式中的比可能是非定量的和主观的,等式两边的比率是非精确的,但是个人的态度却受之影响。在比较中有3种可能的情况:①感到报酬公平;②感到报酬不足;③感到报酬多了。

当个人感受到等式两边的比率相等,其心态就容易平衡。有时尽管他人的结果超过了自己的结果,但只要对方的投人相应也大,就不会有太大的不满。

在比较中,当人们发现自己的报酬相对低了,就会设法去消除不公,并有可能采取以下的措施来求得平衡:①通过减少努力来降低投入;②要求加薪来增加报酬;③理性地曲解原先的比率;④使他人改变产出的结果或投入;⑤离开或调走;⑥变换比较目标。

当个人感到自己相对他人报酬高于合理水平时,对多数人而言不会构成什么大问题,但研究表明,处于这种不公平的情况下,有些人也会努力减少这种不公。包括:①通过付出更多的努力来增加自己的投入;②假如是计件制的话,职工会减少自己的单位产量;③有意无意地曲解原先的比率;④设法使他人减少投入或增加产出。

综上所述,可以把公平理论的基本观点归纳如下:

(1)职工对报酬的满意程度是一个社会的比较过程。

(2)一个人对自己报酬是否满意,不仅受到报酬的绝对值影响,而且也受到报酬的相对值的影响。

(3)人需要保持分配上的公平感,只有产生公平感时才会心情舒畅,努力工作;而产生不公平感时,就会采取措施消除不公平感。

(二)公平理论的应用

公平理论揭示的这种社会心理,值得企业管理者给予充分的重视。要使职工有公平感,管理者就应当尽量克服绩效评价和报酬制度中不合理的现象。员工经过努力,取得良好绩效后,若管理人员对员工的成绩既无详尽的了解,又无评价的准绳,而是通过拍脑袋或凭印象决定报酬,就会人为地造成不公平。若管理人员通过奖酬来培植私人感情和个人权威,则不仅挫伤广大员工的积极性,而且也有损于管理者自身的形象。

但必须注意到,公平与不公平是个人的主观感觉。有心理学家指出,一般人总是对自己的投入估计过高,对别人的投入估计过低。因此,管理者除了在客观上公平地对待每一个下属,还应使他们正确地认识自己与他人的投入。

那么,怎样才能做到客观上的公平?又如何使人们在主观上感到公平?这有赖于建立"三个体系,一个机制",即目标体系、分配体系、评价体系和竞争机制。

目标体系包括个人的目标、群体的目标、领导的目标和组织的目标。只有当几种目标协调一致时,每个个体、群体等才可能进行最大的投入。反之,投入就会受到影响,进而影响到所得。

分配体系需要综合考虑投入与报酬。我国分配体系中多年来的最大缺陷是报酬与投入的脱节。在人与人之间、群体与群体之间、组织与组织之间的报酬水平上简单划线,自然会造成人们的不公平感,从而使之在无法通过增加投入来提高报酬时,转而采取反向的消极行为——通过减少投入来获得某种公平感,以赢得心理上的平衡。

评价体系包含客观上的科学评估体系和人们主观上的价值观体系。对投入的数量、质量和绩效的评估,要有一套科学的指标和方法,不仅要定性,而且要定量。对报酬的估价,在很大程度上取决于人们的价值观。在从计划经济向社会主义市场经济转轨的过程中,人们的价值观体系正在发生巨大的变化,报酬评价问题因此变得更为复杂。

建立一个良好的竞争机制同样十分重要。只有在真正机会均等的充分的竞争机制条件下,人们才会发挥出最大的积极性和创造性,投入量才最大,报酬的合理性也才最容易被人们所承认,人们的公平感才最强。

三、强化理论

强化理论认为,人的行为是对外部环境刺激作出的反应,只要通过改变外部环境刺激,就可达到改变行为的目的。在生理心理学中,强化是指增强某种刺激与有机体某种反应之间的联系;在行为科学中,强化是指行为与影响行为的环境(包括行为产生之前的前因和行为产生之后的后果)之间的关系,也就是通过不断改变环境的刺激因素来达到增强、减弱或消除某种行为的过程。

(一)强化概念的产生

强化的概念最早是由俄国生理学家巴甫洛夫在研究条件反射时提出的。在条件反射形成后,为了防止条件反射消退,必须不时伴随以无条件刺激物(食物),这就是强化。在巴甫洛夫的古典条件反射学说中,强化仅仅是巩固条件反射的一种手段。

后来,美国哈佛大学心理学教授斯金纳对强化的概念作了系统的论述。斯金纳是操作条件反射理论的创始人,他在长期用动物做实验的过程中创造了一种特殊的实验装置——"斯金纳箱"。箱内装有一个按压杠杆,把白鼠放在箱内自由走动,偶然碰到杠杆,就会有一粒食物沿沟槽滚入箱内。由于按压杠杆就能得到食物,所以白鼠很快就学会了按压杠杆获取食物的操作。这就是说，形成了操作条件反射。斯金纳把强化看成是增强某种反应、某种行为概率的手段，是保持行为和塑造行为必不可少的关键因素。

在斯金纳之后，又有不少学者对人的行为强化问题做了大量研究，强化的概念也进一步得到发展。

(二)强化的类型

对管理者来说，要改变人的行为，至少有4种强化类型可供选择：

1.正强化

所谓正强化，是指在行为发生之后，立即用物质的或精神的奖励来肯定这种行为，在这种刺激的作用下，个体感到这种结果是有利的和令人愉快的，从而增强以后的行为反应的频率。正强化通常包括增加工资、发给奖金和奖品、表扬、赞赏、让某人干更有意义的工作等。

2.惩罚

惩罚是指对不良行为给予批评或处分。惩罚可以减少或阻止不良行为的重复出现，但却不能直接鼓励良好行为的产生，并且可能会引起怨恨和敌意，导致工作关系的紧张。此外，如果经常运用惩罚手段，随着时间的推移，其效果会大大减弱。

3.负强化

负强化也称逃避性学习，是指一个人为避免自己所不希望的后果而不产生不良行为。例如学生上课迟到要受到老师的批评，不想受到批评的学生会努力做到不迟到。由此可见，负强化不仅能使一些不良行为减少或结束，而且还能使积极行为得到强化。

4.消除(自然消退)

消除(或译为“衰减”)是通过不提供个人所愿望的结果来减弱某种行为。特别是撤销原先的奖励，来减少某种行为的发生。例如一个工人因尝试一种新的操作方法而得到了管理者的奖励，从而导致所有工人都努力寻找新的操作方法，管理者发现这样做得不偿失，因而不再奖励或支持这种做法，以后工人们寻找新方法的可能性就会大大减少，甚至完全消失。又如，对员工的某种行为不予理睬，以示对该行为的蔑视，从而使该种行为得以消除。

(三)强化方式的选择

强化的方式是指根据员工行为的情况不同而采用的各种奖酬方式，主要分为连续强化和间歇强化两种。连续强化是指每次发生的行为都受到强化；间歇强化则是非连续的强化，不是每次发生的行为都受到强化。

间歇强化又分为固定间隔、固定比率、可变间隔和可变比率4种形式。固定间隔就是在经过不变的或固定的一段时间以后才给予强化物。最简单的例子是月工资或周工资的发放。而固定比率则是在一定数量的积极行为发生以后才给予强化物。例如企业销售人员的佣金发放。可变间隔是指给予强化物的时间间隔是变化的，但时间的长短围绕一个平均数而变动。例如，一位管理人员平均每天到其分管的部门走一趟，他周一去了两次，周二去了一次，周三、周四未去，周五又去了两次。在他走动的过程中，凡发现他所期望的行为都给予正强化。可变比率是在一定数量的积极行为发生之后才给予强化物，但行为的数量是围绕着某个平均数而变化的。管理者在给予非物质的强化物时(如表扬某人)通常采用可变比率的方式。并非某人的每次积极行为都受到表扬，而且在给予表扬以前的积极行为的次数，在这一次表扬和下一次表扬之间是不一样的。

(四)强化的原则

管理者在使用强化手段激励员工或改造员工行为时应该遵循以下几项原则：

1.要遵循目标强化的原则

管理者要设立一个目标体系把组织、部门和个人的目标结合起来，把远期、中期和近期目标结合起来。在这个目标体系中，要把大目标和长远目标放在第一位，但要实现这些目标就要从实现小目标和近期目标做起。每完成一步都要及时给予强化，以便增强下属的信心，逐步实现最终目标。

2. 不能以同样的方式奖励所有的人

绩效大小不同，奖酬也应不同。如果管理者给每个人以同样的奖励，其结果等于是惩罚了完成任务最好的，奖励了工作最差的。当这种情况发生时，前者会改变他们的积极行为。

3. 要及时反馈和及时强化

无论是对积极的行为还是对不良行为，都要及时给予反馈，及时奖惩。无反应本身实际上就具有强化的效果。对上班迟到不处理，就可能被认为上班迟到没问题。

4. 要多用不定期奖酬，少用定期奖酬

定期奖酬使得奖酬成为员工预料之中的事，这样会降低其强化的作用；间歇的强化往往效果更好。

5. 要让员工知道怎样做才能获得期望的奖酬

6. 奖惩结合，以奖为主

对积极的行为和优秀的工作绩效必须给予奖励，否则，这些行为和绩效就难以持续下去。对不良行为进行适当的惩罚也是必要的，员工可以从惩罚中吸取教训。管理实践证明，对现代员工的激励要奖惩结合，但总的来说要以奖为主。

7. 精神奖励与物质奖励相结合

管理者既不能认为物质奖励是万能的，也不能只强调精神奖励而忽视物质奖励，应该将两者恰当地结合起来。

8. 因人制宜采取不同的强化方式和手段

每个人因个性特征、社会和经济地位、受教育程度、价值观念等的不同，对各种强化方式和手段的反应也不同。管理者要善于发现下属的特点，因人而异，采用不同的强化方式以取得最佳的强化效果。

第四节　从理论到实践：激励技巧

导入案例 8-4

1986 年，迪娜·爱尔文创立了友谊卡片公司，她打算利用自己的商品设计专长来制造和销售贺卡。当然，她还希望开创更美好的未来。时至今日，迪娜的公司仅拥有 12 名员工，但年均利润已超过 10 万美元。

1993 年 3 月，迪娜决定让员工共享公司的成功。她宣布，在即将来到的 6、7、8 三个月中，友谊卡片公司星期五也成为休息日。这样，所有员工将有三天的周末时间，而与此同时，他们仍得到与五天工作制一样的薪水。

在实施三天周末制一个月后，一位迪娜最信赖的员工向她坦白，他宁愿得到加薪而不是额外的休息时间，而且他相信另有几位员工与他的想法相同。

迪娜十分惊讶。她的大多数员工不到 30 岁，而年均收入为 35 000 美元，这已超过本镇从事相似工作的员工收入的 20%。对于她自己来说，如果年收入已达 35 000 美元，再让她在钱和休闲时间之间进行选择的话，她毫无疑问将选择后者，她以为她的员工也会如此。不过迪娜十分开明，在接下来的大会上她召集了所有员工，问他们："你们是希望得到夏季的四天工作制呢，还是希望得到4 000美元的奖金？多少人赞成继续实行四天工作制？"6只手举了起来，"多少人更愿意得到奖金？"另外的6只手举了起来。

这件事使迪娜明白了该如何奖励及激励她的员工，不同的人有不同的需求，激励措施应因人而异。成功的管理者应该知道哪些激励物对人们的影响微乎其微，甚至完全不起作用。如果管理者希望他们的员工付出最大的工作努力，就应调整自己的激励实践以满足员工的需求和愿望。

管理者以科学的方法激励人的内在潜力，发展人的能力，充分发挥人的积极性与创造性，从而使组织成员为有效地实现组织目标而努力工作，这里不仅需要了解和研究激励理论，在运用这些理论时还需掌握激励人的技巧。

一、了解人们的真实需要，预见和引导人的行为

要识别一个人并不需要你成为一位心理学家或取得高校的文凭，但必须对人的基本行为方式有一个全面的了解，这样才能真正知道一个人想要什么，什么使他不停地工作，什么使他行动起来。只有这样你才能从公司人员中获得最大效益。

作为一名管理者应该知道没有两人会对你的指令作出完全相同的反应。你必须确定怎样最好的鼓励每个人尽其所能为你出力。如果你了解了每个人的行为，你就会塑造出一个更加有效率的整体。现在我们已知道，人们之所以做他们所要做的事，是因为他们有一定的需求和愿望。作为一名管理人员，你可利用人们的需要和愿望来激励其行为。

（一）一般人常有的基本需要和愿望

美国高级管理咨询顾问詹姆斯·K·冯弗利特对普通人通常具有的基本需要和愿望归纳如下：

(1)足够的财富：钱和钱所买到的东西；

(2)所作的努力被赏识；

(3)社会和集体的承认，同辈人的接纳；

(4)自我满足感、被重视感；

(5)获胜、拔尖、成为优秀者的愿望；

(6)归属感；

(7)发表创见的机会；

(7)取得有价值的成就；

(9)新鲜、新奇的经历；

(10)个人力量感；

(11)健康的体魄、对疾病的免疫力、身体上的舒适感；

(12)精神上和行动上的自由权；

(13)自尊自重的意识；

(14)各种形式的情爱；

(15)精神上的安全感。

上述这些需要并非按重要性排序，从某种意义上讲，这些愿望是一般人都有的基本愿望。

作为一名管理者应牢记,一个人所做的一切都是为了实现这些愿望,他的每个想法,每一句话,每一个行为都是以此为目的的。帮助他们达到目的,他们就会帮你做事。

(二)掌握人真实的需要

要确切知道一个人需要什么也需掌握一定的技巧。你可通过访谈提问来了解人们的真实需要,然而你得问得巧妙,在办公室、在工作场所,甚至通过闲聊来发现问题。一般非正式的随访往往比正式召见更易获得有价值的信息。在正式的召见中,人们可能心存戒心,在办公室里他更可能投上级所好来回答问题;在很自然的闲聊中,人们会更坦率些。但不管采用何种方式,管理者时时处处都得做个有心人,只有这样,才能获得成效。

在访谈中下列准则也许能帮助你叩开人们的心扉:

(1)真诚地对他们的问题表示兴趣;

(2)耐心地倾听他们所说和想说的话;

(3)提问、启发、鼓励他们说出心里话;

(4)讨论别人的兴趣,从中发现他的兴趣;

(5)诚恳地帮助他树立自信心。

任何一个正常的人都想知道怎样受到爱戴,怎样取得成就,怎样创业赚钱,怎样赢得名声和运气,怎样获得权利,怎样保持健康。弄清楚人们想要什么,并帮助人们去达到他们的目的,那么管理者自身也会取得巨大的成功。

二、激发人们积极性的管理技巧

怎样才能更好地满足人们的基本要求和愿望?须记住,人们的愿望和需求是不断变化的,昨天他最需要的,不一定今天他还需要,管理者的责任就是帮助人们找出特定时候,哪些需要或愿望对他们来说最为重要,搞清人们需要什么,并帮助他们去获得。

(一)成功的激励管理技巧

有许多管理技巧在成功地激发人们的积极性上,已被证明是行之有效的。

1.因人而异,灵活采取不同的激励措施

几乎所有的当代激励理论都认为每个员工都是一个独特的不同于他人的个体,他们的需要、态度、个性及其他重要的个体变量各不相同。针对不同员工不同的需要,采取不同的激励措施。

2.使人与职务相匹配

大量研究证据表明将个体与职务进行合理匹配能够起到激励员工的作用。比如,高成就需要者应该从事小企业的独立经营工作,或在规模较大的组织中从事相对独立的部门运作。但是,如果是在大型官僚组织中从事管理工作,候选人必须是高权力需要和低归属需要的个体。同样道理,不要让高成就需要者从事与其需要不一致的工作,当他们面对中度挑战水平的目标,并且具有自主性和可以获得信息反馈时,能够做得最好。但是记住,不是每一名员工都会因工作的自主性、变化性和责任感而受到激励。这类工作只对高成就需要者具有很强的吸引力和激励作用。

3.确保个体认为目标是可达到的

无论目标是否可以真正达到,如果员工认为目标无法达到,则他们的努力程度就会降低。因而管理者必须保证员工充满自信心,让他们感到只要更加努力,就可以实现绩效目标。对于管理者而言,这意味着员工必须能胜任他的工作,而且他们感到绩效评估系统是可靠而有效的。

4. 奖励与绩效挂钩

管理者必须使奖励与绩效相统一，只有奖励与绩效相统一才能对其他因素起到强化作用。主要的奖励如加薪、晋升应授予那些达到了特定目标的员工。管理者应当想办法增加奖励的透明度，如消除发薪的保密性，代之以公开员工的工资、奖金及加薪数额，这些措施将使奖励更加透明，更能激励员工。

5. 检查公平性系统

员工应当感到自己的付出与所得是对等的。具体而言，员工的经验、能力、努力等明显的付出项目应当在员工的收入、职责和其他所得方面体现出不同。但是，在公平性问题上，存在着众多的付出与所得的项目，而且员工对其重要性的认识也存在差异，因而这一问题十分复杂。比如，一项对比白领、蓝领员工的研究确定出将近20项付出与所得项目。研究发现，白领员工将工作质量、工作知识列在付出因素的首位，但蓝领员工却将这些因素列在付出因素的末位，他们认为最重要的付出因素是智力和个人对完成任务的投入，这两个要素对于白领员工的重要性程度却很低。在所得方面，也同样存在着差异，只不过差异不太显著。比如，蓝领员工将晋升放在很高的位置，但白领员工却将它的重要性排在第三位。这些差别意味着对某人具有公平感不一定对其他人也有公平感，所以理想的奖励系统应当能够分别评估每一项工作的投入，并相应给予合适的奖励。

6. 重视金钱的激励作用

当我们专心考虑目标设定、创造工作的趣味性、提供参与机会等因素时，很容易忘记金钱是大多数人从事工作的主要原因。因此，以绩效为基础的加薪、奖励及其他物质刺激在决定员工工作积极性上起着重要的作用。有一篇综述报告概括了80项评价激励方式及其对员工生产率影响的研究，其结论证实了这一观点：当仅仅根据生产情况来设定目标时，生产率平均提高了16%；重新设计激励机制以使工作更为丰富化，生产率水平提高了8%～16%；让员工参与决策的做法，使生产率水平提高了不到1%；然而，以金钱作为刺激物却使生产率水平提高了30%。在这里我们并不是要管理者仅仅注重金钱因素，而只是提供了客观的证据：如果金钱作为一种刺激手段被取消，那么人们就不会在工作中付出更多努力，但是取消目标、丰富化的工作或参与决策这些因素却不会出现这种状况。

7. 满足一个人发表创见的愿望

例如，IBM公司贯彻开放政策，允许任何职工向上反映其想法和建议，如有必要还可向董事长反映情况，从而使该公司成为电脑界的巨人。

8. 满足一个人创造价值的愿望

例如，宝洁公司在其产品的生产和销售上都处于领先地位，它的广告费一年高达3.75亿美元。该公司使职工坚信，他们付出的努力是有价值的，他们的产品是市场上最优质的。该公司销售员在推销产品中的热情在同行中也是罕见的。

9. 赋予一个人归属感

在这点上日本公司做得最有特色，职工对公司忠心耿耿。一位日本电子公司的经理说，他每月要参加十个职工的婚礼，当然高层的领导参加得更多。日本许多公司把职工看作一个卓有贡献的功臣来对待，所以当外人向日本人问起他的工作时，不管其职位高低，他会自傲地说，“我在某某公司工作”、“我是丰田人”等等。

10. 满足一个人要求自由的愿望

韦尔豪泽是美国最大的木材加工公司，该公司为职工提供了工作中所需的自由，该公司的一名工程师曾骄傲地说："我有按自己意愿作出决定的自由，有机会使用自己的头脑，这是我最喜欢的。以前，我原先工作的那家公司从不让我按自己的意愿做事，多动脑筋思考也不会有所报酬，只需完成任务就是了。在这儿工作有多么不同啊！"韦尔豪泽的主管们还可以穿便服或运动服上班，甚至还可灵活地制定自己的办公时间。

11．赏识人们的努力

东方柯达公司实行内部提升制度，其政策是通过提拔某人来赏识一个人的努力。该公司的高级管理人员都是从本公司提拔的，优秀人才总有希望在东方柯达公司出人头地。

12．满足人们对获取新经验的欲望

在美国有的公司用工作轮换的办法来努力做到这点。如多让年轻人承担本人力所能及的工作和责任，当他认为自己已真正了解自己的工作时，再把他调去干新的工作。

13．尊重人格

人的尊严是神圣的，组织中上至总裁下至工人，尽管个人有不同的志趣、不同的能力，从事不同性质的工作，但大家都在为企业目标的实现作贡献。不同个性的人都是人，理应受到人的待遇。如有的公司规定职工不论职位高低一律以先生、小姐相称，不准加任何头衔，甚至可直呼职员的名字，使人感到公司有人情味，工作开展也就更为顺利。

14．参与控制

工人对自己的工作有充分的发言权，怎么做可由他自己决定。正是由于职工自己参与作出了决定，这样必然更能激发其责任心。在企业中，工人对产品进行质量自检，也是参与控制的例子。

15．让员工负有神圣的使命感

日本企业家藤田认为，要提高员工的干劲很简单，只需让员工有使命感，自然会充满干劲。平常教导员工，怎样做才对国家、社会有所贡献。方向目标明确，职工才会竭尽心力工作。一项工作如果对社会大众没有什么帮助，就难获成功。要看到组织中的员工并非单纯地为了一份薪水才工作的，他们也渴望通过自己的工作来表达他们贡献社会的心愿。

（二）可考虑的奖励及表扬方法

"赏罚政之柄也"，实际上不管奖励也好、胡萝卜加大棒也好，尽管有关激励的各种研究和理论已大量涌现，但不应忘记，奖励和惩罚仍是两个有力的激励因素。当然，"赏罚必在至公"，不可滥用，尤其是惩罚，它会引起自卫、报复等副作用。坚持正面的奖励和表扬，通常其效果更好。

然而，有的管理人员说，用正面的奖酬来满足职工的各种需要，诚然不错，可是有职工"欲海难填"怎么办？事实上奖励及表扬的方法是很多的，以下几类都可适当加以选择并应用。

1．薪酬与奖励

用加薪、奖金、奖品、礼品等以示奖励。

2．增加责任

鼓励职工参与管理，减少外加的监督与控制，实行职工建议制等。

3．对个人和群体实行适当灵活的优惠

如实行弹性工作时间、延长休息或午餐的时间、获准提早下班、提供带薪或无薪的假期、提供某些特殊待遇（如为职工装电话、组织旅游等）、单位资助出席专业会议或送海外培训等。

4．职务与地位的升迁

诸如获得新的职务、给予委派授权、工作轮换培训、职务多元化、升迁新的职衔、提供更佳的工作场所、被邀请参加“高层”会议,或负责督导更多的下属。

5. 衷心的嘉许与表扬

具体赞扬所取得的成绩,作出坦率、真诚的评价,鼓励继往开来。

6. 社交活动

提供免费工作午餐,增加个人和群体的交往接触。组织运动会、户外活动及聚会,通过社交和与工作有关的场合使职工与上司有更多的相处时间。

三、激励是一个系统工程

回顾上述众多的激励理论,它们从不同的角度给了我们这样的启示:要有效激励员工没有简单的方法,也没有一个措施能够确保激励有效,真正有效的激励措施是一个完整的、良性的系统工程,而这个工程的实现依赖于基础性管理的制度化、体系化,需要管理者的智慧和创新。“激励是一个系统工程”的观点告诉我们,管理者在制定激励制度时,应从整体上来把握组织的现状和想达到的目的,从而使众多激励措施、方案、制度之间相互衔接、补充、支持,赢得整体的激励效果。

本章提要

1. 激励就是激发人的动机,诱导人的行为,使其发挥内在潜力,为实现所追求的目标而努力的过程。简单地说,激励就是调动人的积极性。

2. 需要层次理论认为,人类有5个层次的需要:生理需要、安全需要、社会需要、尊重需要和自我实现的需要。个体试图不断努力以逐层满足这些需要。一种需要相对得到满足就不再会产生激励作用了。

3. 双因素理论认为,不是所有的工作要素都对员工产生激励作用。保健因素只能安抚员工,而没有激励作用,它们不能使员工产生工作满足感。而另一些因素(如成就、认可、责任及晋升等)使人们感受到内部的回报,它们对员工具有激励作用,使员工产生工作满意感。

4. 高成就需要者喜欢能够独立负责、可以获得信息反馈和中等风险水平的工作。

5. 通过提供具体的、富有挑战性的目标可以激励员工,起到指导和促进他们工作绩效的作用。

6. 期望理论指出只有当人们预期到某一行为能给个人带来既定结果,且这种结果对其具有吸引力时,个人才会采取这一特定行为。它主要包括以下三种联系:努力与工作绩效之间的联系,工作绩效与奖赏之间的联系,以及奖赏与个人目标之间的联系。

7. 公平理论认为个人总是将自己的付出——所得比与相关他人进行比较,如果他们感到自己的收入低于应得报酬,则工作的积极性将降低,如果他们认为自己的收入高于应得报酬,则会激励他们努力工作以使自己的报酬合情合理。

8. 强化理论强调奖励管理模式,它认为只有使用积极强化而非消极强化才能奖励理想行为。

9. 在管理实践中,最有效地激励员工的技巧应包括以下几方面的内容:认清个体差异,使人与职务相匹配;确保个体认为目标是可以达到的;个别化奖励;奖酬与绩效挂钩;检查公平性系统;重视金钱的激励作用;满足一个人发表创见的愿望;满足一个人创造价值的愿望;赋予一个人归属感；满足一个人要求自由的愿望；赏识人们的努力；满足人们对获取新经验的欲望；尊重人格；参与控制；让员工负有神圣的使命感；

案例分析

表扬不能当饭吃

王强是富强油漆厂的供应科长，厂里的同事乃至外厂的同行们都知道他是有名的心直口快、为人热情的人，尤其对新生事物很感兴趣，自己也常爱在工作里搞点新名堂。

前一阶段，常听见王科长对人嚷嚷说："咱厂科室工作人员的那套奖金制度，我看到了非改不可的地步了，是彻底的大锅饭、平均主义，奖金总额不跟利润挂钩，每月按工资总额拿出5%当奖金，这5%是固定死了的，一共才这么一点钱。说是具体每人分多少，由各单位领导按每人每月工作的表现去定，要体现多劳多得原则，还要求搞什么重奖重罚、承认差距呢。可是谈何容易？巧妇难为无米之炊呀！总共就这么一点，还玩得出什么花样？"

最近，王科长却跟人们谈起了他的一段有趣的经历。他说："改革科室奖金制度，我琢磨好久了，可就是想不出什么好点子来。直到上个月，厂里派我去市管理干部学院，参加一期中层管理干部培训班。有一天，他们不知从哪儿请来了一位美国教授，听说还挺有名，给咱们作了一次讲演。"

"那教授说，美国有位学者，叫什么来着？对，叫什么伯格，他提出了一个新见解，说是企业对员工的管理，不能太依赖高工资和奖金。又说，钱并不能真正调动人的积极性。你说怪不？什么都讲金钱万能的美国佬，这回倒说钱不那么灵来了。"

"那教授继续说，能够影响人积极性的因素有很多，按重要性高低，他列出了一长串单子。我记不太准了，好像是，最要紧的是工作的挑战性。这是个洋词，照他解释，就是指工作不能太简单，要艰巨点，让人得动脑筋，花力气，那活才有干头。再就是工作要有趣，要有些变化，多点花样，别老一套，太单调。他说，再就是要给自主权，给责任；要让人家感到有所成就，有所提高。还有什么表扬啦，跟同事们关系友好融洽啦；劳动条件要舒服安全啦，我也记不准记不全了。可是有一条我是记住了：工资和奖金是排在最后一位的，也就是说，最无关紧要。"

"你想想，钱不紧要，闻所未闻，乍一听见都不敢相信。可是仔细想想，觉得这话有道理，所有那些别的因素对人来说，可不都是蛮重要吗？我于是对那奖金制度不那么太担心了，我还有别的更有效的法宝呢。"

"那教授还说，这理论也有人批评，说那位学者研究的对象全是工程师、会计师、大夫这类高级知识分子，对别类人不见得合适。他还讲了一大堆新鲜事。总之，我这回可大开眼界了。"

"短训班办完，回到科里，正赶上年终工作总结，要发年终奖金了。这回我有了新主意，我那科里，论工作，就数小李子最突出。高中生，大小也算个知识分子，聪明能干，积极肯吃苦，还能动脑筋，于是我把他找来谈话。"

"别忘了咱如今也学过点现代管理理论了。我于是先强调了他这一年的贡献，特别表扬了他的成绩，还仔细地讨论了明年怎么使他的工作更有趣、责任更重，也更有挑战性，学来的新名词，马上用上啦。我们甚至还确定了考核他明年成绩的具体指标。最后才谈到奖金。我说，这回年终奖，你跟大伙一样，还是5%。我心里挺得意，学过的新理论，马上就用到实际工作中来了。”

“可是,你猜怎么的?小李子竟然对我发起火来,他砰地站起来说:‘什么?就给我那一点,说了那么一大堆好话,到头来我就值那么一点儿?得啦,你那一套好听的,收回去送给别人吧,我不稀罕。表扬又不能当饭吃!’”。

“这是怎么回事?把我搞糊涂了,难道教授的理论是错的?”

【点评】

1. 教授的理论没有错,是王科长用错了对象。激励必须针对不同对象的实际需要采取措施,才能收到好的效果。

2. 小李子是一个普通的青工,物质层面的需要是他的主要需要,王科长主要用精神激励的手段激励他,肯定是“对牛弹琴”。

3. 学习应用管理学理论一定要理论联系实际,这就是管理的权变原理,就是管理的艺术性。

思考与练习

一、复习思考题

1. 试述激励及作用。

2. 简述激励过程。

3. 马斯洛需要层次理论的主要观点是什么?如何评价?

4. 成就需要理论的主要内容是什么?为什么说人的成就需要对组织对社会都有较大影响?

5.“ERG 理论”的观点是什么?

6. 结合实际谈谈如何应用期望理论来调动人们的积极性。

7. 社会上流传着一句话,叫做“端起碗吃肉,放下筷子骂娘”,这反映了一种什么样的社会心理现象?试用激励理论加以说明。

8. 试用公平理论论述“公平”与“平均”的关系与区别。

9.应用“双因素理论”进行激励时,应注意哪些问题?

10. 强化理论的观点是什么?为什么要提倡以奖为主、以罚为辅?

二、案例分析题

案例 8-1　林肯电气公司

林肯电气公司总部设在克利夫兰,公司年销售额为 44 亿美元,拥有 2400 名员工,并且形成了一套独特的激励员工的方法,该公司 90% 的销售额来自于生产弧焊设备和辅助材料。

林肯电气公司的生产工人按件计酬,他们没有最低小时工资。员工为公司工作两年后,便可以分享年终奖金。该公司的奖金制度有一套计算公式,全面考虑了公司的毛利润和员工的生产率及业绩,可以说是美国制造业中对工人最有利的奖金制度。在过去的 56 年中,平均奖金额是基本工资的 95%,该公司中相当一部分员工的年收入超过 10 万美元。近几年经济迅速发展,员工年均收入为 44 000 美元左右,远远超过制造业员工年收入 17000 美元的平均水平,在不景气的年头里,如 1982 年的经济萧条时期,林肯电气公司员工收入降为 27 000 美元,这虽然比其他公司还是高,可与经济发展时期相比就差了一大截。

公司自1958年开始推行职业保障政策,从那时候起,他们没有辞退过一名员工。当然,作为对此政策的回报,员工也相应要做到几点:在经济萧条时期他们必须接受减少工作时间的决定;而且要接受工作调换的决定;有时甚至为了维持每周30小时的最低工作量,而不得不调整到一个报酬更低的岗位上。

林肯电气公司极具成本和生产率意识,如果工人生产出一个不合标准的部件,那么除非这个部件修改至符合标准,否则这件产品就不能计入该员工的工资中。严格的计件工资制度和高度竞争性的绩效评价系统,形成一种很有压力的氛围,有的员工因此还产生过一定的焦虑感,但这种压力有利于生产率的提高。据该公司的一位管理者估计,与国内竞争对手比,林肯电气公司的总体生产率是他们的两倍。自20世纪30年代经济大萧条以后,公司年年获利丰厚,没有缺过一次分红。该公司还是美国工业界中工人流动最低的公司之一。前不久,该公司的两个分厂被《幸福》杂志评为全美十佳管理企业。

问题:

1. 你认为林肯电气公司使用了何种激励理论来激励员工。

2. 为什么林肯电气公司的方法能够有效地激励员工工作?

3. 你认为这种激励系统可能会给管理层带来什么问题。

案例8-2　明春计算机公司的激励制度

明春计算机公司是一家中外合资公司,地处南方某一个开放城市。该公司成立于1988年。董事长由中方的方丽小姐担任,她曾在原联邦德国学习计算机多年,并获得博士学位。1985年回国后,曾任光明计算机厂总工程师,1988年该厂与外方合作时方丽被调任明春计算机公司董事长一职。该公司的总经理由大卫·陈担任,他原是美国斯坦福大学的博士生,曾在美国“硅谷”的坦丁姆计算机公司担任过生产部经理。

明春公司地处开放城市,受到各方面有力的竞争。由于剧烈的竞争环境,也由于方丽和大卫·陈这两位中国长大的洋博士的管理天才,他们两人紧密合作,创造了一套有效而独特的管理自己职工的方法。

他们为职工创造了良好的工作环境。在公司专门设有健身房、游泳池、还有供职工娱乐活动的图书馆和文化活动房,还专门辟有供职工休息的小花园和宁静的散步小道等。他们规定在工作日免费给职工提供午餐,还定期地在每周五晚上举办各种酒会和男女职工舞会等社会活动。

他们也很注意用经济因素来激励职工,他们每年都根据职工在本公司的工龄和工作表现情况赠送公司的股票作为奖励,每个职工都持有本公司的股票,这样就大大激励了大家为公司努力工作的热情。

大卫·陈要求每个职工都要制定出具体了解公司,学会和能操作公司内各种工作技能的五年自我发展计划。这样,每个人都可以逐渐了解公司,并能根据个人的发展和公司的需要调动工作。

方丽和大卫·陈都是极随和的人,他们喜欢以非正式的身份进行管理,他们除了每月举行一次各部门经理的例会外,经常深入各个部门共同与各部门经理商讨问题,但关于各部门之事,他们总是让部门经理自己拿主意,决策。这样,各部门乃至各室和班组长都能积极为本部门的工作负责，都能发挥自己的积极性。

当然他们知道，要维持住这样一批为公司倾心工作的职工确实不是一件容易的事。人才竞争极为剧烈，已有一些公司以更高的薪金试图挖他们的人才。公司在飞速地发展。随着公司的扩大，它的生产速度自然会放慢，也会出现一个更为正式而庞大的管理机构。在这种情况下，又应如何才能招聘到新的人才，如何才能更有效地激励职工呢？

问题：

1．明春计算机公司采取了哪些有效的激励方法？

2．请剖析公司的报酬制度，说明其为什么能起作用的原因。

三、讨论题

1．作为一名学生或学员，你认为授课教师的哪些做法可以更好地激励你？反过来，学生是否也能够激励老师？如何激励呢？

2．如果你要为公司开发一种奖金制度，你将要采用哪种理论的何种要素，为什么？

3．对于管理岗位，具有高成就需要的个人是一个好的候选人吗？试说明。

第九章　沟　通

【学习目的与要求】

1. 理解沟通的含义、过程、作用与类型；
2. 明确沟通的原则；
3. 了解影响沟通的个体因素与沟通方式；
4. 熟悉组织正式沟通的渠道和网络形式，了解组织非正式沟通的渠道、特点和作用；
5. 善于运用沟通的各种方法，学会如何对组织沟通进行改善。

美国著名学府普林斯顿大学曾对1万份人事档案进行分析，结果："智慧"、"专业技术"、"经验"只占成功因素的25%，其余75%决定于良好的人际沟通。

美国哈佛大学就业指导小组1995年调查结果显示：在500名被解职的男女当中，因人际沟通不良而导致工作不称职者占82%。

美国著名未来学家奈斯比特曾说过："未来竞争是管理的竞争，竞争的焦点在于每个社会组织内部成员之间及其与外部组织的有效沟通上。"

由此可见，沟通是个人事业成败和组织的生死存亡的关键因素。

良好的人际沟通是任何组织内部人与人之间相互了解和信任、实现组织目标的基础；而组织沟通则是建立在人际沟通基础之上的，包括组织内部各个部门之间及组织与外部其他组织之间所发生和建立的信息传递，能否有效进行组织沟通则是组织生死存亡的关键。

第一节　沟通概述

导入案例9-1

作为圣迭戈纪念医院的护理部主任，珍妮·杨科维奇负责管理9名值班主管以及115名注册护士和护士助理。她讲述了这样一段亲身经历：7月9日星期一刚上班，她就意识到自己犯了一个极大的错误。

珍妮大约早上6:05来到医院,她看到一大群护士(要下夜班的护士和即将上早班的护士),正三三两两聚在一起激烈地讨论着。当她们看到珍妮走进来时,立即停止了交谈。这种突然的沉默和冰冷的注视,使珍妮明白自己正是谈论的主题,而且看来她们所说的不像是赞赏之辞。

珍妮来到自己的办公室里,半分钟后她的一名值班主管迪·马考斯走了进来。迪直言不讳地说道:“珍妮,上周你发出的那些信对人们的打击太大了,它使每个人都心烦意乱。”

“发生了什么事?”珍妮问道:“在主管会议上大家都一致同意向每个人通报我们单位财务预算的困难,以及裁员的可能性。我所做的只不过是执行这项决议。”

“可你都说了些什么?”迪显然很失望,“我们需要为护士们的生计着想。我们当主管的以为你会直接找护士们谈话,告诉她们目前的困难,谨慎地透露这个坏消息,并允许她们提出疑问。那样的话,可以在很大程度上减小打击。而你却寄给她们这种形式的信,并且寄到她们的家里,天哪!珍妮,周五她们收到信后,整个周末都处于极度焦虑之中。她们打电话告诉自己的朋友和同事,现在传言四起,我们处于一种近于骚乱的局势中,我从没见过员工的士气如此低沉。”

珍妮·杨科维奇犯了一个错误,或者应该说是两个。首先,她所寄出的信件显然未能成功地向员工们传达她的意图;其次,选择信件作为媒体来传递她的这一信息是不合适的。有时以书面的形式进行沟通很有效,而有时口头交流效果更好。当珍妮回过头来反思这一举动时,她得出这样的结论:与许多人一样,她倾向于回避口头沟通。因为她对这种方式心存疑虑。遗憾的是,在这件事上,这种疑虑恰恰阻碍了她选择正确的媒体来传递信息。她知道这一消息会使员工产生恐慌和不安定的感觉。在这种情况下,珍妮需要一种保证最大清晰度,并能使她和主管们迅速处理潜在危机的方法来传递信息。最好的做法是口头传达,而把这种未曾料到的坏消息以信件的方式寄至员工家中的决定,无疑是个极大的错误。

珍妮·杨科维奇的错误表明了重要的一点:沟通与管理成效密切关联。

沟通活动是使有组织的活动统一起来的重要手段之一,无论机关、企业、事业单位、军队、个人之间彼此的信息交流都是绝对必要的,任何一个管理者都必须对沟通活动给予高度重视,对沟通的性质有正确的认识。

一、沟通的含义

一般来讲,沟通就是人与人之间进行信息交流的活动。《大英百科全书》中的解释是,沟通就是“用任何方法,彼此交换信息。也就是指一个人与另外一个人之间用视觉、符号、电话、电报、收音机、电视或其他工具为媒介,所从事的交换信息的方法。”

如果从组织管理角度出发,可以把沟通定义为:沟通是信息凭借一定符号载体,在个人或群体间从发送者到接受者进行传递,并获取理解的过程。

根据这一概念,沟通有以下三个方面的含义:

1. 沟通是双方的行为,必须有信息的发送者和接受者

其中双方既可以是个人,也可以是群体或组织。

2. 沟通是一个传递和理解的过程

如果信息没有被传递到对方,则意味着沟通没有发生。而信息在被传递之后还应该被理解,一般来说,信息经过传递之后,接受者感知到的信息与发送者发出的信息完全一致或基本一致时,才是一个有效的沟通过程。

3. 要有信息内容

在沟通过程中，信息的传递是通过一些符号来实现的，例如语言、身体动作和表情等，这些符号经过传递，往往都附加了传送者和接受者一定的态度、思想和情感。

一个完整的沟通过程，包括如下4个方面的要素：

(1)信息源，又称为信息沟通的发送者。在一个沟通过程中，总有一方是信息的主动发送者。

(2)信息内容，即沟通的内容。在沟通过程中，所传递的信息包含的内容是多种多样的，可分为①事实；②情感；③价值观；④意见观点。

(3)信息的接受者，即沟通过程中处于被动地接受信息的一方。不过，在沟通的不断循环过程中，信息的发送者与信息的接受者的身份会不断改变，特别是在双向沟通中，无论哪一方，都既要充当信息发送者，又要充当信息的接受者。

(4)沟通渠道。渠道是由发送者选择的，借以传递信息的载体。该载体可以是一席面谈、一次演讲、一封信函、一个电话等等。不同的沟通渠道其沟通效果是不同的，不同的信息内容应当选用不同的沟通渠道。

二、沟通过程

信息沟通过程是指一个信息的发送者通过选定的渠道把信息传递给接收者，这个过程由以下几个步骤组成：

(1)明确要沟通的内容。信息发送者发出信息是因为由于某种原因希望接受者了解某些事，因此首先要明确信息内容。

(2)编码，即把信息译成一种双方都理解的符号，如语言、文字、手势等。要发送的信息只有经过编码，才会有准确的信息沟通。

(3)选择信息沟通渠道。信息的传递有多种沟通渠道可供选择，如口头交谈、书面文件、电话、电脑网络等。

(4)译码。接受者对收到的信息需进行译码，即研究和理解所收到的信息的内容和含义。这个译码过程关系到接受者是否能正确理解信息，处理不好信息就会被误解。

(5)反馈。接受者把所收到的或所理解的信息再反馈到发送者那里，供发送者核查。信息沟通过程中经常受到“噪声”的干扰。所谓噪声就是指妨碍信息沟通的任何因素，它可能来自发送者、接受者或传递中各方面。为了检验信息沟通的效果如何，反馈是必不可少的。因为，在没有信息反馈证实之前，无法肯定信息是否已经得到有效的编码、传递、译码和理解。

(6)再传递。发送者根据反馈回来的信息而再发出信息，肯定原有的信息传递，或指出已发生的某些偏差并加以纠正。

(7)反应。接受者按所接收到的信息采取行动，或作出自己的反应。信息传递的目的是发送者要看到接受者采取发送者的所希望的正确行动。

上述沟通的第5和第6个步骤有时并不发生。整个沟通过程可以用图9-1表示。

三、沟通的作用

沟通不仅与人们的日常生活密切相关，它在管理的各个方面也得到了广泛的运用。良好的管理沟通首先表现在它与管理者的工作密切相关，并且随着管理层次的递增，管理者用于沟通上的时间也就越多。一项研究表明，一个基层管理人员工作时间的20%～50%用于言语沟通;而中层和高层管理人员工作时间的66%~87%用于面对面和电话形式的沟通,这些数字还没包括其他沟通形式,例如阅读和书写文件和报告等。因此,沟通成为许多管理人员的主要工作内容。

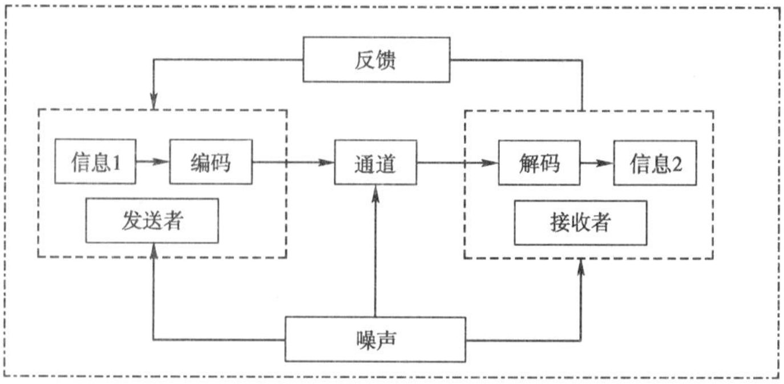

图 9-1 信息沟通过程的一般模式

沟通体现在不同的管理职能方面。如计划的制定与安排、部门之间的协调、人与人之间的交往、领导者与下属的联络、控制中的纠偏矫正工作、企业间的交流等。

一般说来,沟通在管理中具有以下几方面的重要意义:

(一)沟通是协调各个体、各要素,使组织成为一个整体的凝聚剂

每个组织都由数人、数十人,甚至成千上万人组成,组织每天的活动也由许许多多的具体的工作所构成,由于各个体的地位、利益和能力的不同,他们对组织目标的理解、所掌握的信息也不同,这就使得各个体的目标有可能远离组织的总体目标,甚至完全背道而驰。如何保证上下一心,不折不扣地完成组织的总目标呢?这就需要互相交流意见,统一思想认识,自觉地协调各个体的工作活动,以保证组织目标的实现。因而,没有沟通就没有协调,也就不可能实现组织的目标。

(二)沟通是领导者激励下属、实现领导职能的基本途径

一个领导者不管他有多么高超的领导艺术水平,有多么灵验的管理方法,他都必须将自己的意图和想法告诉下属,并且了解下属的想法。领导环境理论认为,领导者就是了解下属的愿望并为此而采取行动,为满足这些愿望而拟订和实施各种方案的人,而下属就是从领导者身上获得了达到自己愿望或目的的希望。而这些“希望”的“获得”就需要通过沟通这个基本工具和途径。

(三) 沟通也是组织与外部环境之间建立联系的桥梁

组织必然要和顾客、政府、公众、原材料供应者、竞争者发生各种各样的关系,它必须按照顾客的要求调整产品结构,遵守政府的法规法令,担负自己应尽的社会责任,获得适用且廉价的原材料,并且在激烈的竞争中取得一席之地,这使得组织不得不和外部环境进行有效的沟通。而且,由于外部环境永远处于变化之中,组织为了生存就必须适应这种变化,这就要求组织不断地与外界保持持久的沟通,以便把握住成功的机会,避免失败的可能。

因此,沟通对于协调组织的内部、外部以及各个部门、各个人,从而有效地完成组织目标,有着重要的意义。通过有效的沟通,可以使组织内部分工合作更为协调一致,保证整个组织体系统一指挥,统一行动,实现高效率的管理;也可以使组织与外部环境做到更好的配合,增强应变的能力,从而保证组织的存在与发展。所以,良好的沟通是组织达到协调状态的重要基础,是组织完成其目标的必要条件。

四、沟通的类型

沟通的类型按照划分的标准不同而不同。

按照沟通形式划分,沟通可以分为人际沟通和组织沟通。其中人际沟通是指两个或两个以上人之间的沟通,而组织沟通则是指组织内部人与人、部门与部门之间,以及组织与外部进行的信息交流和传递活动。

按照沟通方法划分,沟通可以分为口头沟通、书面沟通、非言语沟通和电子媒介沟通等。

按照沟通组织系统划分,沟通可以分为正式组织沟通和非正式组织沟通。

按照沟通方向来划分,沟通可以分为下行沟通、上行沟通、平行沟通及斜向沟通。

按照沟通是否进行反馈来划分,沟通可以分为单向沟通和双向沟通。

以上不同形式的划分是从不同的角度来看待沟通的,在沟通实践中,各种不同类型的沟通形式往往是相互交叉和联系在一起进行的。因此,我们不能把不同的沟通形式完全割裂开来。

五、沟通的基本原则

有效的沟通应建立在良好的信息沟通过程之上,从信息的发送,经过一定的信息通道达到信息的有效接受,要使信息保持完整和准确就应当遵循以下几项原则:

(一)互相信任的原则

有效的人际沟通应该从彼此信任的气氛中开始。信息沟通是发送者和接受者之间的"给"与"受"的过程,因此信息传递是双方面的事情。特别是信息发送者更应当真诚地满足信息接受者的愿望和要求,尽量使所传递的信息保持在接受者的兴趣和接受能力范畴之内,而信息的接受者则应抱有坦诚的态度来感知所接受的信息沟通。双方的猜疑和不信任只能增加抵触情绪,减少坦诚交谈的机会,造成不能进行有效的沟通。

(二)清晰准确的原则

在信息沟通过程中,信息的发出者所使用的符号、语言及传递方式只有在被接受者清楚而准确地理解时,沟通才具有价值。因此,在实际工作中,发送者在传递信息之前应将信息加以综合和整理,用清晰准确和容易理解的方式表达,根据接受者的具体情况,选用适当的通道传送,接受者才有可能对信息有准确的理解。这就要求发送者有较高的语言文字表达能力,并熟悉信息接受者所使用的语言。即使这样,有时还会出现接受者对发送者非常严谨的信息缺乏足够的理解,这时发送者可以用一种重复和询问的方式来得到反馈,验证信息是否已清晰准确地传递到接受者。

(三)完整性原则

信息沟通效果的好坏,与信息传递后接受者所得到的信息是否完整有直接的关系。因此,在信息传递过程中,首先,要将所传递的信息进行系统概括和归纳,并且要考虑到信息沟通的方式选择是否能够完整地传递所要表达的内容。另外,在信息沟通过程中,还要使得信息接受者和发送者对信息传递过程中的环境因素有全面的了解,以便使信息在一定的情景中得到更好的传递和理解。

(四)适时性原则

人际沟通还要选择适当的时机和适当的场所。对于重要的信息,选择一些正规的地点和适当的场合进行沟通,有助于双方及时并集中注意力进行交流。有些思想、感情方面的沟通则要选择较为轻松、随便的场所,这样有助于双方消除隔阂;同时还要选择双方情绪都比较冷静时进行沟通，这样效果会更好。

第二节　个体因素和沟通方式

导入案例 9-2

联合制造公司总经理奥斯特曼对随时把本公司经济上的问题告诉雇员们的重要性非常了解。她知道，由于市场价格不断跌落，公司正在进入一个困难的竞争时期。同时她也清楚，为了保住她的市场份额，必须降低本公司产品的出售价格。

奥斯特曼每月向所有雇员发出一次定名为“来自总经理部”的信，她认为这是传递信息的一种好方式。然而，一旦出现了重要情况，她还要把各部门负责人召集到那个简朴的橡木镶板会议室，在她看来，这样做会使这些负责人确实感到他们是管理部门的成员并参与了重大决策的制定。根据会议的礼仪规定，所有与会人员都要在预定时间之前就座，当奥斯特曼夫人进来时要起立致意，直至得到允许后再坐下。这次会议，奥斯特曼进来后只简单地点了点头，示意他们坐下。

“我叫你们都来，是想向你们说明我们所面临的可怕的经济形势。我们面对的是一群正在咬我们脚后跟的恶狼一样的对手。他们正在迫使我们以非常低的价格出售我们的产品，并且要我们按根本不可能实现的日期交货。如果我们这个大公司——自由企业的一个堡垒，还打算继续存在下去，我们所有的人就都要全力投入工作，齐心协力地干。下面我具体地谈谈我的意见。”

奥斯特曼说完这番话后，用严厉的目光向在座的人扫视了一下，似乎在看是否有人敢讲什么。没有一个人说话，因为他们都知道，发表任何意见都会被奥斯特曼夫人看成持有不同意见。

“首先，我们这里需要想像学。我们需要积极思想的人，而且所有的人都应当通力合作。我们必须要使生产最优化，在考虑降低成本时，不能对任何一个方面有所疏忽。为了实现降低成本的应急计划，我在公司外聘请了一个最高级的生产经理。

我们要做的第二件事是最大限度地提高产品质量。在我们这个企业里，质量就是一切。每部机器都必须由本部门的监督员按计划进行定期检验。只有经过监督员盖章批准后，机器才能开始运转，投入生产。在质量问题上，再小的事情也不能忽视。

在我的清单上列的值得认真考虑的第三个问题是增强我们的推销员的力量。顾客是我们这个企业的生命线，尽管他们有时不对，我们还是要态度和气地、灵活地对待他们。我们的推销员必须学会做生意，使每一次推销都有成效。公司对推销员的报酬办法是非常公正的，即使如此，我们还打算通过提高滞销货的佣金率来增加他们的资金数额。我们想使这个意见在董事会上得到通过。但是，我们必须保住成本，这是不能改变的。

最后，我要谈谈相互配合的问题。这对我们来说比其他任何问题都更加重要。要做到这一点，非齐心不可。领导就是配合，配合就是为同一目标共同努力。你们是管理部门的代表，是领导人，我们的目标你们是知道的。现在让我们一起努力工作，并迅速地把我们的这项复杂的事情搞好吧！要记住，我们是一个愉快的大家庭。”奥斯特曼结束了她的讲话，参加会议的人都站了起来，静立在各自的椅子旁边。奥斯特曼收起文件，离开会议室朝她的办公室走去。

奥斯特曼召开这次会议的目的是什么？她的这次会议是成功的沟通吗？如果是你打算怎样来保证双向的沟通？

一、个体因素对人际沟通的影响

在人际沟通过程中，信息的传递和理解是与信息发送者和接受者的个体因素密切相关的，在传递和接受信息的过程中，人的知识水平、思维能力、情感、个性、动机、感知信息的方式及人们在社会中的角色等因素都直接影响着人与人之间的沟通。具体来讲，个体因素对沟通的影响主要表现在以下几个方面：

（一）能力

能力是指个体在某些方面具备和潜在具备的完成任务的力量和技巧。它主要包括智能和体能。当然每个人的智能和体能是完全不同的，例如，在智能方面，有些人擅长口头语言的表达，有些人则擅长书面语言的运用；有些人善于归纳推理，有些人则擅长于数字的计算和应用。因此，具有不同方面、不同水平能力的人在进行沟通时所传达的信息和所选择的信息通道是不同的。

（二）态度

态度是对相关的目标、人或事件的看法和采取行动的心理倾向。一个人的态度是受其价值观的影响的，而一个人对他人和有关事件的态度又直接影响着与他人之间的沟通。人总是在不断地调整自己的态度，从而也不断影响着沟通双方的行为。例如，如果沟通双方积极性很高，态度友善而真诚，则易于达成良好的沟通结果。反之，若沟通双方没有诚意，或者一方消极被动，则很难达成理想的沟通效果。

（三）个性

个性是一个人整体心理素质的综合。它展示了一个人与他人相互作用过程中总的方式和方法。一个人的个性既受到遗传因素的影响，更受到后天环境因素的影响。一个人的个性会影响其沟通的方式和效果。例如，权力欲比较强的人在与人沟通的过程中所考虑的重点通常是如何制服对方，总想通过各种沟通渠道，采取各种技巧去控制与支配对方。

（四）角色

角色是对占据社会组织中特定位置上的人所期待的一套行为模式。一般来讲，每一个人都扮演着多种不同的角色，并且在不同的群体中变换着自己的角色。在人际沟通过程中，恰当地把握自我的角色，并适当地进行角色转换、角色替代，对于加深双方的理解和达成沟通的共识具有重要的意义。

二、沟通的基本方式

信息沟通的方式可以是多样的，其中最基本的方法有口头信息沟通、书面信息沟通、非言语信息沟通和电子媒介等。

（一）口头信息沟通

人们之间最常采用的信息传递方式是交谈，即口头沟通。它的形式十分灵活多样，包括开会、正式面谈、聊天、讨论、演讲、辩论、电话等形式。它的优点是用途广泛，信息传递迅速，可在最短的时间里直接得到对方的反馈，并有再直接阐述自己观点的机会。

但是，口头信息沟通也存在着缺陷。其主要缺陷是传递信息缺乏正式的渠道，易失真且核实困难。当信息经过多人传递时，由于每个人都以自己的方式来解释信息，到最后信息内容可能发生很大歪曲。如果组织中的重大决策通过口头方式在等级链的层次中上下传递，则信息的失真会相当严重。并且，这种沟通方式并不是总能省时，对于那些耗时又没有结果的会议来讲,这种沟通方式是一种时间和费用的浪费。

(二)书面信息沟通

以书面文字形式进行信息沟通往往显得比较正规和严肃。书面沟通包括报告、备忘录、信件、组织内发行的期刊、布告栏及其他任何传递书面文字或符号的手段。

它的优点是严肃、准确,具有权威性,不易被歪曲。沟通的双方一般都有文字记载,信息可以长期保存;若对信息的内容有所疑问或查询,则可以进行事后核实,对于长期或复杂的沟通来说,这尤为重要。

信息接受者可反复阅读以增强理解,信息传递者对要传递的信息所采用的语言可以认真推敲,以便用最好的方式表达出来。书面沟通能考虑周密,逻辑性强,条理清楚。

书面沟通的主要缺陷有:它虽然准确但耗费时间较多,同样时间的交流,口头比书面所传达的信息要多得多。通常,花费一个小时写出的东西只需 15 分钟左右就能说完;有时,写得不好还会词不达意,影响信息的理解;再者,由于书面沟通不能像口头沟通那样使接受者对其所听到的信息及时提出自己的看法,因此,缺乏及时的反馈也是书面沟通的一个主要缺陷。

(三)非言语沟通

有一些沟通既不是通过口头交谈,也不是通过书面文字形式进行,它们被称为非言语沟通。非言语沟通也是一种重要的沟通形式。人们在沟通中常用的非言语沟通形式主要有体态语言、语调和物体的操纵以及环境的布置等方式。

体态语言主要指动态无声的手势、面部表情、目光或者是静态无声的身体姿势、空间距离及衣着打扮等。例如,课堂上学生们的眼神,可以反映出他们对教师教学的理解与否;对于一个你没有兴趣跟他交谈,但又出于礼貌不得不听他跟你闲聊的一位下属,你通常会采取向别处移动眼神或不耐烦地收拾桌上的文件等体态语言来表示你不想继续听其谈话的信息。人与人的空间距离也是体态语言的一个重要部分。美国的霍尔教授告诉我们,人在文明社会中与他人进行交往而产生的关系是通过空间距离的大小来衡量的,并且指出有 4 种距离:亲密距离(0 ~ 60cm)、私人距离(60cm ~ 1.5m)、社交距离(1.5 ~ 4m)和公众距离(4m 以上)。文明社会的绝大多数人就是在这种空间范围中行动和交往的。人们的心理距离是和空间距离有着相应的关系,心理距离越近,交往时的空间距离也就越近,因此,在人际沟通过程中,我们要注意距离范围对人与人之间沟通的影响。另外,沟通中空间位置的不同,还直接导致沟通者具有不同的沟通影响力。有些位置对沟通的影响力较大,有些位置影响力较小。例如,同一种发言,站到讲台上讲,与在台下自由发言所引起的作用是不同的,高高的讲台本身具有某种权威性。

人们在进行口头沟通时往往伴随着非言语沟通,一名研究者发现,在口头交流中,信息的 55% 来自于面部表情和身体姿态,38% 来自于语调,而仅有 7% 来自于实际的词汇。著名管理学家德鲁克说:"人无法只靠一句话来沟通,总是得靠整个人来沟通。"因此,采用口头语言进行信息沟通时,除了要讲究口头语言运用的技巧,还要充分利用非言语沟通。

一句话的含义往往不仅由其字面的意义所决定,而且更由它的弦外之音所决定。语音表达方式的变化,尤其是语调的变化,可以使字面相同的一句话具有完全不同的含义。比如一句简单的问话:"你在说什么?"当使用不同的语调时,它可以表达疑问、恐吓、刻薄的讥讽和佯装不知等含义。

除了体态语言和语调以外,人们也能通过物体的运用、环境的布置等手段进行非言语的沟通。例如,一个布置得非常职业化的总经理办公室,会让你走进后自然感到一种权威和压力,而一个普通职员的工作环境布置则能体现其某些性格特点和爱好。

非言语沟通作为一种辅助的沟通方式,对信息的传递有着非常重要的作用。人们通常希望用非言语沟通的方式来强化语言沟通的效果。实际上,非言语沟通既能强化言语沟通的效果,有时也能起相反的作用,关键在于沟通者对它的掌握和运用。

(四)电子媒介

随着当今科学技术的发展,电子媒介在信息传递过程中的作用也越来越大。除了常用的电话、传真机、电报和闭路电视等手段外,目前人们更多地使用了计算机和网络技术进行沟通。利用这种电子媒介,使得电子商务和电子邮件的使用越来越普遍,促使人际沟通和商务沟通有了飞速的发展和进步。人与人之间、组织内部和组织与组织之间的沟通越来越依赖于电子媒介。利用电子媒介进行沟通的方式具有传递信息快、信息容量大、一份信息可以同时传递给多人等特点,同时电子媒介本身的发展和更新速度更快,吸引着人们对它不断地去认识、了解和使用,它已成为人们生活和工作的重要组成部分。

但是,电子媒介与传统的面对面沟通相比,存在着缺乏情感和丰富体态语言的表达以及不能及时反馈的缺陷。

以上各种方式,哪一种最好,应取决于当时的情境和技术的发展以及人们不同的需要。

第三节　组织沟通的类型

导入案例 9-3

斯塔福德航空公司是美国北部一家发展迅速的航空公司。然而,最近在其总部发生了一系列的传闻:公司总经理波利想出卖自己的股票,但又想保自己总经理的职务,这是公开的秘密了。他为会司制定了两个战略方案:一个是把航空公司的附属单位卖掉;另一个是利用现有的基础重新振兴发展。他自己曾对这两个方案的利弊进行了认真的分析,并委托副总经理本查明提出一个参考的意见。本查明曾为此起草了一份备忘录,随后叫秘书比利打印。比利打印完后即到职工咖啡厅去了,在喝咖啡时比利碰到了另一副总经理肯尼特,并把这一秘密告诉了他。比利对肯尼特悄悄地说:“我得到了一个极为轰动的最新消息。他们正在准备成立另外一家航空公司。他们虽不会裁减职工,但是,我们应该联合起来,有所准备啊。”这话又被办公室的通讯员听到了,他立即把这消息告诉他的上司巴巴拉。巴巴拉又为此事写了一个备忘录给负责人事的副总经理马丁,马丁也加入了他们的联合阵线,并认为公司应保证兑现其不裁减职工的诺言。

第二天,比利正在打印两份备忘录,备忘录又被路过办公室探听消息的摩罗看见了。摩罗随即跑到办公室说:“我真不敢相信公司会做出这样的事来。我们要被卖给联合航空公司了,而且要大量削减职工呢!”

这消息传来传去,三天后又传回到总经理波利的耳朵里。波利也接到了许多极不友好、甚至敌意的电话和信件。人们纷纷指责他企图违背诺言而大批解雇工人,有的人也表示为与别的公司联合而感到高兴。而波利则被弄得迷惑不解。

总经理波利怎样才能使问题澄清?

组织沟通是指组织内部进行的信息交流、传递和理解的活动。在一个组织内部,既存在着人与人之间的沟通,也存在着部门与部门之间的沟通。良好的人际沟通是进行组织中部门之间沟通的前提,有效的部门之间沟通又是管理者组织协调各部分之间关系的重要条件。在一个组织中,成员之间所进行的沟通是通过不同形式的信息沟通渠道来进行的。一种是正式沟通渠道；另一种是非正式沟通渠道。不同的沟通渠道又与不同的沟通网络相结合。

一、正式沟通

正式沟通是指在组织系统内，依据正规的组织程序，按权力等级链进行的沟通。如组织与组织之间的公函来往、组织内部的文件传达、召开会议、上下级之间的定期情报交换等。正式沟通是组织内部信息传递的主要方式。组织中大量的信息都是通过正式沟通渠道传递的。

正式沟通的优点是：沟通效果好、严肃可靠、约束力强、易于保密、沟通信息量大，并且具有权威性。缺点是：沟通速度一般较慢。

(一)正式沟通的渠道

正式沟通的渠道可依其信息流向分为下行沟通、上行沟通、平行沟通和斜向沟通。

1．下行沟通

下行沟通指上级向下级进行的信息传递。如一个组织的上级管理者将工作计划、任务、规章制度向下级传达。下行沟通是组织中最重要的沟通方式。通过下行沟通才可以使下级明确组织的计划、任务、工作方针、程序和步骤。这种沟通方式往往带有命令性和权威性，它可以帮助管理者将各个层次的工作人员统一起来，增强合作意识，有助于管理者的决策和控制。

下行沟通中常用的口头沟通方式有：指示、谈话、会议、广播、电话等；常用的书面沟通方式有：各种备忘录、信函、公司手册、公司政策声明、工作程序以及年度报告等。

但若组织仅仅采用自上而下的沟通方式，信息所经过的层次越多，涉及的人数越多，也就越会在传递过程中被曲解和贻误。这主要由于组织内各级领导者个人理解上的差异，会对同一信息赋予各不相同的意义，这种现象可以从他们对上级报告、文件的选择和解释上反映出来。尼柯斯曾经对 100 家工业企业做过信息沟通调查，发现信息自上而下逐级传递中损失较大，如表 9-1 所示。

自上而下的沟通损失 表 9-1

层　　级	信息接受百分比
董事会 ↓	100
副总经理 ↓	63
高级主管 ↓	56
工厂主管 ↓	40
领班 ↓	30
员工	20

2．上行沟通

这是下级机构或人员按照组织的隶属关系与上级机构或领导者进行的沟通。这种沟通不仅是组织成员向领导、下级向上级反映自己的要求、愿望，提出批评、建议的正常渠道，而且可以对执行上级指令作出回馈反应，使上级了解其信息被接受和执行的程度，为上级修正指令和制定新的决策指令提供资料。

上行沟通的方式主要有：正式报告、汇报会、建议箱、申诉、接待日、员工士气问卷、离职谈话、信访制等形式。通过这种自下而上的方式，管理者可以广泛地听取下级的意见，发现问题及时更正，并且通过给员工参与决策的机会来提高他们的满意度和积极性。当然这种沟通有时会受到不同层次中管理者的阻塞，他们可能对信息进行过滤，去掉对自己不利的信息。如表 9-2 所示。

自下而上的沟通信息失真过程　　表 9-2

管理者	接受到的信息
董事长 ↑	管理和工资结构是非常出色的，福利和工作条件是好的，而且会更好
副董事长 ↑	我们非常喜欢这种工资结构，希望新的福利计划和工作条件将会改善，我们非常喜欢这里的管理工作
总经理 ↑	工资是好的，福利和工作条件还可以，明年还会进一步改善
主管 ↑	工资是好的，福利和工作条件勉强可以接受，我们认为应该更好一些
员工	我们感到工作条件不好，工作任务不明确，保险计划很糟糕，然而我们确实喜欢竞争性工资结构，我们认为公司有能力解决这些问题

另外，许多组织对自下而上的沟通方式不重视。这就要求组织建立良好的组织文化，形成民主氛围。

3．平行沟通

它是指组织结构中处于同一层次上的成员或群体之间的沟通。命令的统一性要求信息传递应垂直地通过等级链进行，严格地按照命令统一性将会使沟通的路线过长，上层管理者的协调任务过重，也许还会延误时机。早年的法国管理学家亨利·法约尔为这个问题提供了答案。他提出的“跳板原则”(亦称“法约尔桥”)指出在同级人员之间可以直接联系，这种直接联系就是指平行沟通，它不必按隶属关系逐级向上级传达后再层层向下传递，减少了繁琐，使沟通变得简单、快捷。平行沟通的主要目的是谋求相互之间的理解和工作中的配合，因此，它通常带有协商性。组织的不同部门因职能不同、地区不同、产品不同或顾客类别不同，使得部门之间的本位主义加重，容易产生摩擦，因此要有效地加强平行沟通，增进相互之间的了解，以克服上述不利因素。

4．斜向沟通

它是指非属同一组织层次上的个人或群体之间的沟通。它时常发生在职能部门和直线部门之间，如当人事部门的一位主管直接与比他高的生产部门经理联系时，他所采取的是斜向沟通。斜向沟通的目的是为了加快信息的传递，但为了尽量减少它对组织的等级链的影响，斜向沟通也常常伴随着自上而下的沟通或自下而上的沟通。

(二)正式沟通的网络形式

由组织正式沟通的 4 种不同渠道方式可以组成信息传递的多种模式，这些模式可称之为沟通网络，它指出了在一个组织中信息是怎样传递和交流的。信息沟通的有效性与它的结构形式有一定的关系。1951 年，巴维拉斯曾对 5 种信息沟通网络进行了实验比较。在正式组织环境中，每一种网络相当于一定的组织结构形式。图 9-2 展示了 5 种典型的信息沟通网络：链式、Y 式、轮式、环式和网式(全通道式)。

1．链式沟通

表示信息在组织的 5 个层次中逐级传递，而且只能自上而下或自下而上，居于两端的人只能与其相邻的一个成员联系，而居中间的人则可以分别与前面和后面的人沟通信息。这种链式网络表示的是组织的主管与下级之间有中间管理者，它是一种典型的上下级权力关系的体现。在这种形式中，信息经层层传递和筛选，容易失真，各个信息传递者接受的信息差异大。

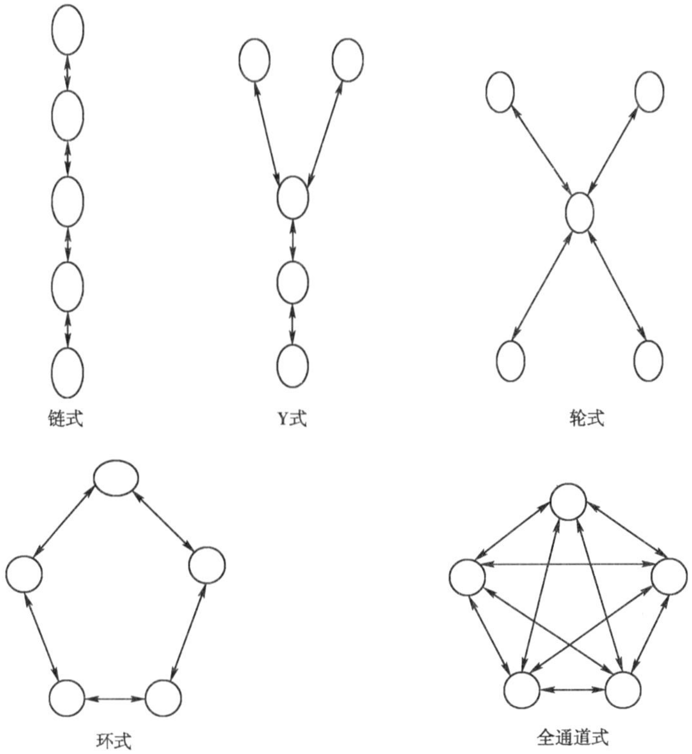

图 9-2　组织信息沟通网络

2．Y 式沟通

表示信息在 4 个层次中逐级传递。它既可以表示一个组织的主管有两个直接与他联系的参谋人员和一个直线下属，是一种典型的直线职能权力关系；也可以看作是两位主管通过一个人或一个部门进行沟通，此人可能是秘书或助理，拥有很多信息，容易掌握实权，这个人成为信息的中心。现实中我们经常看到的是倒 Y 式，即：一个主管通过秘书或助理与 3 个下级发生联系。这种 Y 式（或倒 Y 式）的沟通集中化程度较高，解决问题的速度也较快，但容易造成信息曲解或失真。

3．轮式沟通

表示信息由处于中心位置的人向四周传递。它可以被看作是一个主管与 4 个下属之间的沟通，而 4 个下属之间没有互相沟通现象，属于控制型网络，其中只有一个人（主管）是各种信息的汇集点与传递中心。这种方式集中化程度高，解决问题的速度快，中心人员的控制能力强而沟通的渠道少，组织成员的满意程度低，士气低落。

4．环式沟通

表示信息在 5 个人之间依次沟通，不能跨越相邻成员与他人沟通。它可以被看成是在组织中存在三个层次间的上下沟通，管理者对两个下级进行沟通，而两个下级又分别与各自的下级再沟通，各自的下级之间允许横向联系的结构形式。在这种方式中.组织的集中化和可预测程度都较低，沟通渠道不多，组织中成员具有较为满意的情绪，士气较高。

5. 全通道式沟通

表示信息可以在所有成员之间相互沟通，是一个全方位开放式的沟通网络系统。这个网络中没有明显的中心人物，所有成员都处于平等地位，彼此之间都有一定的联系。这种形式常见于委员会决策群体及一些高新技术产业领域里的组织结构。在这种形式的组织中，每个人都可以自由发表意见，成员间地位差异小，会有很高的满意度和很好的合作气氛。但这种沟通网络渠道太多，容易造成混乱，而且可能较费时间，进而影响工作效率。

（三）正式沟通网络形式的比较

一个组织要达到有效管理的目的，应采取哪一种沟通网络形式呢？一般来讲，各种形式都有优点和缺点，我们应针对不同的工作性质和员工特点，根据沟通的目标来选择不同的沟通形式。表 9-3 是各种不同形式的正式沟通网络在组织要求的不同方面所体现的特性。

正式沟通网络形式比较　　表 9-3

网络类型	解决问题的速度	信息准确度	组织化	领导人的产生	士气	工作变化弹性
链式	较快	较高	慢、稳定	较显著	低	慢
Y 式和倒 Y 式	较快	较低	不一定	会易位	不一定	较快
轮式	快	高	迅速、稳定	显著	很低	较慢
环式	慢	低	不 易	不发生	高	快
全通道式	最慢	最高	最慢、稳定	不发生	最高	最快

从表 9-3 中我们可以看出，没有一种正式沟通网络形式在任何情况下都是最好的。

二、非正式沟通

（一）非正式沟通的特点及作用

所谓非正式沟通，包括非正式组织内部的沟通和正式组织中不按照正式组织的组织程序而进行的沟通。

在一个组织机构中，除了正式的沟通渠道外，还存在着大量的非正式沟通渠道，即我们常说的“小道消息渠道”。非正式沟通和正式沟通的渠道形成不同，它主要是由组织成员的感情和动机上的需要而形成的，因此非正式沟通渠道涉及组织内的各种社会关系，这种关系超越了部门、单位以及层次。非正式沟通不是由管理者建立的，也不是经过组织中的正式沟通渠道传播的，所以管理者常常难以控制非正式沟通，但管理者可以利用非正式沟通为组织中的正式沟通服务。

非正式沟通的渠道较正式沟通的渠道有较大的弹性，它可以是横向的、纵向的或斜向的。由于非正式沟通系统是建立在组织成员的社会关系上的，也就是由人们在社会交往过程中，或在正式组织结构基础之上由于爱好相同、兴趣接近、常常在一起交谈而形成的，因此，它有如下特征：

(1)非正式沟通几乎存在于所有的正式组织之中，它的形式具有多变性和动态性，常常随个体的差异和环境的变化而变化。一个组织的正式沟通渠道越是有限，小道消息越可能盛行。

(2)通常这种信息传播是以口头方式进行，不留证据，不负责任，因此，信息传播速度快且易迅速扩散，信息往往是不完整的，因此无规律可循。

(3)由于人们所感兴趣的信息常常带有感情的色彩，通常易受到人们的重视。

(4)非正式沟通不受管理层控制，且大多数在无意中进行，它可以发生于任何地方，任何时间，其内容也不受限定。

一般来讲，人们认为正式沟通才起积极作用，非正式沟通只起消极作用。但研究发现，非正式沟通系统是正式沟通系统的必要补充，它的存在是自然发生又必不可少的，因为，它一方面满足了员工的需要，另一方面也补充了正式沟通系统的不足。具体来讲，非正式沟通可以起到以下几方面的作用：

(1)满足员工的心理需求。人们总是希望能在正式沟通渠道之外获得更多的有关工作、公司、同事等的信息，以满足自己在工作中对工作安全的需要及与组织其他成员之间的社交需要等。通过非正式沟通可以减轻人们的心理压力，增进他们的满意度。

(2)代替正式沟通渠道的功能。例如，可利用非正式沟通散布一些待决定的问题或计划出台的措施，通过观察员工的反应来进一步修改决定，从而避免与员工的正面冲突等。

(3)传递正式沟通所不愿传送的消息。一些不愿通过正式沟通传递的信息，却可能在非正式沟通中透露。如对于某人的突然辞职，管理人员可以不公开发布消息，但可以让它通过非正式沟通渠道传播，使人们对此有所了解。

(4)将上级的正式命令变成基层人员较易了解的语言，消除员工心中存有的戒备，使之富有人情味，容易被员工接受。

(5)可以防止某些管理者滥用正式沟通，有效防止正式沟通中的信息"过滤"现象。

但是，如果过分依赖这种非正式沟通途径，会导致信息遭到严重歪曲，而且无从追查责任，有些不实消息的传播，还会给组织成员造成较大的困扰，甚至给组织带来严重损失。因此，对于非正式沟通渠道的存在，管理者应注意到它的客观必然性，虽然不能阻止它的发生，但要注意引导它、利用它，设法为组织人员提供正确而清晰的事实，防止不实信息发生。

(二)非正式沟通的渠道

在组织中，非正式沟通渠道是多种多样的，每一个人都可能在传播小道消息中扮演一个角色：有的是信息制造者；有的是传播者；有的只听不传；有的夸大扩散。具体来说，非正式沟通主要有以下 4 种不同的传递渠道，如图 9-3 所示。

1. 单线式

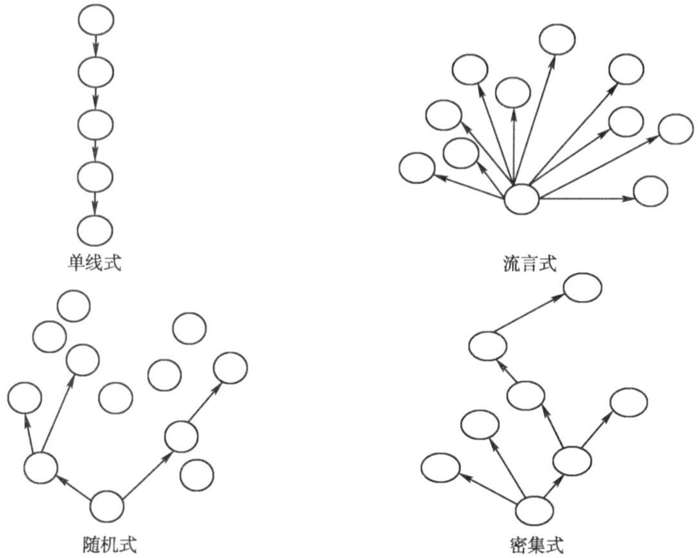

图 9-3　非正式沟通的信息传递方式

一个人只传给另一个人，通过一长串的组织中的人际关系来传递信息，而这一长串的人之间并不一定存在着正规的组织关系。

2．流言式

是指一个人有意识地通过闲谈的方式向众人传播信息。他是非正式沟通渠道的关键人物。

3．随机式

是指每一个人都随机传播信息，没有一定的路线，想告诉什么人就告诉什么人，并没有一定的中心人物和选择性，道听途说就是一个典型的例子。

4．密集式

是指信息发送者有选择地寻找一些对象来传播信息，这些对象大多是一些与其亲近的人，而这些对象在获得信息之后又传递给自己的亲近者。

第四节　沟通的障碍及其改善方法

导入案例 9-4

名医劝治的失败

我国古代春秋战国时期，有一位著名的医生，他的名字叫扁鹊。有一次，扁鹊遇见蔡桓公，站了一会儿，他看看蔡桓公的脸色说："国君，你的皮肤有病，不治怕要加重了。"蔡桓公笑着说："我没有病。"扁鹊告辞走了以后，蔡桓公对他的臣下说："医生就喜欢给没病的人治病，以便夸耀自己有本事。"过了十几天，扁鹊又前往拜见蔡桓公，他仔细看看蔡桓公的脸色说："国君，你的病已到了皮肉之间，不治会加重的。"桓公见他尽说些不着边际的话，气得没有理他，扁鹊走后，桓公还闷闷不乐。再过十几天，蔡桓公出巡，扁鹊远远地望见桓公，转身就走。桓公特意派人去问扁鹊为什么不肯再来遇见，扁鹊说："皮肤上的病，用药物敷贴可以治好；在皮肉之间的病，用针灸可以治好；在肠胃之间，服用汤药可以治好；如果病入骨髓，那生命就掌握在司命之神的手里了，医生是无法可想的了。如今国君的病已深入骨髓，所以我不能再去遇见了。"蔡桓公还是不相信。五天之后，桓公遍身痛疼，连忙派人去找扁鹊，扁鹊已经逃往秦国躲起来了。不久，蔡桓公便病死了。

蔡桓公贵为国君，又有名医扁鹊在侧，却因为小病送掉了性命，原因是什么？

一、沟通的障碍

无论是进行个人之间的沟通还是组织沟通，都会遇到障碍，这些障碍有来自于信息沟通过程中内部方面的因素，也有来自于信息沟通过程中所遇到外部环境方面的因素（政治、经济、社会因素和组织文化等）。

（一）信息沟通过程中的障碍

沟通过程中的障碍主要是指信息在从发送者到接受者的传送和理解过程中所遇到的干扰和问题，使得信息丢失或发生曲解，影响了组织沟通的整体效果。这种沟通过程中的障碍主要体现在：

1．发送者方面的障碍

(1)信息发送者对信息的内容和含义表达得含糊不清,或隐晦难懂。语言是信息的载体,准确地选择语言是实现沟通目标的必要前提。准确的语言选择不仅包括选用最恰当词句,使用正确的语法。也包括采用书面沟通形式时清晰的字迹,简明的图表。由此可见,影响信息传递表达能力的因素,除了自身的语言文字水平外,还有责任心等非文字方面的因素。所以信息传递者若要消除表达障碍,必须努力提高自己的语言表达能力和责任心。

(2)语义障碍。主要指因对语义的不同理解引起的障碍。语言,特别是中国语言是极为丰富的,有同形异义、同形异音、一词多义、方言土语等现象,对于同样的词语,由于理解上的差别,就会给沟通造成障碍。因此,对于信息发送者来说,不能仅从自己的角度来选择用语,来理解事情,更重要的是要从信息接受者的立场来考虑用语,这样才能保证发送的信息能够完全被正确的理解,使信息沟通顺畅。

(3)传递形式障碍,指传递形式不协调产生的障碍。信息发送者在发送信息所采用的语言符号和体语(手势、表情)在表达同一内容时,要相互协调,如果不协调,就无法理解所传送信息的内容。例如:口中讲训斥别人的语言,而面部表情在笑,这就使人无从猜测所传信息的真实性。

(4)社会环境与知识经验的局限产生的障碍。如果信息发送者与信息接受者之间有共同的经验区,这样才比较容易实现沟通信息的目标。如果双方不存在共同的经验区,沟通就会遇到障碍。如同一领域的科学家之间运用大量专业术语、数学公式、各种符号进行沟通,就非常简便实用,但如果用这种方式同缺乏相应知识和经验的外行沟通,就很难取得良好的效果。

2. 信息传递过程中的障碍

(1)沟通渠道选择方面的障碍。信息在传递过程中,渠道或媒介的选择和信息符号的选择不匹配,导致信息无法有效传递和信息传递失误,如有些宜于采用口头沟通的形式,却采用了书面沟通形式,往往达不到预期的沟通效果。另外,对组织中的正式和非正式渠道信息传播的特点掌握不好及利用不恰当,也会影响组织沟通的效果,如有些宜于通过正式组织传播的信息,通过非正式组织进行传播,则它的严肃性和权威性就会受到影响。因此,在一个特定的组织中,要根据组织自身的特点,对本组织的沟通渠道和媒介有完整的了解,并有效地使它们在组织沟通中发挥作用。

(2)传递层次的障碍。信息在传递过程中,同其他的物体运动一样,会发生损耗。在信息传递过程中,信息损耗现象被称之为信息过滤。如果一个信息从发送者那里发出,到达接受者那里经过的环节越多,这种过滤现象就会越严重,使到达最终接受者那里的信息大打折扣,或者被歪曲、曲解、篡改。因此,在沟通过程中,沟通的层次应尽可能减少,以防信息被过多地过滤。

(3)信息传递手段的障碍。在现代信息沟通中,使用着越来越多的先进的传递手段,大大提高了沟通效率。但在使用这些手段发生故障时就会影响沟通。如:扩音设备的噪声太大、电话的中断、显示器画面不清等现象都会影响沟通效果。

3. 接受者方面的障碍

(1)对信息的"过滤"。接受者在接受信息时,有时会按照自己的需要,对信息进行过滤,取其对自己有用和喜欢的信息,过滤掉对自己不利或不喜欢的信息。

(2)理解力的障碍。理解力给人对信息的接受程度影响极大。每个人的价值观、所受的教育、经历和兴趣的不同,都会影响到个人的理解力。对同一信息,由于理解力的不同,会产生不同的效果,因而会给信息沟通带来障碍。

(3)信息过量障碍。当接受者收到的信息量过大时,必然会产生烦恼,整天埋在信息堆里,却没办法达到良好的沟通效果。这一问题对信息的发送者和接收者都应当重视,信息传递量要适当,且要有所选择。

(4)心理上的障碍。如接受信息者对传送者怀有敌意、不信任或有某种偏见时,就会拒绝传递来的信息,或者歪曲信息的内容,从而给信息沟通带来不良影响。

4. 反馈过程中的障碍

信息只有通过反馈,才能建立一个双向沟通的过程,而这种双向沟通对信息传递的准确性和完整性有着重要的意义。在反馈过程中,由于反馈渠道本身的设置和使用,以及反馈过程中可能出现的信息失真等,都有可能给有效沟通带来障碍。例如,企业中的领导虽说是设置了员工意见反馈信箱,但领导从不打开信箱,说明这种反馈形同虚设。

(二)信息沟通环境方面的障碍

组织中信息沟通,除了受信息沟通过程本身各个因素的影响,还受到环境因素的影响,主要表现在以下几个方面:

1. 社会环境方面的障碍

不同的社会环境具有不同的文化价值观,各种不同文化价值观影响下的沟通行为有很大的不同。例如在美国的社会文化背景下,组织中的上下级沟通显得较为民主,下级可以直接向上级或上级的上级提出自己的意见。而在日本的公司中则是等级森严,沟通一般都是逐层进行的,因此,在日本公司中,人们之间的正式交往显得非常慎重。在我国的组织中,人们的沟通行为更多地受社会关系的影响,所以,组织中非正式渠道的沟通作用更加重要,人际关系的作用在组织沟通中至关重要。特别是在跨文化的组织里,不同价值观影响下的跨文化沟通障碍显得更加明显和复杂。另外,社会环境的影响还体现在社会等级观念对沟通造成了一定的障碍,人们常常在信息沟通过程中想到信息是由处于何种地位的人发送的,社会地位较高的人发送的信息容易得到重视,相反,社会地位较低人的信息则容易被忽视。

2. 组织结构方面的障碍

组织内正式沟通渠道在很大程度上取决于组织的结构形式,所以结构形式对有效的组织沟通往往有决定性的作用。常见的传统组织结构形式有直线制、职能制和直线职能制等。现代组织形式包括事业部制、矩阵制、网络制和虚拟组织等。传统的组织结构具有严格的等级概念,所以组织中的命令和信息都是沿着正式的组织渠道层层传递的。在这种信息传递过程中,每一层次的信息传递都伴随着过滤现象,过多的层次必然会导致信息过滤的增多。另外,过多的等级使得信息传递的速度缓慢,因此,在这种科层组织里,正式渠道的沟通障碍极大。而在现代组织结构形式中,以网络为代表的沟通渠道,极大地改变了沟通的速度和方式,而且在一定程度上克服了传统组织结构给沟通带来的信息过滤和信息延误的问题。

3. 组织文化方面的障碍

组织文化是一个组织所创造和形成的以一定的价值观为核心的一系列独特的制度体系和行为方式的总和。由于企业文化是组织中员工价值观的根本体现,在很大程度上影响着员工的各种行为,因此,它对组织中的信息沟通也有着深刻的影响。例如,在一个崇尚等级制度、强调独裁式管理方式的官僚组织里,信息通常被高层管理者垄断,有用的信息得不到传递,而人与人之间沟通的过程缺乏互动性和开放性,自下而上的沟通行为通常不受重视。组织中的制度体系则直接规定着组织中信息传递的渠道和方式,不合理的制度体系在很大程度上给有效的沟通设置了障碍。另外,一些组织缺乏一定的物质文化,如缺乏员工进行正式和非正式沟通的场所等，也不利于组织的有效沟通。

二、提高组织沟通的有效性

既然组织沟通在沟通过程的各个环节及环境方面都存在着障碍因素，那么了解这些障碍并采取适当的行动方式和手段消除这些障碍，是实现组织沟通有效性的重要一步。具体来讲，要想提高组织沟通的有效性，既要提高组织中人际沟通的技能，又要善于针对组织特点和具体环境条件，改善组织中的沟通渠道，并采用恰当的沟通方式对组织内部门与部门之间的沟通进行管理。主要体现在以下几个方面：

（一）强调有效沟通的重要性

首先要加强组织中的管理者对沟通重要性的认识。通常人们认为沟通是件非常简单的事，并不重视沟通的重要性，并在某种程度上对沟通存在着误解。例如，人们常常以为向对方讲述一件事情后，沟通就完成了，没有考虑“语言”本身并不代表“意思”，其中还存在一个翻译转化的过程。沟通虽然非常普遍，看起来非常容易，但是有效沟通却常常是一项困难和复杂的行为。

其次，管理者还要了解组织沟通过程的一些规律。例如，在组织中建立重视沟通的氛围，创造一个相互信任的沟通环境，不仅在各项管理职能中有效地运用沟通手段，还要重视非正式沟通中的“小道消息”对组织管理的重要性等。

（二）提高人际沟通技能

信息发送者和信息接受者都要努力增强自己的人际沟通技能，提高有效沟通的水平。具体来讲，主要体现在以下几个方面：

1．改进沟通态度

信息沟通不仅仅是信息符号的传递，它包含着更多的感情因素，所以在沟通过程中，沟通双方采取的态度对于沟通的效果有很大的影响。只有双方坦诚相待时，才能消除彼此间的隔阂，从而求得对方的合作。另外，在信息沟通过程中还要以积极的、开放的心态对待沟通，要愿意并且有勇气用恰当的方式展示自己的真实想法，在沟通过程中顾虑重重，会导致很多误解。

2．提高自己的语言表达能力

信息沟通主要是通过语言来完成的，无论是口头交谈还是采用书面交流形式，都要力求准确地表达自己的意思。同时，还要双方相互了解对方的接受能力，根据对方的具体情况来确定自己表达的方式和用语等；选择正确的词汇、语调、标点符号；注意逻辑性和条理性，对重要的地方要加上强调性的说明；借助于体态语言来表达完整的思想和感情的沟通，加深双方的理解。

3．培养“倾听”的艺术

以前人们往往只注重说写能力的培养，忽视了听的能力的培养。事实上，没有听就很难接受到有用的信息。而倾听，则区别于一般的听，它是一种通过积极的听来完整地获取信息的方法，主要包含了注意听、听清、理解、记忆和反馈5层内容。

(1)注意听。要听得投入，全神贯注地听，不仅要用耳朵去听，还要用整个身体去听对方说话。比如，要保持与说话者的目光接触，身体微微向前倾着听，以信任、接纳和尊重的目光让说话者把要说的意思表达清楚。同时，注意控制自己的情绪，克服心理定势，保持耐心，尽可能站在说话者的角度去听，认真地顺着说话者的思路去听。另外，自己不要多说，尽量避免中间打断说话人。

(2)听清内容。要完整地接受信息，听清全部内容，不要听到一半就心不在焉，更不能匆忙下结论。同时要营造一种轻松、安静的气氛，排除谈话时的各种噪声干扰，使得听者能努力抓住其中的关键点。

(3)理解含义。理解信息并能听出对方的感情色彩，这样才能完全领悟说话者的真正含义。同时要准确地综合和评价所接受的信息，对一些关键点要时时加以回顾，通过重复要点或提一些问题来强化和证实所理解的信息；对一些疑问和不清楚的问题，也要在适当的时候向对方提问，以保证信息的准确理解。另外，为了能听懂，还要借助一些辅助材料，如报告、提纲、小册子或讲义等来帮助理解。

(4)记忆要点。在理解对方的基础上要记住所传递的信息，可以通过将对方的话用自己的语言来重新表达，或者通过记住所说的典型事例，以及对信息加以分类和整理的方法，增进有效记忆。另外，如有必要，还可以在听的时候做些笔记，以便于事后回忆和查阅。

(5)反馈。给予说话人适当的反馈，可以使谈话更加深入和顺利。在听的时候，用点头、微笑、手势等体态语言对说话人作出积极的反应，让对方感觉到你愿意听他说话，以及通过提一些说话人感兴趣的话题，可以加深双方的感情，并使得谈话更加深入。

积极主动的倾听可以给人们在沟通过程中带来以下好处：

(1) 倾听可以帮你获取重要的信息。通过倾听，我们不仅可以了解到对方所传达的信息，还可以了解对方的感情，由此还可以推断出对方的性格、目的和心态。

(2)善听才能善言。只有先听别人的意见后，才能更有效地了解别人，包括了解他谈话的目的、背景、情感和弱点等，这些都为你跟对方交谈提供了契机，不仅使对方觉得你充分考虑了他的需要和见解，还会使你的谈话更有针对性和感染力，你的建议才容易被接纳。

(3)倾听可以使你获得友谊和信任。人们大多喜欢发表自己的意见，如果你能谦虚地倾听，给他们说话的机会，他们会觉得你和蔼可亲、值得信赖。作为一名管理者，更应倾听来自顾客、上级和下级的信息，及时有效的沟通会使他们对你更加信赖和尊重。

(三)建造合理的沟通网络

为实现有效的组织沟通，管理者应在注重人际沟通的基础上，进一步考虑组织的行业特点和环境因素，结合正式沟通渠道和非正式沟通渠道的优缺点，通过对组织结构的调整，设计一套包含正式和非正式沟通的沟通网络，同时缩短信息传递的链条，以便使组织的信息沟通更加迅速、及时和有效。

(四)采用恰当的沟通方式

选用适当的沟通方式对增强组织沟通的有效性也十分重要，因为组织沟通的内容千差万别，针对不同的沟通需要，应该采用不同的沟通方式。从沟通的速度方面考虑，利用口头和非正式的沟通方法，就比书面的和正式的沟通速度快。从反馈性能来看，面对面交谈，可以获得立即的反应，而书面沟通，则有时得不到反馈。从可控性来看，在公开场合宣布某一消息，对于其沟通范围及接收对象毫无控制；反之，选择少数可以信赖的人，利用口头传达某种信息则能有效地控制信息。从接受效果来看，同样的信息，可能由于渠道的不同，被接收的效果也不同。以正式书面通知，可能使接收者十分重视，反之，在社交场合所提出的意见，却被对方认为讲过就算了，并不加以重视。因此，要根据沟通信息的不同性质，采用不同的沟通渠道与方式，这样沟通效果才会更好。

(五)改进组织沟通的各种技术

在组织的管理中采用一些积极有效的管理技术和方法会增强组织沟通的有效性。

1. 采取信息沟通检查制

这种方法就是将信息沟通看成是实现组织目标的一种方式，而不是为了沟通而沟通，因而就可以把组织内外的信息沟通看成是一个与组织目的相关的一组沟通因素。

其中，组织需要加以检查的四大信息沟通网络如下：

(1)属于政策、程序、规则和上下级关系的管理网络或同任务有关的网络。

(2)包括解决问题、会议和提出改革建议等方面的创新活动网络。

(3)包括表扬、奖赏、提升以及联系企业目标和个人所需事项在内的整合性网络。

(4)包括组织的出版物、布告栏等在内的新闻性和指导性网络。

利用这种信息沟通检查制，可以分析所设计的许多关键性管理活动中的沟通。它既可以用于出现问题之际，也可用于事前防范。管理者通过不断反复地使用和检查来进一步完善这种制度。

2. 设立建议箱和查询制度

通过设立建议箱来征求员工的意见，以此改善自下而上的沟通。员工可以直接将自己的建议或意见投到建议箱中，组织的主管会亲自打开建议箱，当员工的建议得到认可和采纳时，就能够得到组织的物质和精神奖励。这种制度极大地鼓励了员工为了组织的目标所进行的自下而上的沟通。查询制度是组织设立的另外一种答复员工所提出的关于组织方面问题的一种方法。这些问题和答复可以在组织内部刊物上登出，从而使得组织与员工之间有了广泛而有效的交流，促进了组织的有效沟通。

3. 员工调查和调查反馈

对组织中员工的态度和意见进行调查，是组织的一种有用的自下而上的沟通手段。这种形式的调查使得员工感到他们可以自由表达他们的真实观点。当然调查表的设计必须要反映出员工确实关心的问题和有益于实际目的的信息，通过这种调查，可以了解到员工的真实想法和情感方面的变化。而当调查结果反馈到员工那里时，则变成了自上而下的沟通。调查反馈使员工感到他们的意见已被管理者所听到和考虑，因而增强了组织与员工的有效沟通。

4. 对管理者的培训

在组织内部，对管理者的培训能使他们更多地了解沟通的重要性和掌握沟通技巧，有助于组织有效沟通的实现。例如，管理者通过学习课程所介绍的案例，并进行角色扮演，掌握一定的沟通技能，并通过在实践中运用这些技能，使这些技能不断得到强化。

本章提要

1. 沟通是信息凭借一定符号载体，在个人或群体间从发送者到接受者进行传递，并获取理解的过程。它包含以下三个方面的含义：沟通是双方的行为，必须有信息的发送者和接受者；沟通是一个传递和理解的过程；要有信息内容。

2. 信息沟通过程是指一个信息的发送者通过选定的渠道把信息传递给接收者，这个过程由以下几个步骤组成：明确要沟通的内容；编码；选择信息沟通渠道；译码；反馈；再传递；反应。

3. 在人际沟通过程中，信息的传递和理解是与信息发送者和接受者的个体因素密切相关的，在传递和接受信息的过程中，人的知识水平、思维能力、情感、个性、动机、感知信息的方式及人们在社会中的角色等因素都直接影响着人与人之间的沟通。

4. 信息沟通的方式可以是多样的，其中最基本的方法有口头信息沟通、书面信息沟通、非言语信息沟通和电子媒介等。

5. 正式沟通是指在组织系统内,依据正规的组织程序,按权力等级链进行的沟通。正式沟通的优点是:沟通效果好、严肃可靠、约束力强、易于保密、沟通信息量大,并且具有权威性。缺点是:沟通速度一般较慢。

6. 正式沟通的渠道可依其信息流向分为下行沟通、上行沟通、平行沟通和斜向沟通。

7. 由组织正式沟通的 4 种不同渠道方式可以组成信息传递的多种模式,这些模式可称之为正式沟通网络,它指出了在一个组织中信息是怎样传递和交流的。信息沟通的有效性与它的结构形式有一定的关系。5 种典型的正式信息沟通网络包括链式、Y 式、轮式、环式和网式(全通道式)。

8. 非正式沟通和正式沟通的渠道形成不同，它主要是由组织成员的感情和动机上的需要而形成的，因此非正式沟通渠道涉及组织内的各种社会关系，这种关系超越了部门、单位以及层次。非正式沟通的渠道较正式沟通的渠道有较大的弹性，它可以是横向的、纵向的或斜向的。非正式沟通系统是正式沟通系统的必要补充，它的存在是自然发生又必不可少的。

9. 非正式沟通的性质具有两重性,一方面领导者通常可以从非正式沟通中了解正式沟通渠道中所不能了解得情况,可通过其来了解下属的心态。另一方面非正式沟通中带有明显的失真现象以及浓厚的感情色彩,容易在组织中增加矛盾,影响群体的团结。领导者要认真对待正式沟通和非正式沟通问题,充分利用其各自的优势,避免各自的弊端,真正发挥沟通在组织管理中的良好作用。

10. 无论是进行个人之间的沟通还是组织沟通,都会遇到障碍,这些障碍有来自于信息沟通过程中内部方面的因素,也有来自于信息沟通过程中所遇到外部环境方面的因素(政治、经济、社会因素和组织文化等)。

11. 要想提高组织沟通的有效性,既要提高组织中人际沟通的技能,又要善于针对组织特点和具体环境条件,改善组织中的沟通渠道,并采用恰当的沟通方式对组织内部门与部门之间的沟通进行管理。

12. 倾听是一种通过积极的听来完整地获取信息的方法,主要包含了注意听、听清、理解、记忆和反馈 5 层内容。积极主动的倾听是一种重要的沟通技巧。

13. 在组织的管理中采用一些积极有效的管理技术和方法会增强组织沟通的有效性,具体包括:采取信息沟通检查制;设立建议箱和查询制度;员工调查和调查反馈;对管理者的培训。

案例分析

吉星保险公司

人物:

1. 冷科长——该公司赔偿支付科科长,男,42 岁,工作认真,性格内向;

2. 牛先生——该公司赔偿支付科分析员,男,38 岁,业务能力强,脾气倔强。

中午快下班时,公司老板打来电话向冷科长布置了一项紧急任务,并特别强调要在下午 2 点前办好。于是冷科长拦住了正收拾东西要去吃饭的牛先生,让他利用中午时间把这项急件突击做出来。其实此工作并不复杂,对牛先生一个业务熟手来说,用一点时间就可以完成,可是他却拒绝了。理由是:午休是职工都应享有的权利,况且自己还有私事要在中午时间去办。为此两人就这样争执起来。

冷科长与牛先生的矛盾由来已久。两年前曾传在该科前任科长调离时，牛先生是科长候选人，他也认为凭自己的能力和经验当之无愧。但上级却从别的科室调来冷科长，他完全是该科业务外行，且性格也不及原科长开朗热情，总是冷冰冰一副正经而严肃认真的样子。冷科长觉得牛先生由于没当上科长对他充满敌意，而牛先生认为科长多半提防他这样经验丰富的人。

前一段发生的一件事,更加深了他们彼此间的猜疑、隔阂。

事情是牛先生突然得了感冒,病得不轻,医生让他休息。到了第4天,冷科长打去电话问他病情如何,若好些就尽快上班,因为单位人手紧,工作有积压。但牛先生感到自己的病还要继续休息几天。恰巧这天天气好,牛先生出去散步被冷科长遇到,两人因此有了新的误解。

在此后几周,又出了一件事,科里有个高级赔偿分析员的职位出现了空缺。牛先生肯定自己完全可以胜任此职务,便向科长提出了申请。但被冷科长拒绝了,理由是:此职位除了反映一个人的工作能力外,还要反映出一个人的高度责任心,而在这方面牛先生表现太一般了。

科里的人都为牛先生打抱不平,让牛先生去找老板反映,但牛先生生性倔强,自己的要求被拒绝感到非常丢人,不想说什么。只是希望科长在这儿呆不长,否则就调离。反正不再与他共事了。

现在他们两人的关系越来越僵了。

【点评】:

这是一个有关人际沟通的案例。在管理工作中,所有重要的管理职能都要依靠管理者与下属人员之间的有效沟通来实现。但在人际沟通中,常常会因为感知、推断、语言、动作行为等使沟通出现障碍,导致沟通的失败,这既影响人际关系也影响工作的效果。本案例为此提供了生动的说明,它让我们看到上下级之间是怎样由于沟通不良而导致相互猜疑、敌视,使正常的工作任务无法完成。它也提醒我们,作为一个管理者,必须掌握必要的沟通技巧,排除沟通的障碍,以建立良好的人际关系,保证工作的有效性。

思考与练习

一、复习思考题

1. 简述沟通的重要意义。

2. 双向沟通的过程由哪些部分组成?

3. 影响人际沟通的个体因素有哪些?人际沟通的基本方法有哪些?体态语言在人际沟通中起什么作用?

4. 人际沟通应坚持的基本原则是什么?

5. 什么是组织沟通?组织沟通的正式渠道有哪些?

6. 正式沟通的网络形式有哪些?各自有什么优点与不足?

7. 什么是非正式沟通渠道?其特点和作用是什么?

8. 组织沟通的主要障碍有哪些?如何提高组织沟通的有效性?

二、案例分析题

案例9-1　逐渐巩固领导地位的总经理

凯申电脑公司和上海张江高科技园区的许多高科技公司一样，以超常规的速度发展起来，但也面临着来自北京中关村高科技园区、广东深圳地区等大公司的激烈竞争。凯申公司刚开张时，高层管理人员穿着T恤衫和牛仔裤来上班，谁也分不清他们与普通员工有什么区别。然而当公司财务上出现了困境时，原先那个放任派风格的董事会主席虽然留任，但公司聘任了一位新的总经理李伟良，他来自一家办事古板的老牌公司，照章办事，十分传统，与凯申公司过去的风格相差甚远。公司管理人员对他的态度是：看看这家伙能呆多久。看来冲突、矛盾是不可避免的了。

第一次公司内部危机发生在新任总经理首次召开高层管理会议，会议定于上午8点半开始，可有一个人9点钟才跌跌撞撞地进来。西装革履的李伟良眼睛瞪着那个迟到的人，对大家说："我再说一次，本公司所有的日常公事要准时开始，你们中间谁做不到，今天下午5点之前向我递交辞职报告。你们应该忘掉过去的那一套，从今以后，就是我和你们一起干了。"到下午5点，10名高层管理人员只有两名辞职。

此后一个月里，公司发生了一些重大变化。李伟良颁布了几项指令性政策，对已有的工作程序作了较大的改变。从一开始起，他三番五次地告诫公司副总经理张忠，一切重大事务向下传达之前必须先由他审批。他抱怨下面的研究、设计、生产和销售等部门之间缺乏合作。在这些面临着挑战的关键领域，凯申公司一直没能形成统一的战略。

李伟良还命令全面复审公司的福利待遇制度并作修改，随后将全体高层管理人员的工资削减15%。这引起了公司一些高层管理人员向他提出辞职。研究部主任这样认为："我不喜欢这里的一切，但我不想马上走，开发电脑对我来说太有挑战性了。"生产部经理也是个不满总经理做法的人，可他的一番话颇令人惊讶："我不能说我很喜欢总经理，不过至少他给我那个部门设立的目标能够达到。当我们圆满完成任务时，李伟良是第一个感谢和表扬我们干得棒的人。"

事态发展的另一方面是，采购部经理牢骚满腹。他说："李伟良要求我把今年原料成本削减15%，他还以年终奖引诱我，说假如我能做到的话就给我丰厚的年终奖。但干这个活简直就是不可能，从现在起，我另找出路。"

但李伟良对销售部的态度却令人不解。蒋华是负责销售的副经理，被人称为"爱哭的孩子"。以前，他每天都到总经理的办公室去抱怨和指责其他部门。李伟良采取的办法是，让他在门外静等，冷一冷他的双脚，见了他也不理会其抱怨，直接谈公司在销售上存在的问题。过了不多久，蒋华开始更多地跑基层而不是总经理的办公室了。

随着时间的流逝，凯申公司在李伟良的领导下恢复了元气。公司管理人员普遍承认李伟良对计算机领域了如指掌，对各项业务的决策无懈可击。李伟良也渐渐地放松了控制，开始让设计和研究部门更放手地去干事。然而，对生产和采购部门，他仍然勒紧缰绳。凯申公司内再也听不到关于李伟良去留的流言蜚语了。人们对他形成了这样的评价：李伟良不是那种对这里情况很了解的人，但他确实领我们上了轨道。

根据案例所提供的情况，请回答下列问题：

1. 李伟良进入凯申公司时所采取的领导方式和留任的董事会主席的领导方式(　　)。

A.同是民主式的
B.分别是民主式和放任式的
C.分别是专制式和放任式的
D.分别是专制式和民主式的

2. 凯申公司执行班子的最高负责人应该是(　　)。

A.留任的董事会主席
B.总经理李伟良
C.副总经理威廉
D.另外找人

3. 凯申公司中经过李伟良审批的重大决策的传递方式是(　　)。

A.自上而下沟通
B.自下而上沟通
C.横向沟通
D.斜向沟通

4. 公司一些高层经理人员因为工资被削减而提出辞职。按照双因素理论,工资属于(　　)。

A.任务因素
B.关系因素
C.保健因素
D.激励因素

5. 研究部主任的话反映他当前的需要属于(　　)。

A.安全需要
B.尊重需要
C.自我实现需要
D.社会需要

6. 李伟良肯定生产部工作干得棒,采取这种激励措施是出于(　　)。

A.社交方面的需要
B.权力上的需要
C.成就上的需要
D.生理上的需要

7. 李伟良对销售部经理采取的激励方式是(　　)。

A.正强化
B.惩罚
C.自然消退
D.负强化

8. 李伟良以其对各项业务的无懈可击的决策赢得了公司员工的尊敬,这是来自于哪一方面的影响力?(　　)

A.法定权力
B.奖励和强制权力
C.个人影响力
D.专家权力

9. 李伟良对研究部门和生产部门各自采取了何种领导方式?(　　)

A.关系型和任务型
B.任务型和关系型
C.专制式和民主式
D.民主式和放任式

案例 9-2　AC 航班坠落事件

一个初春的晚上 7 点 40 分,AC 航班正飞行在离目的地 K 市不远处的高空。机上的油量还可维持近两个小时的航程。在正常情况下,像 AC 这样的航班,由此飞行到降落 K 机场,仅需不到半小时的时间。但没有想到,AC 航班在降落前遭遇了一系列耽搁和问题。

首先,晚上 8 点整,K 机场航空交通管理员通知 AC 航班飞行员,由于机场出现了严重的交通问题,他们必须在机场上空盘旋待命。8 点 45 分,AC 航班的副驾驶员向机场报告他们飞机的"燃料快用完了"。交通管理员收到了这一信息,然而,在 9 点 24 分之前,飞机并没有被批准降落机场。而在此之前,AC 航班机组成员没有再向 K 机场传递任何情况十分危急的信息,只是飞机座舱中的机组成员在相互紧张地通告说他们的燃料供给出现了危机。

晚上 9 点 24 分,AC 航班第一次试降失败。由于飞行高度太低及能见度太差的原因,飞机安全着陆没有保证。当机场指示 AC 航班进行第二次试降时，机组成员再次提到他们的燃料将要用尽，但飞行员还是告诉机场交通管理员说新分配的飞行跑道“可行”。几分钟后，准确时间是 9 点 32 分，飞机有两个引擎失灵了，1 分钟后，另外两个也停止了工作。耗尽燃料的飞机终于在 9 点 34 分坠毁于 K 市，机上 73 名人员全部遇难。

当事故调查人员考察了飞机座舱中的磁带并与当事的机场交通管理员交谈之后，他们发现导致这场悲剧的原因实际上很简单：机场方面不知道 AC 航班的燃料会这么快耗尽。

下面是有关人员对这一事件所作的调查。

第一，飞行员一直说他们“油料不足”，交通管理员则告诉调查者，这是飞行员们惯用的一句话。当因故出现降落延误时，管理员认为，每架飞机都不同程度地存在燃料不足的问题。但是，如果飞行员发出“燃料危急”的呼声，管理员有义务优先为其导航，并尽可能迅速地允许其着陆。一位管理员这样指出：“如果飞行员表明情况十分危急，那么，所有的规则程序都可以不顾，我们会尽可能以最快的速度引导其降落。”事实是，AC 航班的飞行员从未说过“情况危急”，由此导致 K 机场交通管理员一直未能理解到飞行员所面临的真正问题。

第二，AC 航班飞行员的语调也并未向交通管理员传递有关燃料危急的严重信息。机场交通管理员普遍接受过专门训练，可以在多数情况下捕捉到飞行员声音中极细微的语调变化。尽管 AC 航班机组成员内部也表现出对燃料问题的极大忧虑，但他们向 K 机场传达信息时的语调却是冷静而职业化的。

另外也应当指出，AC 航班的飞行员不愿意声明情况紧急是有一些客观原因的。如按条例规定，驾驶员在飞行中作了紧急情况报告之后，他们事后需要补写出长篇的、正式的书面汇报交给有关方面。还有，紧急情况报告后，如果飞行员被发现在估算飞行中需要多少油量方面存在严重的疏漏，那么，飞行管理局就有理由吊销其驾驶执照。这些消极的强化因素，在相当程度上阻碍着飞行员发出紧急呼救。在这种情况下，飞行员的专业技能和荣誉感便会变成一种“赌注”。

根据案例所提供的情况，请回答下列问题：

1. AC 航班的不幸坠毁的根本原因是因为(　　)。

   A. 飞机燃料储备不足以及飞行员在计算剩余油量方面疏忽大意

   B. 机场交通管理员在工作中的玩忽职守、推卸责任

   C. 飞机燃料危急的信息没有被清晰地传递又未被充分地接受，因而造成飞机失事的真正原因是信息沟通过程中的障碍

   D. AC 航班飞行员在信息沟通过程中的用语不当

2. AC 航班飞行员在向机场要求准允降落时使用了“油量不足”、“燃料用完”之类的话语，这些在机场交通管理员心中被认为不过是飞行员们的老生常谈和惯用伎俩。这种情况说明，处于紧急状态之中的 AC 航班飞行员本应该格外注意以下哪一点？(　　)

   A. 使用恰当的编码　　　　B. 选择合适的沟通渠道

   C. 选择合适的信息发送者　　　　D. 选择合适的信息接收者

3. 从机场交通管理员的角度来说，既然他们认为 AC 航班飞行员对“燃料用完”的报告难以令人相信其飞机正处于紧急状态中，这个时候，为稳妥和安全起见，他们最好需要做什么？(　　)

   A. 对报告情况的飞行员进行及时的信息反馈

   B. 自己在接受信息时也同时成为信息发送者

C.开展双向的信息沟通

D.以上所有方面

4.事故调查者在收听录音磁带时发现,AC航班飞行员的报告在语调上没有传递出情况紧急的信息,这可以说是如下哪一方面的典型实例?(　　)

A.不擅长使用口头语言进行沟通　　B.不擅长使用书面语言进行沟通

C.不擅长使用非言语语言进行沟通　　D.这根本上就与沟通语言的使用问题无关

5.根据案例材料,政府飞行管理局对由于油量估计不准确而误发出"紧急呼救"信号的飞行员,将按规定吊销其驾驶执照。这种"消极的"强化措施是属于(　　)。

A.惩罚　　B.正强化　　C.自然消退　　D.负强化

三、沟通技能自我测试

评价标准:

非常不同意/不符合(1分)　　不同意/不符合(2分)

比较不同意/不符合(3分)　　比较同意/符合(4分)

同意/符合(5分)　　非常同意/非常符合(6分)

测试问题:

1.我能根据不同对象的特点提供合适的建议或指导。

2.当我劝告他人时,更注重帮助他们反思自身存在的问题。

3.当我给他人提供反馈意见、甚至是逆耳的意见时,能坚持诚实的态度。

4.当我与他人讨论问题时,始终能就事论事,而非针对个人。

5.当我批评或指出他人的不足时,能以客观的标准和预先期望为基础。

6.当我纠正某人的行为后,我们的关系常能得到加强。

7.在我与他人沟通时,我会激发出对方的自我价值和自尊意识。

8.即使我并不赞同,我也能对他人观点表现出诚挚的兴趣。

9.我不会对比我权力小或拥有信息少的人表现出高人一等的姿态。

10.在与自己有不同观点的人讨论时,我将努力找出双方的某些共同点。

11.我的反馈是明确而直接指向问题关键的,避免泛泛而谈或含糊不清。

12.我能以平等的方式与对方沟通,避免在交谈中让对方感到被动。

13.我以"我认为"而不是"他们认为"的方式表示对自己的观点负责。

14.讨论问题时,我通常更关注自己对问题的理解,而不是直接提建议。

15.我有意识地与同事和朋友进行定期或不定期的、私人的会谈。

自我评价:

如果你的总分是:

80~90　你具有优秀的沟通技能

70~79　你略高于平均水平,有些地方尚需要提高

70以下　你需要严格地训练你的沟通技能

选择得分最低的6项,作为技能学习提高的重点

四、倾听技能自我评估

以下每一题请选择一个答案,请按照你平时的所作所为进行选择,而不是你认为在该情况下应怎么做。

1.当你与一位朋友进午餐时,你会:

A.注意菜单和所提供的服务；

B.问你朋友生活中的事情并注意倾听；

C.在进餐的同时相互交流彼此发生的一些事情。

2.当某人不停说话时，你会：

A.适时提问以使对方将话题集中在讨论的事件上；

B.找个借口结束谈话；

C.努力耐心并理解对方的谈话。

3.如果某群体成员抱怨其同事，恰好你也认为这个人的存在不利于群体。你会：

A.注意该成员的话，但保留你的观点；

B.谈一些你的看法和你对该雇员的感觉；

C.肯定该雇员的情绪并询问他有什么建议。

4.如果某人对你很挑剔，你会：

A.不做反应或不沮丧；

B.不自觉地变得非常好奇并想了解更多；

C.仔细地听并试图为自己辩解。

5.你很忙，有人要你改变你惯常的做事方式。你认为该人的意见是错的，你会

A.感谢他，但我行我素；

B.试图找出他为何要让你改变；

C.同意，也许他是对的，但要告诉他你很忙，以后会改。

6.当你准备对别人做出反应时，你会：

A.如果有必要，你会打断他；

B.总是在别人结束谈话之前插话；

C.总是在确信别人讲完时才做出反应。

7.当你与某个整天在一起工作的人争论一番后，你会：

A.安定下来并试图理解对方的立场然后再重申自己的观点；

B.让这一切过去，该做什么还做什么；

C.继续坚持你的立场。

8.某同事告诉你，他因为被任命了一项新工作而沮丧，你会：

A.问他是否能想出解决该问题的方法；

B.向他保证他工作得很好，这些工作最后也会很好地完成；

C.让他知道你可以体会他的糟糕情绪。

9.如果一个朋友总是向你抱怨他的问题，却对你的问题只字不提，你会：

A.试图找出共同感兴趣的领域；

B.总是表示理解或关注他的事情，尽管可能你并不感兴趣；

C.支持他的抱怨并提出你自己的烦恼。

10.在一场争论中，保持冷静的最好方式是：

A.以平和但坚定的方式不断重申自己的立场；

B.重复说你的信仰就是对方的立场；

C.告诉对方说，你更愿意在双方冷静下来的时候探讨该问题。

每一问题的得分如下：

1.	(a)	0	(b)	10	(c)	5
2.	(a)	10	(b)	0	(c)	5
3.	(a)	5	(b)	0	(c)	5
4.	(a)	5	(b)	10	(c)	0
5.	(a)	0	(b)	10	(c)	5
6.	(a)	5	(b)	0	(c)	10
7.	(a)	10	(b)	5	(c)	0
8.	(a)	5	(b)	5	(c)	10
9.	(a)	0	(b)	10	(c)	5
10.	(a)	0	(b)	10	(c)	5

总分相加:

80～100分,你是一个积极的、优秀的倾听者。你在倾听和提问间有非常好的平衡并努力理解他人。

50～75分,你是一个良好的倾听者。你能较好地倾听,尽管你有可能在他人尚未结束时就插入你的反应。

25～45分,你有一些倾听技巧但有待提高。你可能在听他人谈话时经常会感到不耐烦,希望他们能闭嘴让你来发表意见。

0～20分,你一般不听别人说话。你可能希望你是谈话场合的主角,并在等别人表达自己的意见时感到极端地不耐烦。

五、讨论题

1.“低效的沟通是由于发送者的错误导致的。”你是否赞同这一观点?谈谈你的看法。

2.为什么对管理者来说,有效的人际沟通技能十分重要。谈谈你的看法。

第十章 控 制

【学习目的与要求】

1. 理解控制的概念与意义、控制的目标及作用；
2. 熟悉控制的过程中每个步骤的具体任务；
3. 区分不同类型的控制；
4. 解释控制的关键点；
5. 了解关键点和例外情况的关系；
6. 解释控制的有效性；
7. 了解和初步掌握一些控制技术和方法。

第一节 控制概述

导入案例 10-1

1995 年 2 月 27 日，国际金融界传来令人震惊的消息，具有 233 年悠久历史的英国巴林银行宣布倒闭。而这一切源于巴林银行新加坡分公司的一名年仅 20 多岁的交易员尼克·里森的违规操作。里森在做股票指数期货的投机中，在日经指数大幅下降时，其日经指数期货多头风险部位达 6 万余口合约，同时在日本政府债券价格一路上扬之际，他却有空头风险部位合约 2.6 万余口，这样便出现了 8.6 亿英镑的损失，这几乎是整个巴林集团资本的两倍。这件事在世界各大新闻媒体引起极大关注，人们不禁要问，一个如此光耀悠久的金融集团为何会被一个小小的蛀虫蚕食？巴林银行对里森的行为难道一无所知？银行是否让里森钻了空子？

年轻的里森在巴林银行被视为期货和期权方面的专家，1992，巴林总部派他到新加坡分公司成立期货与期权交易部门，并出任总经理。在期货交易中，出错在所难免，比如有人会把“买进”手势误为“卖出”，有人会在不恰当的时机购进不恰当的合同，等等，关键是如何处理。按规定.对出现的各种错误，银行必须迅速妥善处理，并转入电脑中一个被称为“错误账户”的账户中，然后向总部汇报。里森于 1992 年在新加坡任期货交易员时，巴林银行已有一个“99905”的错误账户，

1992 年夏天，伦敦总部全面负责清算工作经理要求里森另行设立一个“错误账户”，记录较小的错误，并自行处理，以免麻烦伦敦总部，里森很快就设立了“88888”的错误账。但几周以后，伦敦总部又打来电话，总部配置了新的电脑，要新加坡分行还是按老规矩办事，所有的错误记录仍经由“99905”直接向伦敦报告。“88888”错误账户刚刚建立就搁置不用了，但它成为一个真正的“错误账户”存于电脑之中。这个被人忽略的账户，提供了里森日后制造假账的机会，他从 1992 年 7 月起，在其中记录了从 2 万英镑起，到几百万、几千万的亏空，直至到 8.6 亿英镑。在这其间，由于里森同时任交易部和清算部主任，给他对失误瞒天过海提供了便利，总部虽然多次来查账，但都被里森搪塞过去了；即使在 1995 年 1 月 11 日，新加坡期货交易所的审计和税务部发函巴林，提出他们对维持“88888”账户所需资金问题的一些疑虑，而且此时里森已需要求伦敦每天汇入 1000 多万英镑，以支付其追加保证金，但伦敦还是没有引起足够的重视。

令人难以置信的是，巴林在 1994 年底发现资产负债表上显示 5000 万英镑的差额后，仍然没有警惕到其内部管理控制的松散及疏忽。在发现问题至巴林倒闭的两个月里，有很多巴林的高级官员和资深专家曾对此问题加以关注，更有巴林总部的审计部门加以调查。但是这些调查，都被里森以极轻易的方式蒙骗过去。

连里森本人也说：“对于没有人来制止我的这件事，我觉得不可思议，伦敦的人应该知道我的数字都是假造的，这些人都应该知道我每天向伦敦总部要求的现金是不对的，但他们仍然支付这些钱。”

从“巴林事件”中可以看出，一个组织如果没有严密的控制系统，没有迅速纠错的功能体系，该是多么可怕的事情！

一、控制的定义

“控制”一词最初来源于希腊语“掌舵术”。意指领航者通过发号施令将偏离航线的船只拉回到正常的轨道上。由此说明，维持朝向目的地的航向，或者说维持达到目标的正确路线，是控制概念的最核心的含义。

所谓控制，就是依据计划检查衡量计划的执行情况，并根据偏差或调整行动，或调整计划，做到凡事心中有数，凡事都在掌握之中。

法约尔指出：“在一个企业中，控制就是核实所发生的每一事是否符合所规定的计划、所发布的指示以及所确定的原则，其目的就是要指出计划实施过程中的缺点和错误，以便加以纠正和防止重犯。控制对每件事、每个人、每个行动都起作用。”由此可见，控制应该贯穿在计划实施的每个阶段、每个部门，因此每个管理者都有控制职责。控制与计划关系密切。

二、管理控制的目标与作用

由管理者作为一项重要的管理职能来开展的控制工作，我们通常称之为“管理控制”，以便将它与物理、机械、生物及其他领域的控制区别开来。在现代管理活动中，管理控制工作的目标主要有两个：

(一)限制偏差的累积

一般来说，任何工作的开展都不免要出现一些偏差。虽然小的偏差和失误不会立即给组织带来严重的损害，但在组织运行一段时间后，随着小差错的积少成多积累放大，最终可能对计划目标的实现造成威胁，甚至给组织酿成灾难性的后果。防微杜渐，及早地发现潜的错误和问题并进行处理,有助于确保组织按预定的轨迹进行下去。所以,有效的管理控制系统应当能够及时地获取偏差信息,及时地采取矫正偏差措施,以防止偏差的累积而影响到组织目标的顺利实现。

(二)适应环境的变化

组织计划和目标在制定出来后要经过一段时间的实施才能够实现。在这段实施过程中,组织内部的条件和外部环境可能会发生一些变化、如组织内部人员和结构的变化,政府可能出台新的政策和法规等,这些变化的内外环境不仅会妨碍计划的实施进程,甚至可能影响计划本身的科学性和现实性。因此,任何组织都需要构建有效的控制系统,帮助管理人员预测和把握内外环境的变化,并对这些变化带来的机会和威胁做出正确、有力的反应。

管理控制上述两个目标的实现,实际上是与管理控制两大功能联系在一起的。管理控制通过其"纠偏"功能(A1),使计划执行中的偏差得以防止或缩小,从而确保组织的稳定运行;同时通过其"调适"功能(A2),积极调整原定标准或重新制定新的标准,以确保组织对内外运行环境的适应性。这两类控制功能的不同作用,可从图 10-1 和图 10-2 对比中得到清楚的说明。

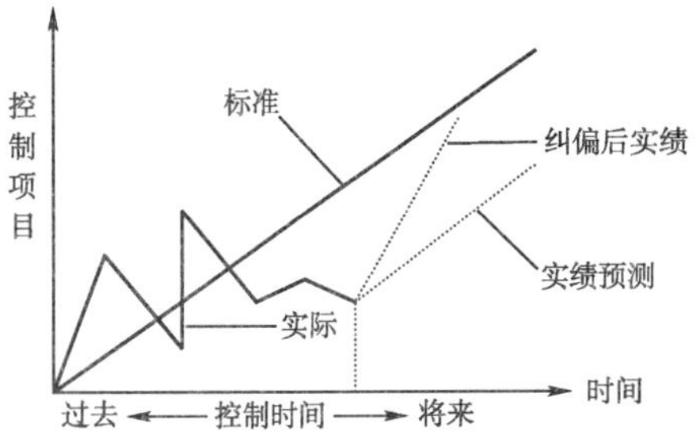

图 10-1　控制的"纠偏"作用示意图

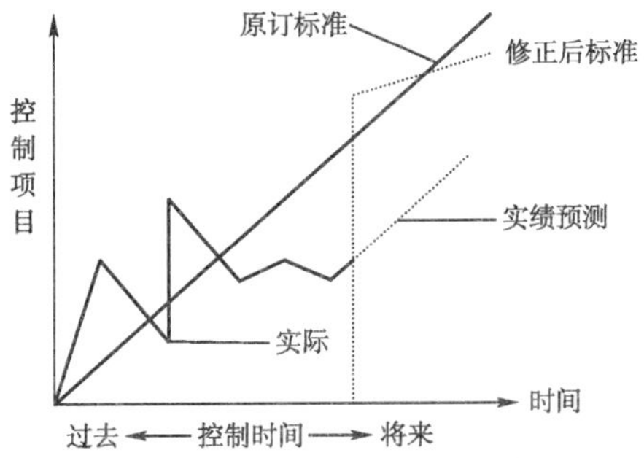

图 10-2　控制的"调适"作用示意图

第二节　控制的过程

导入案例 10-2

巨人集团是个靠高科技迅速崛起的民营企业。1989 年,其创始人史玉柱以 4000 元和自己开发的 M－6401 汉卡起家,4 个月后总资产达到 100 万元,3 年时间总资产超亿元,但在 1996 年底,巨人却陷入严重的财务危机,巨人倒下了。其直接原因就是 70 层巨人大厦的投资失误。1992 年,它以公司资产规模一个亿、流动资金才几百万元的实力,却要建造工程预算十几个亿、需要 6 年完工的巨人大厦,结果几乎导致整个企业的覆没。巨人集团是一个典型的计划失控案例。

控制过程由 4 个单独而不同的步骤所组成:(1)建立绩效标准;(2)衡量实际绩效;(3)比较标准与实际绩效差异;(4)评估差异结果并采取必要的修正行动。

整个控制的基本模式,见图 10-3 所示,详述如下:

一、建立绩效标准

绩效标准的依据是衡量成果的特定目标,而这些特定目标是在进行规划功能时所设定的。

目标应尽可能地具体并得以证实与衡量，因为模糊的目标只能产生模糊的标准，而模糊的目标则无法评估目标实际所完成的程度。例如，“追求最大利润”便是一种模糊的标准，因为“最大”应该如何界定，就缺乏明确的说法；而“追求每年2亿元的利润”就明确了很多。

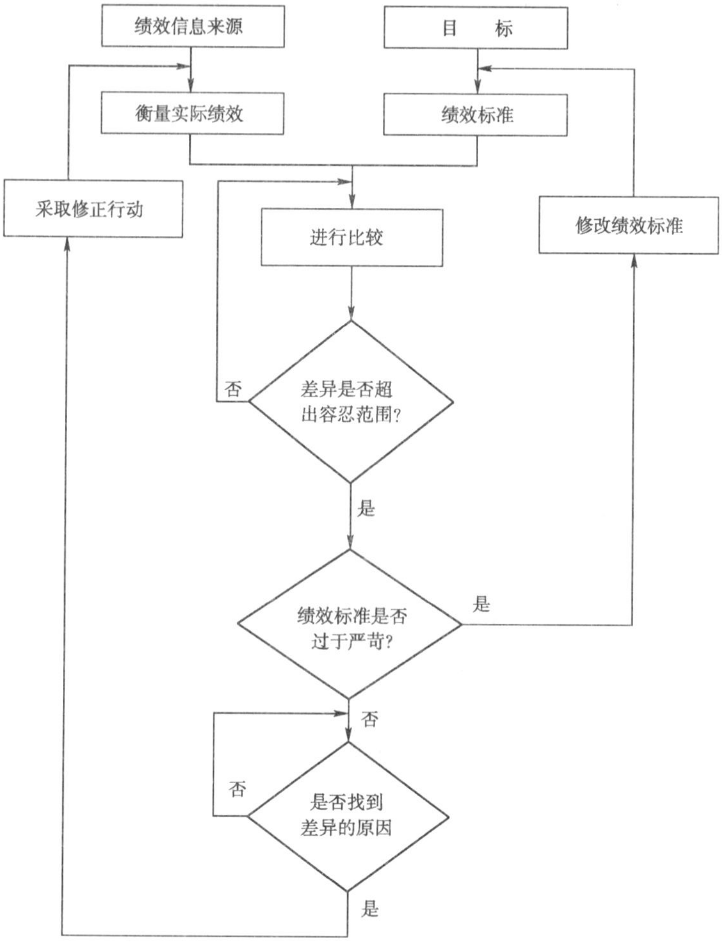

图10-3　控制的基本模式

控制标准有定性和定量两大类。

定性标准只是用于某些不能用数量来衡量的方面，它们只能用一些定性的描述，有时有一定的弹性。如，某个企业的信誉，某人的职业素质、能力等。

定量标准分：(1)实物量的标准，如企业中的产品产量、单位台时定额、单位产品工艺消耗定额等；(2)货币标准，如产品成本、销售收入、利润、应交税金等；(3)质量标准，如产品等级、合格率、次品率等；(4)时间标准，如生产线的节拍、生产周期、交货期、产品的保修期等；(5)综合标准，如劳动生产率、废品率、市场占有率、投资回报率等。

管理控制标准要求简单明了，可以定量，容易测定。例如，中国号称有博大精深的饮食文化，是个饮食王国，但洋快餐“麦当劳”、“肯德基”等却大举进攻国内市场，取得节节胜利，同时有许多中式快餐如“荣华鸡”、“红高粱”等却节节败退，甚至全军覆没，为什么？其中的原因有许多，但主要原因就是管理问题，尤其是控制问题。以“麦当劳”为例，它实行的是特许经营，形成了一整套计划周密、有条不紊的筛选程序来选择特许经营者，而且经营者必须通过“汉堡包大学”的专门培训。一本几百页的操作手册规定了严格的标准，其中包括食物配置、烹饪程序、店堂布置甚至职员着装，这些都有详细标准；食品的制作完全是标准化的，一磅肉的脂肪含量必须少于19%，小面包的宽度只能是3.5in，每个汉堡包中的洋葱不能超过1/4盎司等；每种食品的制作时间有明确的规定，而且食品出炉后的存放时间也有详细的规定，油炸食品7min，汉堡包10min，咖啡30min，超过规定时间，所有的食品都将扔掉，等。所有这些标准都要严格执行，并有严密的监督体制，每家分店有审查员，公司有不定期的暗访调查，发现不符合规定的坚决查处。通过这一整套严密的控制体系，使得消费者能在世界各地坐在相同熟悉洁净的店堂里吃到相同质量、口味的食品，享受到相同周到的服务。而中国的一些企业和它相比，则管理是粗线条的，控制是不到位的。

然而，并非所有目标都能通过量化来使之明确，例如，“提升员工对组织的向心力与士气”便很难予以特定化与明确化，此时便需以较接近原先目标的指标来做为衡量的基准。

由于标准的建立与设定来自于目标，很多目标设定的相关概念自然也都适用于控制标准的建立。例如，若能让员工参与标准的设定，则员工对于标准的认同与接受程度便会较高。基本上，管理者在建立绩效标准这一步骤时，所主要面临的决策为：“绩效标准的明确度与特定化必须到达何种程度?”，以及“绩效标准的挑战性必须到达何种程度?”。绩效标准的明确度与特定化愈高，当然愈容易评估，但若涉及目标本身的特性与目标设定的成本时，其定夺便相对困难。绩效标准设定得太高或太低，都缺乏激励性，因此，如何决定绩效标准对管理者而言是一大挑战。

二、衡量实际绩效

衡量实际绩效，包括衡量的方式和内容。就是我们要知道“如何衡量”和“衡量什么”。管理者如何取得实际绩效的信息。取得实际绩效信息的方式，当然会受实际绩效的内容影响，不外乎是直接观察、统计资料、口头报告、书面报告及电子回馈等5种信息来源。管理者可以单一或同时运用这5种方式。

直接观察是管理者亲临现场得来的第一手信息，如调查访问，现场观察等。例如，现在发达国家的一些成功企业很多提倡“转悠管理”，就是要求管理人员走出办公室，到现场去巡视，亲自了解实际情况，在现场发现问题，解决问题。

直接观察真实、快捷，每个管理者能根据自己喜好的角度去观察，但所得的信息需要去伪存真，分析判断，也存在个人偏好的影响及观察时间不同所得出的结论不同等问题。

口头汇报分正式汇报和非正式汇报，正式汇报往往在某些公众场合上，如会议等；非正式汇报往往是一对一的，情况通报和信息沟通式的，如电话交谈、个别交谈等。口头汇报方便、快捷，还可以通过语气、用词和身体动作来表达某些信息，但不易保存，容易误传。

书面汇报往往在计划结束后或告一个段落后形成，如工作总结、会计报表、有关统计报表等，它比较全面和准确，易于保存，但在时间上显得有些滞后了。

随着计算机使用的普及，信息还可以通过计算机获得，从中可得到相关数据和统计报表，它丰富全面，易于查询，便于分析，及时快捷，但其效率取决于信息系统的完善程度和数据分析功能，因为产生过多的无序的数据反而会让人无所适从。

三、比较标准与实际绩效的差异

管理者通过比较的程序，来决定标准和实际绩效之间的差距。由于要求标准和实际绩效完全相符是不切实际的，因此管理者必须容忍一定范围的变动区间，而比较的步骤则包含决定标准和实际绩效之间可接受的变动范围。决定标准与实际绩效的变动区间是非常重要的，因为过度狭窄的区间会使指标过度敏感，过分宽广的区间则失掉控制的意义。见图 10-4，利用变动区间时，管理者只对脱离此容忍范围的差距才值得加以注意，而这正是“例外管理”的含义。

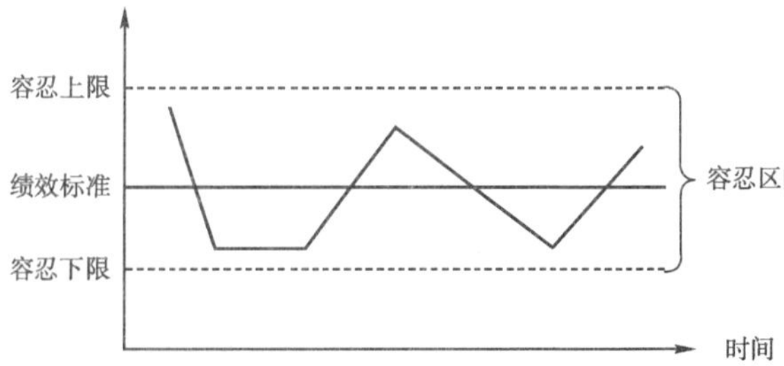

图 10-4　绩效的容忍区间

四、评估差异结果并采取必要的修正行动

控制程序的第四项、也是最后的步骤，则是采取修正行动。管理者面对差异必须先判定偏差的来源，再根据偏差的原因采取修正行动。一般造成偏差的原因有三大类：计划操作原因和计划不合理原因，外部环境发生较大变化原因。

1．计划操作原因

当由于计划执行者的自身原因使偏差发生时，如工作不认真、缺乏责任心；或能力不够，不能胜任工作等，这时可采取以下措施：重申规章制度，明确责任，明确激励措施，按规定处罚有关人员；或调整工作人员，加强员工培训，改组领导班子等。

2．计划不合理原因

有时制定计划时不切实际，好高骛远，盲目乐观，把目标定得过高，根本达不到，如制定过高的利润目标、市场占有率目标，这时应根据具体情况，及时调整目标，使之在合理的水平；也有在制定目标时，过于保守，低估自己的实力，把目标定得太低，不能起激励作用，这时也应进行调整。当然，应注意不能凭一时冲动，随意更改计划，否则，计划将失去存在的意义，也就谈不上有效控制了。

3．外部环境发生重大变化的原因

当因外部环境发生重大变化产生偏差时，如当国家政策法规发生变化，国际政治风云突变，像美国的“9.11”恐怖事件；某个大客户或大供应商突然破产，自然界不可抗拒灾害，像 2004 年末发生的印度洋海啸等，由于这些因素往往是不可控的，只能在仔细分析的基础上采取一些补救措施，以尽量消除不良影响，然后改变策略，避开锋芒，或变换目标，另辟蹊径。

评估差异结果后，如果没有偏差，或偏差在允许范围内，则不需要采取什么行动；但如果有偏差，并且超出范围，则要采取必要的修正行动。修正行动可分为治标与治本两种。这时，管理者要决定是仅仅现场改正就行了，还是分析产生偏差的原因，彻底纠正，也就是说，是治标还是治本。一般来说，当情况紧急只能采取应急措施，仅治标就行，但事后还要寻找原因，根除隐患。例如，1998 年夏天中国长江流域和松花江流域发生严重洪涝灾害，许多大堤发生险情，这时只能采取应急措施，哪里有险情，就补救哪里，有时甚至需要拆东墙补西墙，以确保控制险情；但在冬季，人们都对大堤进行了彻底修整，有的提高防洪标准，有的重新修建，以做好日后防汛的准备，这就是治本，有效率的管理者会针对造成偏差的真正原因，采取彻底的治本的行动。

第三节　控制的基本类型

导入案例 10-3

某企业在新工厂的建设以及生产过程中接二连三地发生了多起恶性人员伤亡事故。为此，新工厂的负责人 B 在公司的老板那里狠挨了一顿训斥。回到办公室后，B 立即召集所有有关科室的负责人，层层落实安全生产责任制制度；对所有一线生产职工结合本岗位特点进行了安全培训、教育；并建立了“互保对子”，使相互协作的生产职工相互监督，检查“互保对子”的安全生产保障状况。由控制角度来看，该企业在这件事上采取了反馈控制、前馈控制和现场控制的综合措施来确保生产事故不再发生。

管理控制活动可以从不同的角度进行分类。以下我们介绍几种典型的管理控制分类。

一、根据控制点的不同时间，控制可分为：预先控制、现场控制、事后控制

任何系统的运行过程均为输入—转换—输出。根据控制点的不同时间，控制可分为预先控制、现场控制、事后控制 3 种。见图 10-5 所示。

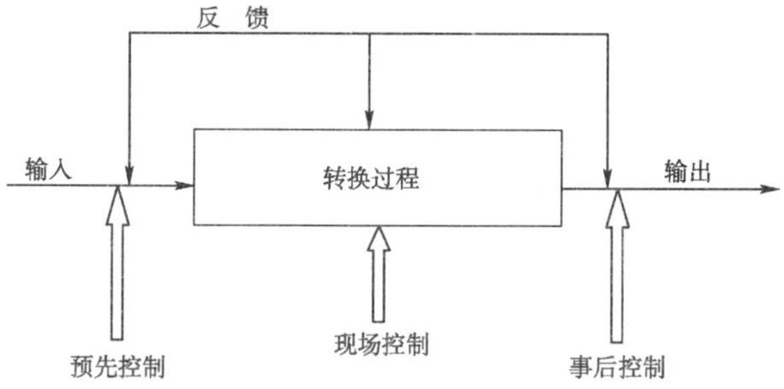

图 10-5　控制类型

(一)预先控制

预先控制即在系统运行的输入阶段就进行控制，也叫前馈，由于控制早于行动，又称面向未来的控制。

预先控制“先发制人”，“未雨绸缪”，事事想在前面，准备在前面，把握将来的发展事态，把偏差消灭在萌芽状态中，使损失最小，效率最高，是最科学最经济的控制方法，但也是最难的方法。它需要充分准确的信息，准确的分析预测，准确的决策。要做到“料事如神”，一切都在掌控之中。

许多文学作品中有预先控制的描写。《三国演义》中诸葛亮就是一位“预先控制”的高手：刘备去江东招亲，危险重重。临行前诸葛亮交给保驾的赵子龙三个锦囊，嘱咐他在不同的时间打开，赵子龙依计行事，保得刘备娶得佳人，全胜而退，让周瑜“赔了夫人又折兵”；诸葛亮料定魏延在他死后会反叛，便在临终前授马岱以秘计，并留下一锦囊给杨仪，让其在与魏延对阵时现场拆开，使他们如愿杀了魏延。

现实生活中也有许多预先控制的事例：驾驶员上坡前加速；学生上课前预习；工厂质量管理首先控制原材料质量；新产品上市前大做广告宣传；设备的预先维修；每年安排几次身体检查等。

(二)现场控制

现场控制是在计划的执行中同步进行控制。也叫现时控制。现场控制能及时发现偏差，及时纠正偏差，立竿见影，使损失控制在较低程度，也是一种经济有效的方法，但对控制人员的素质要求较高，要求有敏锐的判断力、快速的反应能力和灵活多变的控制手段。

现场控制的成效不仅取决于控制人员的素质，还取决于计划执行人员的配合。例如，教师在授课时可根据学生的反映(如表情、提问等)及时调整自己的讲课内容，使之能符合学生的要求。只有学生及时将疑问等有关信息传递给教师，教师才能及时调整内容，及时解答。再如企业生产线上每道工序只接受上道工序传来的合格产品，每道工序的不合格产品不下传，不合格产品不出厂等。这时每个工人也是质检员，没有他们的通力合作，只靠专职质检员则无法达到质量要求。

现场控制因为即时处理有关情况，特别适用于基础管理人员，尤其是需要快速反应的工作，如产品服务(包括产前、产中、售后服务)、顾客投诉处理等，这类问题复杂多变，全靠预先控制较难做到，只有做好现场控制，随机应变，才能达到目的。当然，充分授权是必需的。

(三)事后控制

事后控制即在计划完成后进行控制，也叫反馈控制。事后控制有一个致命的弱点即滞后性，从衡量结果、比较分析到制定纠偏措施及实施，都需要时间，很容易贻误时机，增加控制的难度，而且损失往往已经发生了。

另外，事后控制是通过信息反馈及行动调节来保证系统的稳定性，它要求反馈的速度必须大于控制对象的变化速度，否则，系统将产生震荡，处于不稳定状态，控制难于发挥作用，甚至起反作用。例如，盲目跟随潮流，总比市场发展速度慢半拍的企业，就是控制反馈速度滞后的典型。

事后控制虽然有一些不足，但常常是只能采用的唯一的控制，因为很多事件只有在发生后才可能看清结果。另外，许多事发展是循环往复，呈螺旋状推进，事后控制能给后面的工作提醒和借鉴，以便改进工作，亡羊补牢，为时不晚。例如，企业经营活动就是一个不断投入、不断产出的过程，有关市场信息反馈对企业至关重要，如用户意见和建议、竞争者动向、库存情况分析等都必须认真对待，以便在后续的工作中加以改进。

(四)比较三种控制方式的不同特点

以上三种控制方式虽然各有特点，但实际应用中往往是交叉使用的。预先控制虽然可以事先做好准备，防患于未然，但有些突发事件是防不胜防的，这时必须辅之以现场控制，否则，将前功尽弃。同样，不论是预先控制还是现场控制，都要用事后控制来检验，因为计划是否按预定执行，不是仅靠想象就行了，必须有真实业绩支持。另外，在循环发展的过程中，对前一个阶段是事后控制，但对后一个阶段则往往是事先控制。而且，现场控制如果没有准备与积累也是难于奏效的。

二、根据力量来源的不同，控制可分为：外在控制与内在控制

(一)外在控制

外在控制是指一个单位或个人的工作目标和标准的制定，以及为了保证目标和标准的顺利实现而开展的控制工作，是由其他的单位或个人承担，自己只负责检测并发现问题和报告偏差。例如，上级主管的行政命令监督、组织程序规则的制约等，都是这种外在强加的控制。

(二)内在控制

与外在控制不同，内在控制不是“他人”的控制(它既不是来自上级主管的“人治”，也不是

来自程序规则的“法治”)，而是一种自动控制或自我控制(称之为自治)。自我控制的单位或个人，不仅能自己检测、发现问题，还能自己订立标准并采取行动纠正偏差。例如，目标管理就是一种让低层管理人员和工人参加工作目标的制定(上下协商确定目标)，并在工作中实行自主安排(自己决定实现目标的方法手段)、自我控制(自己检查评价工作结果并主动采取处理措施)的一种管理制度和方法。目标管理通过变“要我做”为“我要做”，使人们更加热情、努力地去实现自己参与制定的工作目标。当然，目标管理只有在个人目标与组织目标差异较小；员工素质普遍较高时采用才容易奏效。而在目标差异较大、员工素质较低时，较多的外在强加控制则是更为需要的。

三、根据手段的不同，控制可分为：直接控制和间接控制

(一)直接控制

在企业的经营管理中，直接控制是指对管理人员的工作质量的控制。在企业的生产经营活动中，发生偏差的原因往往是由于管理人员指挥不当、决策失误或本身素质太差造成的。因此重视对管理人员的选拔和培训，对其工作经常加以评审激励，促进他们提高管理水平和控制能力，对保证完成计划具有十分重要的作用。

(二)间接控制

间接控制是指对经济活动过程的控制。其往往是在计划实施发生偏差后，才由有关的管理人员对偏差实施控制的。间接控制的特点在于它有一定的弹性和灵活性，通过一定的渠道和手段达到控制的目的。

四、根据控制的集中程度，控制还可分为：集中控制和分散控制

(一)集中控制

集中控制是决策权高度集中的一种控制方式。一般说来，集中控制将企业中各个部门的决策权集中到高层管理者手中，经济活动由高层管理者的行政指令来推动，纵向信息流强而横向信息流弱。在一些生产经营连续性很强的企业里，集中控制是十分必要的。

(二)分散控制

分散控制与集中控制相对应，其特点就是决策权分散。在企业管理中表现为各部门拥有一定决策权，具有一定的经营自主权，横向信息流较强。整个企业显得适应性较强，但难以进行整体协调。

控制的许多特征并不互相排斥，因此有些控制类型往往可以同时归入几种类型，各种控制类型是可以交叉的。而在实际管理控制中，各种控制手段的运用是有机结合在一起的，以达到有效的控制。

第四节　管理控制的基本原则

任何组织要想实现计划目标，必须有一个适宜有效的控制系统保证，构造这个系统应遵循以下基本原则：

一、控制必须与计划同组织相适应

管理的各项职能相互关联、相互制约。既然控制的目标是为了保证计划得到顺利实现，它就需要依靠组织中的各单位、各部门及全体成员来实施。所以,控制系统和控制方法应当与计划和组织的特点相适应。

不同的计划具有不同的特点,计划越是明确、全面、完整,控制系统越能反映计划,则控制越有效。所以,在设计控制系统时,每个管理者都必须紧紧围绕计划进行,要根据计划的特点确定控制标准、衡量方法和纠偏措施。

控制也必须适应特定的组织结构。计划需要人来执行,组织结构决定了职责和分工,因此,控制必须符合结构的要求。组织结构的设计明确、完善,控制系统符合组织的职责分工,控制的效用才能充分发挥。例如,如果产品成本制造部门的组织结构分别进行核算和累计,如果每个车间主任不知道该部门所生产产品的成本目标,那么,他们就不可能知道成本是否合理,也就不可能对成本负责任,就更谈不上成本控制了。

二、控制应该突出重点,强调例外

任何控制不可能面面俱到,事无巨细同等对待,而是根据具体情况选择关键点实行重点控制以取得事半功倍的效果。

在一个完整的计划执行过程中,组织通常需要选出若干关键点,把处于关键点的工作预期成果及其影响因素作为控制的重点。按照“次要的多数、关键的少数”原理,管理人员不必完全了解计划执行中的全部具体细节,就可能达到对组织活动的有效控制。而且,由于控制的对象减少了,控制工作的成本也相应降低。因此,控制要突出重点,抓关键。管理者不能也没有必要对组织活动的方方面都进行控制,而是要针对重要的、关键的少数因素实施重点控制。作为一名有责任心的管理人员都会希望自己对所管理的领域有全面的了解和把握,但明智的管理者则需要认识到,组织中的工作活动往往是错综复杂、涉及面很广的,谁也无法对每一方面、每一件事情均予以控制。全面控制也并不见得是一种最经济、最有效的控制。管理者需要从实际工作出发,因地制宜地找出和确定最能反映或体现其所管辖单位工作成果的关键性因素,对之加以严密控制,其他的方面则相对放松控制,这样可收到有的放矢、事半功倍的效果。

当然,选择关键点除了要有丰富的经验和敏锐的洞察力和决策能力外,还可以借助有关的方法,例如,如何在有着众多作业的大型项目中控制整个工期的时间进度,就可用计划评审技术来确定关键路线和关键作业,这样,控制关键作业的进度就可以控制整个工期,像美国的北极星导弹研制工程和杜邦化工厂的建造,就是由于运用了计划评审技术使工期大大缩短。

控制也应当强调例外原则。管理者将控制工作的重点放在计划实施中出现的特别好或特别坏的“例外”情况上,可以使他们把有限的精力集中于真正需要引起注意和重视的问题方面。当然,例外并不能仅仅依据偏差数值的大小来确定,而要考虑客观的实际情况。在同一个组织中,对于不同类别的工作,一定额度的偏差所反映的事态严重程度并不一样。有时,管理费用高于预算的5%可能无关紧要,而产品合格率下降1%却可能出现产品严重滞销问题。

另外,控制关键点原则和例外原则应结合起来运用,它们两者有某些共同之处,但区别在于前者强调选择控制点,后者则强调观察在这些点上的异常变化。仅仅关注例外情况是不够的,管理应把更多的注意力集中在关键点的例外情况的控制上。

三、控制应该具有灵活性、及时性和经济性的特点

灵活性的控制原则是指控制系统能适应主客观条件的变化,持续地发挥作用,控制工作本

是动态变化的，控制所依据的标准、衡量工作所用的方法等都可能随着情况的变化而调整、变化。如果事先制定的计划因为预见不到的情况而无法执行，而事先设计的控制系统仍然在按部就班地如期运转，那么将会在错误的道路上越走越远。例如，某种产品的销售量的制定，如果实际销售量远远高于或低于与预算的销售量，这时就应该修改预算的销售量，甚至重新制定预算，并根据新的预算制定合适的控制标准。

控制工作还必须注意及时性。信息是控制的基础。为了提高控制的及时性，信息的收集和传递必须及时，如果信息的收集和传递不及时，信息处理时间又过长，偏差便得不到及时纠正。

为进行控制而支出的费用和由控制而增加的收益，两者都直接与控制的程度相关。这意味着控制工作一定要坚持适度、适量的原则，以使提高控制工作的经济性。换句话说，从经济性角度考虑，控制力度并不是越大越好，控制系统也不是越复杂越好。控制系统越复杂、控制工作力度越大，只意味着控制的投入越大。在许多情况下，这种控制投入的增加并不一定会导致计划的更顺利实施。事与愿违的情况，在现实中是经常发生的。有时，自然消退也是一种行之有效的控制方法。

四、控制应注意控制事物的发展趋势

有时控制现状是比较容易的，但控制现状所预示的变化趋势则比较困难。但要使控制有效，控制变化趋势则重要得多。一般来说，趋势是多种复杂因素综合作用的结果，是在一段时间内逐渐形成的，并对管理工作成效起着长期的影响。趋势往往容易被现象所掩盖，它不易被觉察，也不易控制和扭转，而且当趋势已经明朗时，再进行控制就晚了.例如，在美国的汽车市场上，日本汽车的市场份额就是在美国几大汽车厂商的眼皮底下慢慢蚕食的，等到他们回过神来，日本汽车已经在市场上占有了一席之地，不容易被打败了。

所以，有效的控制系统应有预警功能，能在出现某种趋势苗头时，迅速采取措施，跟上趋势或将其消灭在萌芽状态。

五、控制工作应注重培养组织成员的自我控制能力

广大员工在生产和业务活动的第一线，是各种计划、决策的最终执行者，所以，员工进行自我控制是提高控制有效性的根本途径。比如，要提高产品质量，仅靠工商部门监督和新闻报道是不够的，重要的是企业改善管理、加强控制；而在企业中，光靠管理者重视和完善控制制度也是不够的，广大员工应加强质量意识，并对产品生产的每个环节严格把关才是提高产品质量的最终保证。

自我控制具有很多优点。首先，自我控制有助于发挥员工的主动性、积极性和创造性。自我控制是员工主动控制自己的工作，是自愿的。这样，他们在工作中则会潜心钻研业务和技术，对工作中出现的问题会主动设法去解决。其次，自我控制可以减轻管理人员的负担，减少企业控制费用的支出。再次，自我控制有助于提高控制的及时性和准确性。实际工作人员可以及时准确地掌握工作情况的第一手材料，因而也能及时准确地采取措施，纠正偏差。

总之，控制有关管理人员和执行人员的素质，通过提高有关人员的工作能力和业务水平，使出现偏差的概率下降；由于有关人员的素质提高了，其自觉控制的能力将大大增强，在出现偏差时自觉地迅速采取行动，使损失降到最低。

第五节 控制技术

导入案例 10-4

西湖公司是由李先生靠3000元创建起来的一家化妆品公司。开始只是经营指甲油,后来逐步发展成为颇具规模的化妆品公司,资产已达6000万元。李先生于1984年发现自己患癌症后,对公司的发展采取了两个重要措施:①制定公司要向科学医疗卫生方面发展的目标;②高薪聘请雷先生接替自己的职位,担任董事长。

雷先生上任后,采取了一系列措施,推行李先生为公司制定的进入医疗卫生行业的计划:在特殊医疗卫生业方面开辟一个新行业,同时开设一个凭处方配药的药店,并开辟上述两个新部门所需产品的货源、运输渠道。与此同时,他在全公司内制定了一条严格的控制措施:要求各部门制定出每月的预算报告,要求每个部门在每月初都要对本部门的问题提出切实的解决方案,每月定期举行一次由各部门经理和顾客代表参加的管理会议,要求各部门经理在会上提出自己本部门在当月的主要工作目标和经济往来数目。同时他特别注意资产回收率、销售边际及生产成本等经济动向,他也注意人事、财务收入和降低成本费用方面的工作。

由于实行了上述措施,该公司获得了巨大的成功。到80年代末期,年销售量提高24%到1990年达到20亿元。然而,进入90年代以来,该公司逐渐出现了问题:1992年出现了公司有史以来第一次收入下降、产品滞销、价格下跌。主要原因有:①化妆品市场的销售量已达到饱和状态;②该公司制造的高级香水一直未打开市场,销售情况没有预测的那样乐观;③国外公司挤占了本国市场;④公司在国际市场上出现了不少问题,推销员的冒进,得罪经销商,公司形象没有很好地树立。等等。

雷先生也意识到公司存在的问题,准备采取有力措施,以改变公司目前的处境。他计划要对国际市场方面进行总结和调整,公司开始研制新产品。他相信用了大量资金研制的医疗卫生工业品不久也可以进入市场。

试想,雷先生在西湖公司里采取了哪些控制方法?

控制技术是指控制过程中所使用的具体控制方法和手段。控制技术是多种多样的,各有其特点和作用。下面是一些常用的控制技术和方法:

一、人事管理控制

管理者除了对本组织的预算、财务和生产销售进行控制外,还必须注意对人事方面的管理进行控制。从本质上讲,人事方面的管理控制主要集中在对组织内人力资源的管理上。具体有两大方面:一是主要人事比率的控制。即分析组织内各种人员的比率,如管理人员与职工的比率、后勤服务人员与生产工人的比率、正式职工与临时工的比率,以及人员流动率和旷工缺勤率等,这些比率是否维持在合理的水平上,以便采取调整和控制措施。比如,反映调离和调进本单位的职工占职工总数比例的人员流动率如果太高,会影响职工队伍的稳定和增加培训费用,但如果人员长期不调动,也会使组织缺少新的血液和活力,因此流动率需要控制在一定的限度内。另一是对管理人员和一般员工在工作中的成绩、能力和态度做出客观公正的考核、评价和分析鉴定,这既有利于激励原来表现好的员工继续保持和发扬下去,也有利于使原来表现差的员工朝着好的方向转化和发展。

二、预算控制

预算控制是一种计划技术，是未来某一个时期具体的、数字化的计划，它把计划分解成以货币或其他数量单位的预算指标，要求各个部门的运作和开支在预算范围内。预算也是一种控制技术，它把预算指标作为控制标准，用来衡量其计划的执行情况。

(一)预算的种类

一般预算可分为5类：

(1)收支预算。包括收入预算和支出预算。收入预算主要是在某个计划期的有关收益及其来源，像企业有销售收入、租金、专利收入及其他投资收益等，可根据具体情况作相应预算。一般来说，企业的主要收入是销售收入，可单独编制预算；支出预算即计划期各种费用支出的预算，例如，企业生产经营中有许多费用发生，材料费、人工费、管理费、销售费等等，企业可根据会计科目中的某些费用编制单独或综合的预算。一般影响成本的主要费用应编制详细的预算，如材料费、人工费等，而有些费用则只编制较长时间内的预算，如办公用品费用等。

(2)实物预算。是以实物为计量单位的预算，它的范围很广，如产量预算、人工预算、机时预算、原材料消耗预算、燃料消耗预算、库存预算等等。

(3)投资预算。一般包括建新厂、买房产、购买机器设备等扩大固定资产投资以及其他方面的投资预算，这些费用的数目一般比较大，且短期难于收回，需慎重对待，应用一定的时间做调查和论证工作，并列出专项预算。

(4)现金预算。根据收支预算确定在计划期内的现金的收支情况，让管理者清楚他有多少现金，够不够一些设想的开支，从中也可以发现是否有多余的现金库存或不合适的开支。由于任何组织的运营都需要一定的现金，如企业需要给职工发工资、购买原材料、缴纳各种税费及临时开支，所以都比较重视现金预算。

(5)综合预算。则是考虑各种因素后的多项内容的预算，它的单位可以是货币，也可以是实物。如资产负债表预算等。

(二)预算的可能危害

预算使管理控制目标明确，让人们清楚地了解所拥有的资源和开支范围，使工作更加有效，但过分依赖预算，也会在一定程度上带来危害，其主要表现在以下几个方面：

(1)让预算目标取代组织目标。有些管理者过于热衷使所辖部门的各项工作符合预算的要求，甚至忘记了自己的首要职责是保证组织目标的实现，如有时一些部门会因为没有预算拒绝做某些为达到目标采取的特殊手段；同时，预算还会加剧各部门难于协调的局面，故应在预算时加以考虑。

(2)预算过于详细。过于详细的预算，容易抑制人们的创造力，甚至使人们产生不满或放弃积极的努力，还会提供逃避责任的借口；同时，预算太细，带来的预算费用也大，是得不偿失的。

(3)预算导致效率低下。预算带来一种惯性，有时它会保护既得利益者。因为预算往往是在根据基期的预算数据加以调整，这样，不合理的惯例或以前合理现在已不合理的惯例给一些人带来利益；同时基层预算提供者总是把数据抬高一点，以便让高层领导在审批中削减，这样，又增加了预算的不合理性。总之，不严格的预算可能成为某些无效工作的保护伞，而预算的反复审核又将加大预算编制的工作量。

(4)预算缺乏灵活性。在计划执行过程中，有时一些因素发生的变化出乎预测，会使一个刚制定的预算很快过时,如果在这种情况下还受预算的约束,可能造成重大的损失。

(三)预算的方法

由于预算的结果常被用来作为控制标准,故预算方法的选定非常重要。一般预算采用固定预算,而且多为根据基期数据调整,从而带来一定的危害,这些在上面已有所提及。另外两种方法可以在一定的程度上改善,即弹性预算和零基预算。

(1)弹性预算。又称可变预算。其基本思想是按固定费用(在一定范围内不随产量变化的费用)和变动费用(随产量大小变化而变化的费用)分别编制固定预算和可变预算,以确保预算的灵活性。在编制可变预算时,应根据具体情况研究各种费用的变动程度,以确定各种换算系数,这样更有利于预算的合理性、准确性,减少预算变动的频繁程度。

(2)零基预算。零基预算是由美国德州仪器公司首创的,其基本思想是在编制预算时,必须对每项费用都予以重新核查,要以目前的需求和发展趋势作为核查基准。

零基预算要求每个项目的预算费用以零为基数,通过仔细分析各项费用开支的合理性,并在"成本—效益"分析的基础上确定预算。它避免了固定预算中只重视前段时期变化的倾向,迫使管理者重新审视每个计划项目及其费用开支,能充分调动人们的积极性和创造性,挣脱某些惯例的束缚,并促使人们精打细算,量力而行。但需注意的是,零基预算工作量很大,成本比较高,而且在费用估计时有一定的主观性。

三、审计控制

下面所要讨论的就是针对企业的整体运行和经营活动的一项控制技术——审计。

审计的形式很多,但用于控制过程的主要有三种:外部审计、内部审计和管理审计。

(一)外部审计

外部审计通常是由一个独立的公共会计事务所来进行的。这种审计的主要目的是测定企业的财务记录是否真实地反映了企业的财务状况,验证这些记录是否准确,测定是否一贯地实施了既定的会计程序。同时,外界也希望从外部审计报告中了解企业的信用情况、经营状况和偿还能力,防止信用危机,维护投资者的利益。

外部审计对于控制过程的作用是间接的,它主要是针对企业的财务记录,不包括计划、政策和作业以及一些非财务部门。

(二)内部审计

内部审计是由企业组织内部的特殊人员负责进行的。同外部审计一样,内部审计也验证企业财务记录,并测定这些记录是否符合预计的要求。但内部审计的目的是为内部控制提供依据和手段,它力图测定其他控制的效能,因此,内部审计可以被看作是对其他控制形式的总控制。

有效的内部审计主要起到了以下三方面的作用:第一,内部审计提供了一种测定程序和方法,来检查企业在实现其目标、遵循既定政策方面是否成功。第二,内部审计可以对企业政策、计划的可行性和有效性、控制方式等方面提出改进建议和措施。第三,内部审计使高层管理人员对企业的经营管理状况、收支状况和信用状况有了一个清晰的了解和全面的认识。现在,利用内部审计作为一种控制手段,在很多企业中已得到了推广和利用。

一般说来,内部审计的主要范围是企业的财务部门,但并不局限于这些部门。近年来,很多企业的内部审计已经进入到企业的非财务部门,接近到管理审计的范畴。

(三)管理审计

从20世纪30年代起,世界经济进入了新的发展阶段,一方面现代科学技术突飞猛进并大规模应用于生产,使生产力获得十分迅猛的发展;另一方面,跨国公司大量涌现,企业的规模越来越大,生产经营日趋复杂,企业外部的市场情况瞬息万变,竞争更加激烈。这些新的技术和环境,对企业管理相应地提出了新的要求,一方面要求企业的内部管理控制更加合理化,科学化;另一方面,要求企业具有灵活的反应能力和高度的适应能力。正是在这种背景下,促成了管理审计的形成和发展。

通常,管理审计是由企业自己负责进行的。管理审计较之于传统的审计,履行更加广泛的职能。管理审计的主要职能就是通过对市场趋势、技术的最新发展,影响企业的政治和社会因素的研究分析,通过对企业的外部环境进行客观的预测,确定企业在行业中的位置,拟订今后的发展规划。管理审计的另一项职能,是为企业的管理人员提供企业内部生产经营各个方面的信息和资料,帮助他们正确地进行经营决策和控制。

管理审计不同于一般的审计。为了更好地服务于企业的管理和控制,它必须同时兼顾企业生产经营的全局和局部两个方面,也就是说,它既要从整个企业的全局出发来考虑、观察和处理问题,又要从企业的各局部出发来考虑、观察和处理问题。

管理审计的一个重要特点就是它是面向未来的。它依据所掌握的资料,对生产经营各个方面可供采用的方案、可能取得的成绩和效益进行科学的预测和比较,以便为企业的管理人员正确地选择最优方案提供客观的依据。

四、作业控制

作业管理是任何组织将输入转化成输出的过程中的管理。由于转换过程是消耗成本最大的方面之一,其效率的高低直接影响收益情况。任何组织都非常重视作业管理,它的好坏也体现了管理效率的水平。

作业控制是为了保证各项作业计划的顺利进行而做的一系列工作。作业计划一般包括生产计划及生产作业计划。企业根据顾客需求,在一定的生产技术条件下,亦即在一定的生产能力、工艺流程、平面布置等条件下,安排生产作业活动。作业控制一般包括质量控制、进度控制、采购库存控制等。我们只简单介绍以下几种。

(一)质量控制

质量是由产品使用目的所提出的各项适用特性的总称。对产品质量特性,按一定的尺度、技术参数或技术经济指标规定必须达到的水平,这就形成质量标准,它是检验产品是否合格的技术依据。质量控制就是以这些技术依据为衡量标准来检验产品质量的。为保证产品质量符合规定标准要求和满足用户使用目的,企业需要在产品设计、试制、生产制造直至使用的全过程中,进行全员参加的、事后检验和预先控制有机结合的、从最终产品的质量到产品赖以形成的工作的质量全方位抓的质量管理活动。

(二)进度控制

这是根据产品生产或项目建设的进度计划要求,对各阶段活动开始和结束的时间所进行的控制。网络分析的思想告诉我们,进度控制可以从一系列相互关联的活动中挑选那些时间冗余幅度小的关键活动路线加以密切注视,以免某关键活动的一次延误就影响到后续各项活动乃至总体进度按时完成。

(三)库存控制

主要是对量大面广的原材料、燃料、配件、在制品、半成品和产成品等存货品种和数量的控制。库存增加,不仅需要占用生产场地,还会造成保管费用上升、资金周转减慢,材料腐烂变质等问题。但库存过少,又容易造成生产因停工待料而中断,产成品因储备不足而造成脱销损失,等等。因此,库存应当保持在适当的水平,以保证生产和销售的需要。

五、其他控制方法

控制技术还有许多,下面简单介绍几种。

(一)计划评审法

计划评审法也称网络技术,主要功能是帮助管理人员在众多的有着时间顺序联系的单个活动中找到对整个计划的按期完成或在最短时间内完成有重大影响的关键活动,并提供各活动运行的时间区间和机动时间,将杂乱无序的繁多的活动安排得井井有条,各项活动只需在规定的时间内完成,管理控制人员对整个项目的完成时间可以做到心中有数,并知道应对哪些关键活动重点控制。它是一种计划方法,也是控制方法,而且是预先控制方法,系统越复杂,越能显示出它的效率。

(二)线性规划

线性规划是在系统的各项现有资源的约束条件下,为某一预定目标提供最优方案。例如,一个企业,在一定的时间内,它的一些资源如厂房、机器设备、生产效率、职工人数、产品品种、技术设计水平、产品成本及售价等,要么是个定数,要么有一个限度。那么,在现有条件下,要达到利润最大,它的各项资源如何配置? 应用线性规划,即能找到最优方案。

线性规划是预先控制方法,它能根据现有的资源状况,提供最优资源配置方案,以充分利用各项资源,获得最大效益。

(三)排队论

排队论,又称随机服务系统,是研究顾客排队等候和服务网点设立之间的关系的理论。服务网点太多,要增加投资,会产生空闲浪费;服务网点太少,顾客要排队,得不到及时服务,于双方都会产生不利影响。如病人等候太久,病情会加重,购物时人太多,顾客会离开,商家也失去了顾客。排队论即为解决这些矛盾,寻找平衡方案的理论。

排队论不仅应用于商业网点分布问题,还应用于社会交通的疏导、水库水位的调节、电话占线的问题、故障机器的修理等问题。

本章提要

(1)控制就是依据计划检查衡量计划的执行情况,并根据偏差或调整行动,或调整计划,做到凡事心中有数,凡事都在掌握之中。

(2)控制在管理中的作用有两方面,纠偏作用和调适作用,使行动和计划相吻合。

(3)控制过程可分为4个阶段:①建立绩效标准;②衡量实际绩效;③比较标准与实际绩效差异;④评估差异结果并采取必要的修正行动。

(4)任何系统的运行过程都表现为输入—转换—输出,根据控制点的不同时间,控制可分为预先控制、现场控制、事后控制。

(5)构造一个适宜有效的控制系统应注重反映计划要求,适应组织结构要求,重点控制关键点和例外情况,多使用直接控制和控制趋势这些基本原则。

(6)一个有效的控制系统应是客观准确的、灵活应变的、经济合算的、全局统筹的、有针对性的、面向未来的、有具体行动的。

思考与练习

一、思考复习题

1. 计划和控制的关系是什么?

2. "衡量什么"和"如何衡量"有什么联系?

3. 纠正偏差的行动有哪几种形式,它们的差异是什么?

4. 试比较几种控制方式的差异。

5. 有效的控制系统的特性是什么? 举例说明。

6. 控制是为了使不希望的行为更少发生呢,还是更多着眼于使所希望表现出的行为更多地发生?

7. 无论是在学校读书,还是在企业工作,你都不难发现有一系列的规章制度存在。对规章制度的控制作用,你是怎么看的?

8. 你认为控制越全面、越严格是否越好? 按照控制的关键点原理和例外原理进行控制,是否有可能导致控制工作的无效或不力? 依你看来,成功地运用控制关键点原理和例外原理的关键是什么?

9. 管理学教科书中经常将管理过程概括为是以计划职能为起点的"计划—组织—领导—控制……"。你认为,在实际管理工作中,计划与控制究竟哪个是管理工作过程的开始?

10. 你能列举出一些有代表性的管理方法,说明其中进行的计划工作与控制工作是如何相互交织地联系在一起的吗? 目标管理法为什么不是一种纯计划方法? 目标设定与行为控制之间有什么关联?

11. 分室安装的家用煤气热水器,在使用中经常出现水温调节的"难题"。在这种水温调节中,你觉得反馈、前馈和现场控制原理各有什么样的适用性? 你能否联系这个例子说明反馈控制中时滞(滞后性)产生的原因有哪些?

二、案例分析题

查克停车公司的两项业务

你要是在美国好莱坞或贝弗利山举办一个晚会,肯定会有这样一些名人来参加:尼科尔森、麦当娜、克鲁斯、切尔、查克·皮克。

"查克·皮克?"

"自然!"

没有停车服务员,你不可能成功地举办晚会。在南加州,停车业内响当当的名字就数查克·皮克了。

查克停车公司是一家小企业,但每年的营业额有几百万美元。公司拥有雇员100多人,其中大部分为兼职人员。每个星期,查克停车公司至少要为几十个晚会料理停车业务。在最忙的周六晚上,公司可能要同时为6~7个晚会提供停车服务,每一个晚会可能需要3~15位服务员。

查克停车公司经营的业务包含两项:一是为晚会料理停车事宜;另一是同一个乡村俱乐部

办理停车经营特许权合同。这个乡村俱乐部要求提供 2～3 个服务员，每周 7 天都是这样。但查克的主要业务还是来自私人晚会。他每天的主要工作就是拜访那些富人或名人的家，评价道路和停车设施，并告诉他们需要多少个服务员来处理停车的问题。一个小型的晚会可能只要 3～4 个服务员，花费大约 400 美元。然而一个特别大型的晚会的停车费用可能高达 2000 美元。

尽管私人晚会和乡村俱乐部的合同都涉及到停车业务，但它们为查克提供收入的方式却很不相同。私人晚会是以当时出价的方式进行的。查克首先估计大约需要多少服务员为晚会服务，然后按每人每小时多少钱给出一个总价格。如果顾客愿意"买"他的服务，查克就会在晚会结束后寄出一份账单。在乡村俱乐部，查克根据合同规定，每月要付给俱乐部一定数量的租金来换取停车场的经营权。他收入的惟一来源是服务员为顾客服务所获得的小费，因此，在私人晚会服务时，他绝对禁止服务员收取小费，而在俱乐部服务时小费则是他惟一的收入来源：

思考题：

1．你是否认为查克停车公司的控制问题在两种场合下是不同的？如确实如此，为什么？

2．在前馈、反馈和现场控制三种类型中，查克应采取哪一种手段对乡村俱乐部业务进行控制？对私人晚会停车业务，又适宜采取何种控制手段？

戴尔公司与电脑显示屏供应商

戴尔公司创建于 1984 年，是美国一家以直销方式经销个人电脑的电子计算机制造商，其经营规模已迅速发展到当前 120 多亿美元销售额的水平。戴尔公司是以网络型组织形式来运作的企业，它联结有许多为其供应计算机硬件和软件的厂商。其中有一家供应厂商，电脑显示屏做得非常好。戴尔公司先是花很大的力气和投资使这家供应商做到每百万件产品中只能有 1 000 件瑕疵品，并通过绩效评估确信这家供应商达到要求的水准后，戴尔公司就完全放心地让他们的产品直接打上"Dell"商标，并取消了对这种供应品的验收、库存。类似的做法也发生在戴尔其他外购零部件的供应中。

通常情况下，供应商需将供应的零部件运送到买方那里，经过开箱、触摸、检验、重新包装，经验收合格后，产品组装商便将其存放在仓库中备用。为确保供货不出现脱节，公司往往要贮备未来一段时间内可能需要的各种零部件。这是一般的商业惯例。因此，当戴尔公司对这家电脑显示屏供应商说道："这型显示屏我们今年会购买 400 万到 500 万台左右，贵公司为什么不干脆让我们的人随时需要、随时提货"的时候，商界人士无不感到惊讶，甚至以为戴尔公司疯了。戴尔公司的经理们则这样认为，开箱验货和库存零部件只是传统的做法，并不是现代企业运营所必要的步骤，遂将这些"多余的"环节给取消了。

戴尔公司的做法就是，当物流部门从电子数据库得知公司某日将从自己的组装厂提出某型号电脑××部时，便在早上向这家供应商发出配领多少数量显示屏的指令信息，这样等到当天傍晚时分，一组组电脑便可打包完毕分送到顾客手中。如此，不但可以节约了检验和库存成本，也加快了发货速度，提高了服务质量。

思考题：

1．你认为，戴尔公司对电脑显示屏供应厂商是否完全放弃和取消了控制？如果是，戴尔公司的经营业绩来源于哪里？如果不是，那它所采取的控制方式与传统的方式有何切实的不同？

2．戴尔公司的做法对于中国的企业有适用性吗？为什么？

三、讨论题

1．试举例说明生活或工作中几种控制方式的使用。

2．探讨了中国快餐和“洋快餐”的竞争状况，试进一步从控制的角度讨论中国快餐业应如何发展。

3．我国银行曾推出了“限时服务，超时罚款”的举措，但实施不久后就因电脑出现故障，储户等候时间过长要求赔偿引起诉讼，试查阅有关资料，讨论该举措的得当与否以及改进方案。

4．试就你熟悉的企业或部门提出你认为的控制关键点。

第十一章 组织文化

【学习目的与要求】

1．了解组织文化的起源，掌握组织文化的定义、内容与特征；

2．熟悉组织文化的类型与基本结构；

3．知晓组织文化的作用与功能；

4．熟悉组织文化形成、保持和变革的途径，掌握组织文化建设的原则和步骤。

第一节 组织文化的兴起及其内容

导入案例 11-1

玛丽·凯化妆品公司是一个具有强文化的非常成功的公司。文化的塑造者同该公司的创始人是同一个人——玛丽·凯·阿什。

玛丽·凯的故事对每一个有创业抱负的人来说，都是一个鼓舞。在她 50 岁出头时，用 5000 美元的积蓄，开始在达拉斯的一家小商店出售护肤产品。20 年后，她的公司成为一家跨国企业，年销售额达 3 亿美元，并拥有一支 200 000 人的销售队伍。今天，玛丽·凯化妆品公司的平均净资产利润率达到 40％以上，这是美国产业中最高的净资产利润率。

玛丽·凯将她的成功归功于培育了一种鼓励和奖赏员工的公司文化——尤其是鼓励和奖赏那些推销公司化妆品的独立销售人员。正像她所说的："我们公司只是同我们的员工一样出色"。尽管她承诺提供可靠的最优质的产品，但她并不打算垄断同类产品。玛丽·凯公司与其竞争者的区别在于公司对销售人员、教导员及管理者的责任。玛丽·凯挑选那些能够找到的最优秀的人员，并付给他们最高的报酬，她尽一切努力去鼓励公司的人员，以巩固所有积极的销售成果。她建立了一套报酬和奖金方案，使得公司成千位销售代表的年收入实实在在地超过 5 万美元。

如果说有哪一项活动最能代表玛丽·凯公司文化的话，那么它就是公司每一年都要举行的 3 天年度会议。这是一项壮观的，犹如"竞技场般的"盛大活动，融进了鼓舞、纵情欢乐、教育以及雇员之间的了解。盛会的主要目的之一是让尽可能多的公司销售人员抛头露面。销售成绩斐然的人员会获得金钱、珠宝及闻名的玛丽·凯"粉红色卡迪拉克车"的奖励。按照玛丽·凯·阿什的观点，重要的是在他们脱颖而出之前，他们就得到了大家的认同。结果，公司文化造就出一个具有无限热情及团队精神的销售组织。

一、组织文化的兴起

组织文化的实践活动源远流长，它是伴随着组织的出现而产生的，即自从有了组织（尤其是企业）就有了组织文化这一客观现象。但是，自有企业以来一直到20世纪上半期，组织文化在整个企业发展过程中的作用并不明显。20世纪80年代以后人们才开始认识和研究组织文化，并形成理论探索和实践的高潮。组织文化理论最早始于美国的管理学者对日本企业管理实践的总结和研究，并通过对美日两国的企业管理模式进行比较，得出了一系列有关组织文化理论和实践的研究成果。由此可以说组织文化的理论诞生于美国，而在日本企业管理实践中得到最大的体现。虽然"组织文化"这个概念中的"组织"包含了企业以外的其他所有组织，但在大多数情况下，组织文化指的是"公司文化"或"企业文化"。

从组织文化的产生历史来看，第二次世界大战结束时，日本在经济上远远落后于美国，但它却以惊人的速度从战败的废墟中爬起来，恢复和发展本国的经济实力。特别是20世纪70年代之后，日本企业在电子、汽车等生产领域和传统的工业部门对美国企业长期占据的优势地位提出了挑战。到了20世纪80年代，日本在很多方面都超过了美国，这给美国企业和美国经济带来了巨大的震动，引起了世人的广泛关注。在对"日本奇迹"的探索中，美国研究人员逐渐意识到，形成日本企业巨大生产力、高质量和强大竞争能力产品的不仅仅是发达的科学技术、先进机器设备等物质和经济因素，而且包括了更为深刻的社会历史、文化传统、心理状态等文化背景因素。正是这诸多的因素融合，使日本企业独具特色，造就了日本人与众不同的企业精神。这种对日本企业成功奥秘的探究，引起了美国理论界对本国组织文化实践的深刻反思，并由此在美国拉开了组织文化理论研究的序幕。

1979年，美国学者沃尔格出版了《日本名列第一》一书，回答了为什么自然资源如此贫乏的日本，却能巧妙地解决美国人认为非常棘手的问题。这本书一出版就在国际上引起了轰动，开创了组织文化研究的先河。进入20世纪80年代，美国连续出了4本管理畅销书：《Z理论——美国企业界怎样迎接日本的挑战》、《日本企业管理艺术》、《企业文化——现代企业的精神支柱》、《寻求卓越——美国最成功公司的管理经验》。这4本著作被誉为组织文化的"四重奏"，从不同的层面描述了组织文化。

日裔美籍学者威廉·大内的著作《Z理论——美国企业界怎样迎接日本的挑战》发表于1981年，该书对美国和日本的企业管理方式进行了比较，把美国式的领导个人决策、员工被动服从的企业称为A型组织，特点是短期雇佣、专职专能；把日本式管理的组织称为J型组织，其特点是领导和员工的积极性融为一体。大内认为应该通过学习日本，革新美国的企业，建立新型的Z型组织，即强调企业与员工荣辱与共、决策采取集体研究与个人负责相结合、树立牢固的整体观念、以自我指挥代替等级指挥等。大内还指出了由A型组织转化到Z型组织的13个步骤，从案例和实际操作的角度提出"企业文化"的概念，并对他所概括的"Z型文化"做了精辟的论述。

在理查德·帕斯卡尔和安东尼·阿索斯合写的《日本企业管理艺术》中，提出了著名的"七因素理论"或称"7S"理论。这7个因素是：结构、战略、制度、技能、作风、人员和最高目标，最高目标代表了企业成员共有的价值观。该书认为美国在企业管理过程中过分强调前3个“S”,对后4个“S”重视不够;日本企业则在不忽视前3个硬性“S”的前提下,很好地兼顾了其他4个软性“S”,即重视组织文化,使企业在激烈的竞争中充满活力。

特伦斯·迪尔和爱伦·肯尼迪合著的《企业文化——现代企业的精神支柱》于1982年出版。该书首次将组织文化作为一门系统的理论加以研究,并进行了系统而全面的论述。该书认为组织文化由企业环境、价值观念、英雄人物(即企业所推崇的楷模)、文化仪式和文化网络5大要素组成,并把组织文化分为前人文化,拼命干、尽情玩文化,风险文化,过程文化等4种类型。该书为组织文化这一理论奠定了深厚的基础,是组织文化理论探索的一个里程碑。

《寻求卓越——美国最成功公司的管理经验》一书的作者是两位企业问题专家托马斯·彼得斯和小罗伯特·沃特曼。他们归纳了成功公司的8个共同特点,其中突出的一条就是长期坚持形成有自己特色的组织文化,以此作为企业发展的动力。

在组织文化“四重奏”之后,20世纪80年代中后期以来,一些学者陆续发表一些心得著作,对组织文化进行更深入的探讨,组织文化研究进入到一个新的阶段。

二、组织文化的概念

组织文化是指处于一定社会经济文化环境中的组织在长期发展过程中形成和发展起来的共有的、独特的价值观、制度形式和行为方式的总和。组织文化是组织内部所有成员共同认可与遵守的价值观念和行为模式,它决定了组织成员的行为方式。组织文化是组织成员在解决组织内外部问题过程中不断学习形成的。组织文化形成后,会产生传导作用,由老成员传递给新成员,使之能像老成员一样地观察、思考和感受事物。

有一个企业的总经理曾经以玩笑的口吻将组织文化描绘为“恒温状态下的真菌,你很难用手捕捉到它,然而它却无处不在。”

组织文化是“我们在这办事的方式”,它就像一个人的个性。根据美国当代著名管理学家斯蒂芬·P·罗宾斯在其名著《管理学》中的描述:组织文化可以通过评价一个组织所具有的10个特征加以识别,这10个特征是:

(1)成员的一致性。成员与作为一个整体的组织保持一致的程度,而不是只体现出他们的工作类型和专业领域特征。

(2)团体的重要性。工作活动围绕团队组织而不是围绕个人组织的程度。

(3)对人的关注。管理决策要考虑结果对组织中人的影响程度。

(4)单位的一体化。鼓励组织中各单位以协作或相互依存的方式运作的程度。

(5)控制。用于监督和控制雇员行为的规章、制度及直接监督的程度。

(6)风险承受度。鼓励员工进取、革新及冒险的程度。

(7)报酬标准。同资历、偏爱或其他非绩效因素相比,依雇员绩效决定工资增长和晋升等报酬的程度。

(8)冲突的宽容度。鼓励雇员自由争辩及公开批评的程度。

(9)手段-结果倾向性。管理更注意结果或成果,而不是取得这些成果的技术和过程的程度。

(10)系统的开放性。组织掌握外界环境变化并对这些变化及时做出反应的程度。

三、组织文化的内容

从组织文化的形式来看,其内容可以分为显性和隐性两大类。显性内容就是指那些以精神的物化产品和精神性行为为表示形式的，通过直观的视听器官能感受到的，又符合组织文化实质的内容，它包括组织标志、工作环境、规章制度和经营管理行为等方面。组织文化的隐性内容是组织文化的根本，是最重要的组成部分，直接表现为精神活动，直接具有文化的特质。组织文化的隐性内容大致包括组织哲学、价值观念、道德规范、组织精神等方面。为了更好地理解组织文化的整体内容，我们将组织文化具体分为三个层次进行分析研究，即表层、中介层、核心层，如图 11-1 所示。根据这三个层次的基本内容，我们将它们分别称为物质层、制度层和精神层。

（一）物质层

物质层文化是组织文化中最直观、最表象的部分，它包括组织标志、工作环境、企业的产品、企业广告等等可以被人们直接看到、感受到的物化部分。

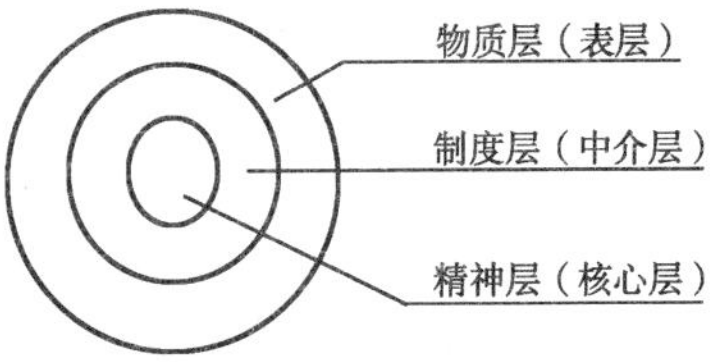

图 11-1　组织文化的层次

组织标志是指以标志性的外化形态来表示本组织的组织文化特色并和其他组织明显区别开来的内容，包括厂牌、厂服、厂徽、厂旗、厂歌、商标、标志性建筑等。组织标志有助于组织形象的塑造，有助于激发员工的自豪感和责任感。

工作环境是指员工在组织中办公、生产、休息的场所。良好的工作环境一方面是领导爱护员工、保障员工权利的表现，另一方面又能激发员工热爱组织、积极工作的自觉性。因此，以改善工作环境为主要内容的环境建设是组织文化的一个组成部分。

企业的产品包括有形的物品和无形的服务。有形产品包括产品实体及其品质、特色、品牌和包装；无形服务包括给买主带来附加利益和心理上的满足感及信任感的售后服务、保障、销售声誉等。

（二）制度层

制度层文化是指具有本组织文化特色的各种规章制度、道德规范和员工行为准则等的总和。它是组织文化的中介层，表现在它是精神与物质的中介，是组织文化中人与物、人与企业运营制度的结合，它既是适应组织文化物质层的固定形式，又是塑造组织文化精神层主要机制的载体。组织文化的制度层是实现组织目标的有力措施和手段，它成为约束组织和员工的行为规范的模式，使员工个人的活动得以合理进行，使组织在竞争激烈的环境中处于良好的状态，从而保证组织目标的实现。脱离了制度层的组织文化将是空中楼阁，失去了实际作用。组织文化的制度层构成了各个组织在管理制度上的不同文化特征。例如，经营管理行为诸如“质量第一”为核心的生产活动，“顾客至上”为宗旨的营销活动，“建立良好人际关系”为目标的公共关系活动等，都是组织哲学、价值观念、道德规范等的具体实施和直接体现。

（三）精神层

精神层文化是指组织员工长期形成并共同接受的思想意识活动，包括组织精神、组织哲学、价值观念、道德规范、管理思维方式等。精神层是组织文化的源泉，在整个组织文化的框架中，它处于最深层次，是组织文化的核心部分。

组织哲学是组织理论化、系统化的世界观和方法论，是一个组织全体成员所共有的对事物的最一般的看法，用于指导组织的生产、经营、管理等活动。从一定意义上讲，组织哲学是组织最高层次的文化，主导、制约着组织文化其他内容的发展方向。从根本上说，组织哲学是对组织进行总体设计、总体信息选择的综合方法，是组织一切行为的逻辑起点。组织哲学在管理史上已经经历了“以物为中心”到“以人为中心”的转变。

价值观念是指组织的管理人员和全体员工对组织的生产经营活动和组织中人的行为是否有价值以及价值大小的总的看法和根本作用。它包括组织存在的意义和目的、组织各项规章制度的价值和作用、组织中人的各种行为与组织利益的关系等。价值观念是组织文化的重要组成部分,为组织的生存和发展提供了基本的方法和行动指南,为组织成员形成共同的行为准则奠定了基础。价值观念对组织成员的行为起着直接的支配作用,因而也限定了管理人员的管理活动不能与之背道而驰。例如美国的3M公司推崇创新,认为企业的价值在于创新.当利润、效率与创新发生矛盾时,它会自然地选择后者。因此,创新价值观成为3M公司组织文化的特色。

道德规范是所有组织成员自觉遵守的行为准则和道德风气、习俗。它包括是非界限、善恶标准和荣辱观念等。道德规范的形成主要取决于组织哲学和价值观念的作用,管理人员应通过树立优秀的组织哲学和价值观念来引导组织形成良好的道德规范。良好的道德规范主要表现为尊重知识、尊重人才、友好相处,自觉工作,与组织共命运等等。

组织精神是指组织群体的共同心理定势和价值取向,是组织哲学、价值观念和道德规范的综合体现和高度概括,反映了全体组织成员的共同认识和追求。例如,美国杜邦公司的企业精神是“通过化学为人们提供更好的生活”,表明了杜邦公司独特的经营宗旨。

四、组织文化三个层次之间的关系

组织文化的三个层次的内容相互依存、相互作用并且不断发展,形成了形形色色的组织文化。三个层次之间的关系如下:

(一)组织精神层的内容决定了物质层和制度层的内容,精神层是组织文化的核心。

相对于其他两个层次的内容来说,精神层的内容较为稳定,它受社会、政治、文化传统、企业经营实践的影响较大,一旦形成就难于改变。正是由于这个原因,精神层的内容在组织文化中起着决定性的作用,从而在很大程度上决定了物质层和制度层文化的产生。美国埃克森石油公司的价值观是:高度尊重个人的创造性,绝对相信个人的责任感,但同时默认在作出重要决定前要达成一致。这就决定在制度层方面表现为随便的衣着和沟通方式,没有等级标志等。而另外一家总部在欧洲的麦迪公司,它的价值观是尊重资历、学识和经验,注重通过服务时间的长短,整体工作情况和个人的教育背景来评价职员,因此在物质层和制度层就表现为:一切都是规范化和正式化的,大楼中的办公室都有正式标志,大厅中的静默气氛,人们在大厅中见面时周全的礼节,专门的高级经理人员餐厅,文件中使用正式的术语等。精神层内容的差异使以上两个公司的物质层和制度层的内容表现完全不一样。

(二)制度层是精神层和物质层的中介。

精神层的内容几乎是直接决定了制度层的内容,并且通过制度层而影响物质层。创造组织价值观和提出思维方式的往往是组织的创始人或最高层领导人。为了使组织内部员工都能接受、遵从这些价值观念、思维方式,他们通常都直接指导各种规章制度、行为准则的制定。这些制度、准则对精神层文化的内容起到正强化或负强化的作用。没有制度层的支持,精神层的内容就有可能成为空谈。同时,这些制度、准则的推行和实施,又需要组织创建一定的工作环境、文化设施等来配合,即建立一定的物质层文化。这个过程表明了制度层的中介属性。

(三)物质层和制度层是精神层的直观体现。

组织的工作环境、文化设施、规章制度等是最能直接体现组织文化的,即物质层和制度层以其外在的形式体现了组织文化精神层次的价值观念、经营哲学和道德规范等内容。因此,许多成功的组织都非常重视物质层和制度层的建设,明确组织的特征和标志,完善组织的制度和规范,使得组织文化的精神内涵得以很好地体现。

从以上对组织文化的层次及其相互关系的分析中可以看出,组织文化的精神层是最根本的,它决定着其他两个层次。因此,建设组织文化要以精神层文化的确立为核心。

第二节　组织文化的类型

导入案例 11-2

不同类型组织的文化比较

A 公司是一家迅速发展、非常成功的财务服务公司。它的职工将近 4000 人,其总部设在美国东南部,其企业文化可以被描述成“充分开放的”。它是高度认真的、快节奏的、非常有雄心、积极参与的文化。当这家公司在设计其职工确认方案时,会将方案和文化联系在一起。当庆祝的时刻来临时,职工举行隆重的聚会。出众的业绩会得到热烈的宣传,并在全体职工面前得到确认。

B 公司是家制造公司。B 公司生产自动化的工业机械和用于航天工业的精密仪器。那儿有种强大的工程职业道德。由于公司的一半业务是与山姆大叔的航天计划有关,那里的文化被精确性的要求所驱动。管理强调信任个人和授权于所有人而竭力避免官僚主义倾向。企业的氛围是职业性的、尊重人的。

美国、日本同类组织文化的比较

1．自我和他人

美国人认为应该表现个性,有明确、独立的自我意识;日本人则让自己成为群体中的一员。美国人强调与他人分离,努力保持自己的身份;日本人则强调与他人的联系和互惠。美国人认为自我是可依赖的一个支撑力量;日本人则认为自我并不是可依赖的一个支撑力量,而是应该依赖朋友、同事和亲属。

2．相互依存

美国人相信重视独立、自主,常导致独立和敌意现象;日本人认为独立具有消极意义,而强调依赖、耐心、小心、判断、注意细节。美国管理人员如果与别人相互依存,即可能被认为是“过分依赖”;日本人则往往因为一个管理人员太不合群,“过于独立”而受到非难。

3．人和群体

日本人关心群体,工作群体是企业的基石。这种关系不仅出于角色和职务,而且出于道德与感情,乐于承担义务;美国人则崇尚正直品质,常常轻视参加群体活动,认为这是应别人的要求去做令人厌烦的工作。

4．前辈和晚辈

日本的前辈和晚辈关系是一种感情的和工作的关系,一种结合的关系。美国企业中较少有这种前辈和晚辈之间的关系,只重视上下级关系与工作有关的事项,而不重视人事和情感关系。

在不同类型的组织中有不同类型的组织文化，在相同类型组织中也有不同类型的组织文化，在不同的民族中也有不同类型的组织文化。组织文化主要有哪些类型呢？

组织文化在不同的外部环境和内部条件下，以及从不同的角度来看，会呈现出不同类型。

一、权力导向型、角色导向型、任务导向型和个人导向型

查尔斯·汉迪对组织文化做了深入的研究，提出将组织文化划分为4种主要类型。

1. 权力导向型

权力导向型组织文化的主要特征是：在组织中强调以权力为中心，强调个人的力量，组织的发展取决于处于中心地位的人物。这种组织有很少的规则和工作程序，且规章制度较模糊含蓄，不大讲究规范化形式。控制是由中心挑选的主要人物来实施的，员工对上级十分忠诚，员工努力工作是基于对工作的胜任和兴趣。决策的制定很大程度上是取决于影响的平衡而不是基于程序的或逻辑的原因。这类文化常常可以在小企业组织中见到。

2. 角色导向型

角色导向型组织文化则注重组织中的官阶和等级。这种组织文化的着重点在于程序、条例和规章，对角色的要求十分明确。在角色文化中，角色或职务表述，通常要比担任职务的人更为重要，个人由于完满地执行角色的任务而被选中。角色文化中的主要权力来源是职位权力。个人魅力带来的权力不被赞许，专长权只在适当的地方应用。规章制度是主要发挥影响作用的手段。角色文化的效率取决于工作和责任分配的合理性，而不是依赖于人的个性。

3. 任务导向型

任务导向型的组织强调团体的责任，有很大程度上的灵活性和自主权，其工作环境有利于发挥创造力。

4. 个人导向型

个人导向型组织文化往往适用于培养个人的能力、加速个人的成长和满足个人的需要。

二、强文化和弱文化型

虽然所有组织中都有组织文化，但并不是所有的组织文化都对员工具有同等程度的影响力。强文化指一个组织强烈拥有并广泛共享基本价值观，而弱文化则指一个组织对什么是重要的和什么是不重要的不能达成共识，对基本价值观认识模糊。因此，强文化要比弱文化对员工的影响更大，更能产生号召力和凝聚力，组织文化对管理的影响也就越大。员工对组织基本价值观的接受程度和承诺越大，组织中的组织文化就越强。一个组织具有强或弱的组织文化主要取决于组织的规模、历史、员工的流动程度及文化起源的强烈程度。在拥有强文化的企业当中，名声最为显赫的当属IBM公司了。20世纪30年代中期，公司全体员工在生产与经营上有着很高的一致性，具体表现在：①公司每一位成员的尊严和权利得到重视；②为本公司产品在世界各地的客户提供最好的服务；③为达到公司目标，运用最佳经营方式来进行每一项业务活动。

三、学院型、俱乐部型、棒球队型和堡垒型

美国艾莫瑞大学的杰弗里·桑南菲尔德通过研究发现，不同的组织存在着组织文化的差异，并具体提出了4种组织文化类型，它们是：学院型、俱乐部型、棒球队型和堡垒型。

1. 学院型

学院型公司最适合于那些想全面掌握每一种新工作的人，在这样的组织中他们能不断的成长、进步。这种公司喜欢雇佣年轻的大学毕业生，公司为他们提供大量的专门培训，然后指导他们在特定的职能领域内从事各种专业化工作。桑南菲尔德认为，IBM、可口可乐公司、宝洁公司、通用汽车公司都属于这种类型。

2. 俱乐部型

桑南菲尔德认为，俱乐部型公司非常重视适应、忠诚感和承诺。在俱乐部型公司中，资历是关键因素，年龄和经验都至关重要。与学院型公司相反，这种公司把管理人员培养成通才。典型的拥有俱乐部型组织文化的公司有：联合包裹服务公司、德尔塔航空公司、贝尔公司等。

3. 棒球队型

这种公司是冒险家和革新家的天堂。这种公司从不同年龄和经验的人中寻求有才能的人。公司根据员工产出状况付给他们报酬。由于公司对工作出色的员工给予巨额奖酬和较大的自由度，员工一般都拼命工作。在会计、法律、投资银行、咨询、广告、软件开发、生物研究等领域，这种组织文化比较普遍。

4. 堡垒型

棒球队型公司重视创造发明，而堡垒型公司则着眼于公司的生存。许多这类公司以前是学院型、俱乐部型或棒球队型的，但在困难时期衰落了，现在尽力来保存自己尚未被销蚀的财产。这类公司工作安全保障不足，但对于喜欢流动性挑战的人来说，它不失之为一个好的选择。桑南菲尔德认为，通常堡垒型组织包括传统的大型零售店、林业产品公司等。

桑南菲尔德发现许多组织不能单纯地被划分为具有某种组织文化类型，因为它们在不同时期和阶段具有不同类型的组织文化，或者同时兼有以上 4 种混合型的组织文化。例如，人们发现，通用电气公司中不同的部门拥有迥然不同的组织文化；而苹果电脑公司从棒球队型组织起家，现在成长为学院型的组织了。

另外，桑南菲尔德指出，这 4 种不同的文化类型能够吸引不同个性的人。员工个性与组织文化的匹配影响着一个人在管理层次上升迁的高度和难度。例如，一个爱冒险的人在棒球队型组织中会很活跃，但在学院型组织中会感到无所适从。

第三节　组织文化的作用与功能

导入案例 11-3

海尔盘活企业有三招：一是投入资金，全盘改造；二是投入资金，输入管理，扩大规模，提高水平；三是以无形资产盘活有形资产，以海尔名牌及海尔的 OEC 管理模式转变观念、转变机制，实现精神变物质。这第三招是一个奇招。

在兼并原青岛红星电器公司时，海尔首先派企业文化、资产管理、规划发展、资金调度和咨询认证五大中心的人员开赴红星，开始贯彻和实施“企业文化”先行的战略。随后，张瑞敏总裁亲自到红星解释“80/20”管理原则，灌输“关键的少数决定非关键多数”这个“人和责任”的理念。进而，他们从分析企业亏损引申出 OEC 管理方式，简称：日事日毕，日清日高，即今天的工作必须今天完成，今天完成的事情必须比昨天有质的提高，明天的目标必须比今天更高一点。员工每人都有一张“三 E 卡”，每天按要求填写，收入以这张卡为依据。全新的海尔观念，使原红星员工受到强烈震撼。集团还组织员工参观海尔冰箱公司，使他们亲眼目睹了海尔科学有序的管理现场，领略到其精髓“责任到人”的涵义。还是原来红星厂那些人，还是那些设备，海尔也没注入资金，只是派来几位领导，红星厂在被兼并后三个月开始扭亏为盈。

海尔文化激活“休克鱼”，由此可见组织文化的巨大威力！

一、组织文化的作用

从组织文化的产生和发展过程及其实质内涵来看，组织文化是组织管理者应十分注重的问题。组织文化成为组织的精神支柱和灵魂，尤其是组织的价值观念，指示和规范着企业经营目的、追求的目标，以及企业的一切行为方向和规范。所以它是企业经营管理的指导思想，是企业行为的导向体系。

(一)组织文化促进企业的全面改革

国内外市场的激烈竞争和企业间的兼并是当代世界经济的主要现象之一，面对这种情况，企业迫切需要提高自己的内部凝聚力和外部竞争力，从而谋求在新形势下的生存和发展。为了实现这一目标，企业就得进行结构性变革，而变革的核心内容就是创建强有力的组织文化。组织文化的产生成为企业各项改革的基础和协调各种改革(包括重新设计组织结构、改变营销策略、更新人员配置等)的首要条件。到了 20 世纪 90 年代以后，企业间的兼并越来越频繁，从许多公司兼并的实例中可以看出，有的公司价值 100 多亿美元，而事实上，它所有的有形资产加起来还不到这个数额的 10%，即 90% 的资产是无形的东西。例如，美国的克拉夫特食品公司被菲利浦-莫里斯公司收购，价格是 136 亿美元，但是账面上的资产只是 13 亿多，其他都是无形的东西。这些看不见但却有价值和非常重要的东西包括了组织文化和品牌等。组织文化看不见，但事实上它控制着企业的命运。从著名的组织文化 7S 管理框架中看出，共同的价值观处于中心地位，即组织文化是战略、结构、人员、技巧、作风、制度的核心，组织文化应作为确立进一步变革的思路、理顺各种问题的指导思想，从而推动和促进企业的全面改革。

(二)组织文化对管理者的影响

组织文化对管理者的行为有重大的影响，当组织文化形成并得到加强时，它会到处蔓延和影响着管理者所做的决策。组织文化对管理四大职能方面的影响表现在组织文化建立了一种规范，直接决定着管理者可以做什么和不可以做什么。例如，计划可以包含的风险程度；组织中授权的程度；对员工的领导中运用什么激励技术；以及在控制中采用何种控制方法等一系列具体问题。组织文化对管理者的约束很少是直截了当的，它们常常并不以文字的形式出现，甚至在口头上也很少明确地说起，但它们确实存在着，并影响着管理者的决策。例如，在一个鼓励合作、强调协作精神的组织中，管理者往往不赏识个人冒险精神和奖励个体成就。

(三)组织文化对企业经营业绩的影响

组织文化对企业的长期经营业绩有着重大的作用。在那些重视所有关键要素(消费者、股东、企业员工)，重视各级管理人员的领导艺术的公司，其经营业绩远远胜于那些没有这些组织文化特征的公司。美国哈佛大学科特教授等人在 11 年的长期考察中，发现前者总收入平均增长了 682%，后者仅达 166%；公司股票价格前者增长了 901%，而后者为 74%；公司净收入前者增长了 756%，而后者仅为 1%。另外，科特和海思凯特通过对 20 家美国大企业的研究发现，那些不成功或陷入困境的企业都有相似的组织文化。例如，第一，经理们自命不凡、夸夸其谈；第二，公司经理们无视员工的抗议之声，我行我素，不真正重视顾客、股东和员工这三个因素；第三，组织文化保守，其价值观念中没有或者排斥变革。另外，随着越来越多的美国公司注意到组织文化在企业中的影响和作用，对于那些成功企业的研究，从注重数理统计结果来观察企业的业绩逐渐向注重组织文化及产生的凝聚力来看公司能否实现持续发展。1998 年 3 月海尔集团张瑞敏总裁应邀到美国哈佛大学商学院讲学,其中海尔集团的组织文化案例引起了广泛的重视,哈佛商学院的一位教授在谈到海尔文化案例时说:"过去,看一个公司的业绩仅仅看账面。而现在,要看组织文化及产生的凝聚力,这是公司能否持久发展的关键。我们要研究那些成功的企业,我们要知道是那些好的组织文化影响了公司,这对企业发展非常有意义。"海尔集团用组织文化激活休克鱼的实例表明,组织文化与企业的经营业绩有着密切关系,对企业的持久发展具有重大意义。

组织文化对企业产生的价值是难以量化确定的。也许正是因为这种不确定性造成部分企业轻视组织文化建设,错误地认为组织文化没有用。但事实上市场竞争的一个基本规律是:知识重于资本,文化重于物质,品牌重于产品。无形的东西往往可能是竞争中起决定作用的要素,是企业长期生存和发展的关键所在。

二、组织文化的功能

组织文化近年来之所以得到广泛的研究和受到重视,是由于其具有的丰富的内涵和强大的生命力。组织文化的功能反映在企业经营管理的方方面面,概括起来有以下几点。

(一)导向功能

组织文化决定着企业的价值取向,规定着企业所追求的目标,对员工及其行为起着导航的作用。优秀的组织文化,规定着企业具有崇高的理想和追求,引导着员工规范自己的行为,使之朝着组织的目标方向发展。对员工行为的引导,是通过企业整体的价值认同进行的,员工在本企业的价值观念熏陶下,接受这种价值观并按照它来行动,即使在没有某种规章制度约束的时候,员工也能自觉地朝着企业的目标努力。例如,摩托罗拉公司的员工在其优秀的组织文化熏陶下.极大地提高了全体员工的敬业精神和责任感,从而自觉地关心企业的生存和发展,积极参与公司的管理,主动提出各种各样的建议和发表自己的看法。

(二)凝聚功能

组织文化的凝聚功能在于它可以增强组织的凝聚力。这种凝聚力的产生来源于组织文化的同化、规范和融合作用。组织文化通过建立共享的价值观把员工的个人目标同化于企业目标,对员工的理想和追求进行引导,改变了企业员工以自我为中心的个人价值体系,使他们产生强烈的集体意识。员工对本组织产生认同感和归属感,从而根据这种认可的整体意识自觉地进行自我约束和规范。

组织文化的这种规范作用,大大加强了一个组织的内部凝聚力。与其他规章制度不同的是,组织文化的规范性是一股潜移默化的力量,它成为一种粘合剂,从各个层次、各个方面把千差万别的员工融合团结起来,从而产生一种巨大的向心力和凝聚力。这种力量使得员工乐于参与组织的事务,发挥自己的聪明才智。对于新员工来说,它能产生极强的融合作用,使他们融合到这种文化中来。组织文化的凝聚功能还反映在组织文化的排外性上,对外排斥可使个体产生对群体的依赖,对外竞争又可使个体凝聚在群体之中,形成命运共同体。

(三)激励功能

组织文化不仅具有导向、凝聚功能,而且具有激励功能。所谓激励功能,就是组织文化通过满足员工的需要,引导员工产生强大的内在动力,起到激发、调动员工积极性的作用,使之为实现组织的目标而努力奋斗。根据马斯洛的需要层次理论,人的需求是分层次、呈阶梯式自下而上逐级上升的。而需求的存在是促使人产生某种行为的基础。每个人都有相同和不同的需求,且在不同时期都会有不同强度的需求。正因为如此,要调动人的积极性,就必须针对不同的人,引导其满足不同层次的需求。在一个组织中,积极的组织文化,在满足员工工资、福利、职业保障、组织的认同等基本需求的基础上,更加尊重和信任员工。以员工的共同价值观为核心,激发员工的积极性、创造性,使每个员工从内心深处自觉产生为组织拼搏的献身精神,自觉为组织多做贡献。通过分享组织的荣誉和成果,员工的自我价值也得以实现,个人需求得到满足,并因此进一步受到激励。这样的良性循环,使员工的积极性长时期处于最佳状态。如"IBM公司意味着最佳服务"这句话既强调了该公司对顾客的一种不可违背的献身精神,又提供了使人崭露头角的广阔天地,激励了每一个人都尽心尽责地去关心顾客。

(四)约束功能

组织文化的约束功能不仅仅表现在通过其物质层和制度层的各种物质形式和规章制度来约束员工的行为,更主要的是通过组织文化对员工的行为形成一种无形的群体压力。由于组织文化使得组织的价值观念与员工的个人价值观得到统一,员工对组织的理念、行为标准等产生共鸣,继而产生行为的自我控制、自我约束的意向。

第四节　组织文化建设

导入案例 11-4

春兰集团公司的前身是江苏泰州冷气设备厂。1985年时,这家小型国有企业仅有固定资产280万元,净资产46.5万元,自1985年10月调整企业领导班子以后,经过12年的高速发展,使企业的总资产扩大1000倍,利润增长2084倍。春兰的快速发展得益于能及时地抓住有利的发展机遇,较早建立了适应市场经济的企业运行机制。同时春兰人的企业文化也起到了不可低估的重要作用。

春兰公司在创业伊始就旗帜鲜明地提出了八个字的企业精神:"团结、奉献、务实、拼搏"。并在多年实践的基础上,建构了自己的企业理念:"三个在于一个必须",即春兰的生存空间在于整个世界;生命在于适应市场;企业管理的精髓在于不断地挖掘潜力;企业必须竭诚地为社会提供优良的服务,促使资本增值,造福于人类。

春兰精神和春兰理念构成"春兰文化"的核心内容,被作为警句贴在公司的厂房车间内。企业领导首先身体力行,践约春兰精神,并以自身的人格力量激励公司员工实现"高层次的追求",经常提醒自己及部下要有全球意识和未来意识。

组织文化的产生不是突发性的,而是在被认可和接受之前经历过了一段时间的演变过程。组织文化一旦形成,就很难消失。因此,认识组织文化的发生、发展过程,了解影响组织文化形成、保持和变革的因素,按照一定的原则和步骤进行组织文化的建设,是我们研究组织文化的落脚点。

一、组织文化的形成、保持及变革

(一)组织文化的形成

任何一个组织的文化都不是凭空产生的,它的出现总是特定时期、特定环境和特定人物的共同结果。通常组织文化产生的模式如图11-1所示。

从这一模式中可以看出,组织文化的起源往往同那些作为企业创始人的杰出企业家的创业意识、经营思想、工作作风、管理风格及其意志、胆量、魄力、品格，与企业的经营行为，以及与公司创业初期的时代背景等有着直接的关系。

企业高级管理人员或创始人

制定并努力实施一种创意、经营思想或经营策略

↓

企业经营行为

实施各项经营实务工作；企业员工运用受经营思想或策略指导的行为方式，进行实际操作

↓

企业经营成果

企业通过运用各种措施，经营取得成功；这些成就持续相当长的一段时间

↓

组织文化

企业出现组织文化；它包含了企业创意思想和经营策略，同时也反映了人们实施这些策略的经验体会

图 11-2　组织文化产生的模式

首先，在组织文化的形成过程中，企业的创始人或最高领导人的作用是十分重要的。企业的创始人不仅是实体方面的创立者，而且还是组织文化方面的创立者。一般来讲，企业的创始人对企业的早期文化影响巨大，他们勾画了组织的发展蓝图，他们不受以前的习惯做法和思想意识的束缚。新建组织的特点是一般规模比较小，这就有助于创始人把自己的远见卓识强加给企业员工。企业创始人的思想观念形成了企业的理念，由此产生出了企业的目的和目标。随后，凭着企业创始人的洞察力、想象力、创造力和崇高的威望，他们通过其理论和实践上的文化创新，不断地推进着组织文化的发展和完善。例如，松下幸之助是大型电器公司松下公司的创始人，他将自己的思想融入了公司文化理念之中，当这一理念贯彻到实际中去的时候，就形成了松下组织文化的基础。注重顾客利益、以合理的价格提供高质量的电子产品以及注重公司员工的福利和成长是松下组织文化的独特之处。这一文化的形成经历了若干年的时间。松下幸之助在他的著作《以人为本》一书中阐述了他的思想。

微软公司的组织文化在很大程度上是公司的创始人比尔·盖茨形象的反映。盖茨本人富有进取、竞争精神，自制力很强。这些特点也正是人们用来描述他所领导的微软巨人的组织文化特点。企业创始人对组织文化作出重大影响的例子还有很多，如美国 IBM 公司的汤姆·沃森、日本索尼公司的盛田昭夫、美国特纳广播公司的泰德·特纳及玛丽·凯化妆品公司的玛丽·凯等。

其次，组织文化的形成、存在和发展与企业当时所处的时代背景有直接影响。一种管理思潮形成以后，它就有很大的渗透性和诱惑力，因而对那些在这种思潮中诞生的组织文化的形成和保持都有重大的影响；一种管理风格、组织形式一经形成，它就犹如某种“定势”或范式，具有很大的示范作用，对那些在其示范传递范围内的组织文化的形成和保持发生重要影响；一次经营革命发生后，其对旧有组织文化传统冲击的余波就会绵绵不断，因而对其后的新组织文化传统的形成起着重要的作用。

(二)组织文化的保持

组织文化一经形成，自身就可以通过多种途径生存和发展。

首先，通过人力资源管理措施可以强化和保持组织文化。例如企业用人的选聘过程，绩效

评估标准、奖励措施、培训和职业开发活动以及晋升过程,都可以保证企业所雇佣的员工与组织文化相适应。具体来讲,企业总是根据应聘人员的价值观念和行为方式是否与自己企业的文化相吻合来决定是否聘用的。而新招聘的员工会得到直接的教育,了解本公司人员的行为风格。企业通过奖励那些支持和拥护组织文化的员工,惩罚那些向组织文化挑衅的员工来保持和维系组织文化。对于新员工来讲,他们很难完全适应组织文化的要求,其中最重要的原因是,他们对组织文化不太熟悉.往往容易干扰企业已有的观念和习惯。因此,企业要帮助新员工适应组织文化,这种适应过程可称为合群化。这种合群化可以概括成由3个阶段组成的过程:原有状态阶段、碰撞阶段和调整阶段。第一阶段包括新成员进入组织之前的所有学习活动。第二阶段中,新成员看到了组织的真面目,并可能面对着个人期望与现实相脱离的问题。在第三阶段中,相对长期的变化就发生了。新成员掌握了工作所需技能,成功地扮演了自己的新角色,并且通过调整自己适应了工作群体的价值观和规范。那些成功地实现了合群化的员工会受到赞扬,被视为企业的楷模。而没能完成合群化的员工则受到解雇或其他形式的惩罚。

其次,高层管理人员的言行举止对组织文化也有重要的影响,例如,企业是否鼓励冒险;管理者应该给自己的下属多大自由;什么样的着装是得体的;在薪酬、晋升和其他奖励方面,企业鼓励什么样的行动等,高层管理者通过自己的所作所为,把行为准则渗透到组织中去。

那么员工是怎样学习组织文化,或者说组织文化是以什么形式得到传播和保持的呢?最常见的有故事、仪式、物质象征和语言。

1. 故事

许多企业中都流传着动人、独特的真实故事,它们的内容多半是与组织创始人、违反组织制度、从乞丐到富翁的发迹史、裁减劳动力、员工重新安置、反省过去的错误以及组织应急事件等有关的一些故事。这些故事能够起到借古喻今的作用,使员工通过这些故事了解和体验组织文化。例如,亨利·福特二世担任福特汽车公司董事长期间,公司的员工都知道这个故事:每当福特公司的管理人员骄傲自大时,福特先生就会提醒他们:“福特公司大楼上写的是我的名字。”其意义很明确:主宰福特公司的是亨利·福特二世。

2. 仪式

仪式是一系列活动的重复,这些活动能够表达并强化组织的核心价值观,什么目标是最重要的,哪些人是最重要的,哪些人无足轻重。例如,著名的公司仪式是玛丽·凯化妆品公司的年终奖大会。年终奖大会既像是马戏团表演,又像是美国小姐大选。大会在一个大礼堂的舞台上举行,一般持续几天。台下是一大群欢呼雀跃的人,与会者都身着漂亮的服装。达到销售指标的女售货员得到一些美妙的奖品,如金饰针、钻石饰针、狐皮披肩等等。这种年会公开地奖励销售业绩突出的员工,从而起到了激励员工的作用。另外,这种仪式强化了玛丽·凯的个人坚强意志与乐观精神。这两点正是她克服困难,创立自己的公司,获得巨大物质财富的能量来源。玛丽·凯通过这种形式告诉她的员工,实现他们的销售指标很重要,通过努力工作和足够的勇气,他们也能获得成功。

3. 物质象征

一个组织中最直观的物质化要素构成组织的物质象征。这些物质象征包括企业总部的地理位置、整体布局、办公室的大小和摆设、装饰物的档次、公司提供给高级管理人员的车型、高级管理人员的额外津贴、衣着等等。这些直观的东西告诉员工,谁是重要人物,管理人员与普通员工的平等程度,恰当的行为类型,如冒险、保守、独裁、参与、个人主义、社会导向等。坦德姆计算机公司总部在加州的卡普提挪市,它看起来不像人们通常想象中的公司总部。这儿有跑道,有篮球场,有舞厅和瑜伽教室,还有一个大游泳池,这些都是供员工享用的。每个星期五下午4点30分,员工都可以参加公司出资举行的啤酒豪饮会。这种形式告诉员工,公司重视的是公开性与平等性。

4. 语言

许多企业,以及企业内的许多部门都用语言来作为识别组织文化的标志之一。通过学会这种语言,组织成员可确证他们已经接受了这种文化,这样又有助于员工坚持这种文化。在一些组织中,随着时间的推移,都会形成自己特有的语言名词,用来描绘与业务有关的设备、办公室、关键人物、公司的产品等。新员工经过一段时间的工作之后,那些起初令他们困惑不解的新名词,就成为他们语言的一部分了。这些术语为员工所掌握,就成了共同特征,特定的语言把员工联结在一起。

(三)组织文化的变革

组织文化的变革是指使一个原有的组织文化发生质变,以便使企业能够适应外界环境变化的过程。当一个企业的外界环境发生了重大变化,如政治经济体制的改革、市场的变化、技术的进步、竞争的加剧、公司迅速发展或者停滞不前以及公司内部出现很严重的不良风气,原有的组织文化不再适应新的形势,就应该进行组织文化的变革。

对于组织文化能否得到改变,有两种观点。一种观点认为,组织文化是深深地根植于组织之中的,因而不可能被改变。至多,在不影响组织文化核心的前提下,可以做少许改变。另一种观点认为,组织文化可以改变。持这一观点的人认为,有些经营业务明显好转的公司便是通过组织文化的改变而获得新生的。从众多组织文化的变革实践中,我们看出组织文化是可以改变的,但要成功地进行变革还需要注意以下几点:

(1)组织文化的变革必须同组织的发展战略相适应,同组织的结构相结合,同组织整个系统相结合,特别是要同员工相结合,从而使他们产生出管理者所期望的行为。管理者变革组织文化必须十分谨慎,必须有一个周全的计划。在组织文化变革中,不正确的假定、粗心以及想当然可能会给组织带来灾难性的后果,可能会把最好的员工拱手让给竞争对手,生产力下降,公司形象遭到破坏等等。因而,不负责任地改变组织文化会威胁到整个组织的生存。

(2)利用英雄人物的作用来帮助进行组织文化的改变。选择一位有影响的英雄人物,利用他自己的故事、胆略、坚韧和自我献身精神等对其他员工的信念转变产生重要的影响。把这样的英雄人物安排在组织的关键位置上,这对实施组织文化的变革是十分重要的。

(3)美国的管理学家肖特和费拉特认为,改变组织文化时,着重点应首先放在基层单位的基本操作上。不要试图首先改变价值观和信念。具体来讲使基层工作单位组织文化产生变化的行为和方式有:利用工作丰富化、员工参与、以目标引导行为、行为强化、处理生产和人际关系等。要结合人才的选聘和培训,将新的价值观念纳入选择标准中,并采用宣传教育的方式将新的价值观传输给员工。

美国克莱斯勒公司的李·雅科卡和美国电话电报公司的吉宁在对待不同类型组织文化的变革中作出了积极的尝试并取得了成功。

当雅科卡接手克莱斯勒公司时,他首先看到的是基层单位最表面、最简单的企业颓败文化现象。他当时回忆到,原来的总裁办公室,也就是卡费埃罗办公的地方,竟被用作办公室之间的一个大通道。他吃惊地看到一些高级职员,手里端着咖啡杯子,不断地开门穿行于总裁办公室,也不打招呼。通过这些现象,他很快了解到了稍深层次的克莱斯勒败业文化,表现为:整个公司有35名副总裁,每个都各自为政;虽有组织框架,但没有委员会机构把各个部分连接起来;没有一套全面的财务管理制度;生产部门、研究开发部门和销售部门存在着严重的脱节。由此雅科卡又进一步挖掘出导致克莱斯勒公司如此衰败没落的更为深层的原因:多年来,克莱斯勒公司一直由并不真正热爱汽车事业的人来经营;整个公司的人,从上到下,都胆小怕事,心灰意冷,没有一个人干着应干的事;这个公司的人不知道各个部门之间密切配合是至关重要的。从以上的事实看出,这是一种很严重的病态组织文化。根据上述诊断,雅科卡开始了克莱斯勒公司组织文化的变革。

如果说雅科卡接管克莱斯勒,完成组织文化由病态向健全的转轨,那么,吉宁接管国际电话电报公司则是在较为健全的组织文化基础上进行的组织文化变革。

当吉宁上任国际电话电报公司总裁时,公司当时很赚钱。然而,吉宁并不满足现状,开始了迅速而激烈的行动,从改变公司的物质和制度文化入手,建立了一整套的管理和监督制度后,又开始了企业经营哲学的改变。吉宁的兼并哲学首先是基于他对公司海外环境中反美情绪与压力的见解。根据他的观点,国际电话电报公司收购和兼并了美国国内包括化学品、药品、保险和食品等各个行业的一些大公司和小公司。他预见到国际电话电报公司会成为新一代跨国公司的先驱,把全球性的活动同严格的控制管理结合起来,将国际电话电报公司改造成了既是跨国又是跨行业的联合大企业的组织文化具有很大的影响力。后来几十年的经营事实也说明了这一点。

二、组织文化建设

组织文化的建设是一项复杂的系统工程。组织文化的普遍性在于组织文化的建设可以归纳出一定的原则和步骤,而组织文化的特殊性在于社会制度不同、民族不同、组织性质不同,组织文化的特点也就存在很大差异。因此,组织文化的建设要在借鉴一些优秀组织文化的基础上,根据自己组织的实际情况,遵循一定的基本原则,按照具体的步骤来进行。

(一)组织文化建设的原则

1. 立足民族传统文化,注重吸收外来先进文化

立足民族传统文化,就是从我国的国情出发,从我国企业的现状出发。我们的民族文化传统经过世代相传,已经渗入到我们意识的深层,沉积在我们的心灵之中。因此,组织文化的建设要充分重视民族文化传统的影响,正视民族心态对外来文化可能的认同与接受的程度。同时又要大胆地吸收和借鉴当今世界各国一切先进的管理思想和优秀的组织文化,以美日欧组织文化的对比为鉴,找出适合我国企业发展的企业精神,并将它们具体应用于不同行业、不同类型的企业中去,建设具有中国特色的社会主义组织文化。

2. 全员与专家参与相结合的原则

组织文化的建设不是一般生产技术问题,它需要人们对文化有一种较为深刻的理解和在具备一定的理论基础的前提下对组织文化进行提炼和总结。显然,许多企业自己是没有这样一种实力和精力的。因此,在贯彻全员参与的基础上,应当聘请专家进行指导和专门的设计,或者委托有经验的专家领导组织文化的建设过程。在国外的企业中,一些资深专家以顾问的名义,常年对企业进行有关的指导,形成了企业发展中的一种特殊力量,这一点,也值得我国的企业借鉴。

3. 普遍性与特殊性相结合的原则

人与人之间既有共同性,也有差异性。而共同性与差异性的有机结合就形成了一个人具有自己特色的人格模式,组织文化建设也与此同理。企业与企业之间既有共同性也有差异性,

企业的共同性要求企业在进行组织文化建设的过程中,不要刻意地标新立异,而要尊重企业的基本规律,借鉴其他企业的一些长处;同时,一个具体的企业与其他企业的文化有着许多的不同,这些不同中既有适合自己和自我创新的一面,也有应当淘汰的一面。对此,任何一个企业都应客观地进行评价,而不能把凡是属于其他企业没有的文化不分青红皂白地全部作为自己的特色。这一点是不少企业在其组织文化建设过程中总结出来的经验教训。

4. 形式与内容相结合的原则

组织文化的建设很容易变成一种纯粹的形式,这已经为不少组织的实践所验证。从哲学的角度上说,形式与内容是统一的,是一个事物的两个方面。组织文化的建设,首先应当考虑内容的建设,在内容当中,就应当同时包括组织文化的一些形式。同时,在组织文化的内容框架完成之后,就应当付诸实践,以具体的形式来体现组织文化的内涵。尤其值得注意的是,组织文化的形式设计,应当紧密结合企业的特点和实际运作的需要,体现文化在企业运作中的特殊功能。组织文化与企业中的其他活动一样,也应当是为企业特定的目标服务的,而不能变成为搞组织文化而搞组织文化。

(二)组织文化建设的步骤

1. 制定组织文化系统的核心内容'

企业价值观和企业精神是组织文化的核心内容,它为组织文化建设设定基本框架和目标。合理和有效的组织文化内核一般不会自发地产生,必须进行审慎的选择。首先,企业价值观体系的确立应结合本企业自身的性质、规模、技术特点、人员构成等因素。其次,良好的价值观应从企业整体利益的角度来考虑问题,更好地融合全体员工的行为,而不是仅从个别部门的利益角度来考虑问题。第三,一个企业的价值观应该凝聚全体员工的理想和信念,体现企业发展的方向和目标,成为鼓励员工努力工作的精神力量。同时,企业的价值观中应包含强烈的社会责任感,使社会公众对企业产生良好的印象。组织文化内核确定以后,就是具体的组织文化的树立了。

2. 进行组织文化表层的建设

组织文化建设包括表层和深层两方面的建设。前者主要指组织文化的物质层和制度层,后者是指组织文化的精神层。组织文化的表层建设主要是从企业的硬件设施和环境因素方面入手,包括制定相应的规章制度、行为准则,设计公司旗帜、徽章、歌曲,建造一定的硬件设施等,为组织文化精神层的建设提供物质上的保证。因此,在组织文化建设的过程中,一般把表层的建设放在深层建设的前面,但事实上,两者很多情况下是同时进行的。

3. 组织文化核心观念的贯彻和渗透

在全体员工中培育组织文化核心观念是组织文化建设的重要步骤。要想使已经确立的组织文化核心内容贯彻并渗透到员工中去,通常需要较长的时间和深入细致的工作。一般来讲要包括以下几方面的内容。

(1)员工的选聘和教育

首先,企业在员工招聘过程中,通过选择与本企业的价值观相符合的人员,使得新员工能融合到企业中来。

其次,员工在企业中的晋升和奖励也受到企业价值观的暗示,并使企业价值观不断得到强化和巩固。

第三,对员工的有意识宣传和教育也是建设组织文化的有效手段,并且经常性地将其渗透于日常行为来强化员工的组织文化价值观。

像IBM、荷兰皇家壳牌、可口可乐和美国西部这样的大牌公司，都有专门的管理人员来研究编写公司传奇故事，通过传奇故事宣传和教育员工。例如在美国某纸业公司流传着一个关于公司创始人和主要股东克劳德的故事。一天清晨，克劳德发现一个工人正在试图用一根加长的木棍来清理染色罐的排水管，他立即毫不犹豫地爬到染色罐上，将身子探进3英尺长的纸管中，用手清理干净排水管中的堵塞物。他拍拍身上的污物，对那位工人说，"当你下一次需要清理排水管时，你将怎么做?"故事流传的结果是使该公司的工人懂得了这样一个道理：当需要你奉献时，别犹豫，要冲上去。通过公司传奇故事在公司员工之间广泛地口头传播，以保证公司的核心价值能不断流传下去。

(2)英雄人物的榜样作用

英雄人物是组织文化价值观的人格化体现，他们是强文化中的中枢形象。英雄人物可以是一个企业的创业者，也可以是一个企业中德高望重有影响力的人物，或者是劳模、标兵等。他们是振奋人心鼓舞士气的因素，他们的一言一行、一举一动都体现了企业的价值观。企业可以通过树立英雄人物向员工们传达组织文化价值观念，英雄人物通过自己的行为为企业员工提供样板，告诉大家成功是可以学习的。这样，通过树立体现着企业价值观念的典型，宣传他们的事迹，才能取得建设和强化组织文化的效果。

如克莱勒斯汽车公司李·雅科卡，当他刚刚到亏损严重的克莱勒斯公司时，他索取的年薪只是区区1美元以此证明自己拯救这家公司的非凡勇气。

又如在3M公司，高层管理人员特别注意宣传那些被高层所否定但坚持不懈的员工。公司有一个极具传奇色彩的人物，当他还是一名普通员工时，即使被老板"炒鱿鱼"，仍然不放弃开发一种新产品的主张。为了开发这种产品，他滞留在一间废弃的办公室里，一分钱报酬也没有，坚持自己的研究工作。后来，他被重新雇用了，而且被提升为副总裁。公司之所以大力宣传这样一个事例，目的就是向员工说明这样一个道理：只要你认为是正确的，就坚持做下去，这是3M文化的一个重要内容。

(3)礼节和仪式的安排和设计

礼节和仪式是企业将一定的活动内容和形式作为一种载体来表现和说明组织文化的核心内容。它们对组织文化价值观的宣传具有潜移默化的作用。抽象的组织文化价值观往往要通过具体的礼节和仪式变为有影响的、可见的、可遵循的东西。例如，有些企业要求其员工每天唱自己的公司之歌或朗诵企业精神，通过这种仪式来展示企业价值观和企业精神。因此，要建立强组织文化，管理者就应对企业的各种仪式进行和谐的安排与设计，让员工从具体的事情和行为方式中对组织文化有更深层次的理解。

(4)组织的宣传口号的设计传播

口号是表达组织核心价值观的一些简洁的句子或短语，组织可以利用口号向员工灌输组织的文化。例如美国电子数据系统公司的洛斯曾经建立了雇佣最优秀人才的基本准则并说明了寻找优秀人才的困难性，他的格言是："雄鹰从来不结队飞行，你只能一只一只的来捕获他们。"在80%员工为西班牙人的某国际公司中，其创始人说；"不必巴结老板，你只需取悦于顾客。"这句话被绣在了每一个西班牙工人夹克的口袋上。

本章提要

1. 组织文化是指处于一定社会经济文化环境中的组织在长期发展过程中形成和发展起

来的共有的、独特的价值观、制度形式和行为方式的总和。组织文化是组织内部所有成员共同认可与遵守的价值观念和行为模式，它决定了组织成员的行为方式。

2. 组织文化可以通过评价一个组织所具有的10个特征加以识别，这10个特征是：成员的一致性、团体的重要性、对人的关注、单位的一体化、控制、风险承受度、报酬标准、冲突的宽容度、手段-结果倾向性、系统的开放性。

3. 从组织文化的形式来看，其内容可以分为显性和隐性两大类。显性内容就是指那些以精神的物化产品和精神性行为为表示形式的，通过直观的视听器官能感受到的，又符合组织文化实质的内容，它包括组织标志、工作环境、规章制度和经营管理行为等方面。组织文化的隐性内容大致包括组织哲学、价值观念、道德规范、组织精神等方面。

4. 组织精神层的内容决定了物质层和制度层的内容，精神层是组织文化的核心；制度层是精神层和物质层的中介；物质层和制度层是精神层的直观体现。

5. 组织文化在不同的外部环境和内部条件下，以及从不同的角度来看，会呈现出不同类型。查尔斯·汉迪对组织文化做了深入的研究，提出将组织文化划分为4种主要类型：权力导向型、角色导向型、任务导向型和个人导向型。桑南菲尔德通过研究发现，不同的组织存在着组织文化的差异，并具体提出了4种组织文化类型，它们是：学院型、俱乐部型、棒球队型和堡垒型。

6. 组织文化的功能反映在企业经营管理的方方面面，概括起来有以下几点：导向功能；凝聚功能；激励功能；约束功能。

7. 组织文化建设的原则包括立足民族传统文化，注重吸收外来先进文化；全员与专家参与相结合的原则；普遍性与特殊性相结合的原则；形式与内容相结合的原则。

8. 组织文化建设的步骤：制定组织文化系统的核心内容；进行组织文化表层的建设；组织文化核心观念的贯彻和渗透。

案例分析

珠海丽珠集团的企业文化建设

位于珠海经济特区的丽珠医药集团股份有限公司成立于1985年，1993年成为国内医药行业首家A、B股均挂牌交易的上市公司，“丽珠”商标1999年被认定为中国“驰名商标”。

丽珠集团非常重视企业文化建设，其特有的“人和”企业文化和努力营造“创造的环境”吸引和凝聚了大批高素质人才，使得“丽珠世界，生命常青”。下面是它1995年进行企业文化建设的文案。

1. 丽珠集团的标识(见图11-3)

图 11-3

圆形，是丽珠集团标志的主体，涵盖了“同心、进取、认真、高效”的丽珠精神，旋转对称的两个“L”构成“Z”，表达了丽珠集团正以充足的动力高速前进。

蔚蓝色，明喻孕育生命万物之源的蓝天碧海，象征科技与自然的完美结合，展示人类日益注重与生存资源相关的水与空气时代的环保意识。

红色，温暖而热烈；圆形跳动的字体，欢乐而活泼。这是旺盛生命力的象征,也是热诚服务的写照。

英文标识“LIVZON”由“LIVE ZONE”演绎而来,原意为“LIVZON MEANS YOU HAVE A GOOD DAY AND LIVE ON”。表达了丽珠人对生命的热爱与追求。

2. 丽珠集团的 CI 宣言:丽珠世界,生命常青。“生命首先就在于:生物在每一个瞬间是它自身,但却又是别的什么。”

先哲的箴言给我们永恒的启示,于是从人类的童年时代开始,我们的祖先就不停地寻找生命的真谛,思考生命的意义,希望生命常青。

这不是某一个生命的个体常青不老,而是生命群体的不断进步、繁衍、优化,一代接着一代的生生不息。这是人类的向往,也是丽珠集团的追求。

丽珠 10 年的艰苦创业,创造了 10 年的辉煌成就,至今已发展成为拥有数十亿资产的大型企业,连年跻身于中国 500 家最大工业企业的行列。

10 年的成就有赖于社会各界的关怀和厚爱,有赖于广大消费者的支持和信任,在 10 年大庆之际,丽珠集团向全体同仁谨致以真挚的敬意和衷心的感谢。

回顾过去,展望未来,不断创新的丽珠人决心从零开始,制定二次创业的新目标,为了塑造鲜明的企业形象,强化有特色的经营理念,为跨世纪的集团规模经济服务,优质高效地服务国内外顾客,丽珠人庄严宣告:丽珠集团正式导入以振兴企业文化,重塑企业形象为核心的 CI 计划。

“以人为本,以精立业,以质取胜,以诚服务,丽珠集团致力于人类生命常青的事业。”是丽珠人的经营理念。

丽珠集团将始终立足珠海,发展国内,拓展国际,以忠诚的务实精神和严谨的科学态度致力于人类生命常青的事业。

人类千百年来的寻找,丽珠 10 年来的探索,都是为了一个神圣的、美丽的理想。

丽珠的生命常青!

人类的生命常青!

【点评】

1. 丽珠集团的 CI 宣言是丽珠企业文化建设的重要组成部分,宣言中抽象出了丽珠的经营理念,特别是“致力于人类生命常青的事业”揭示了丽珠的宗旨,也反映出丽珠文化的特色,这是企业文化的核心部分。

2. 丽珠的标识设计合理,若能体现出绿色可能更加完美。

思考与练习

一、复习思考题

1. 组织文化在西方是如何兴起的?

2. 什么是组织文化? 其主要内容有哪些?

3. 关于组织文化类型的划分,本章介绍了三种不同的观点。你对这些划分方法有何看法?

4. 组织文化的物质层、制度层和精神层之间的关系是什么?

5. 你认为组织文化的作用和功能是什么?

6. 组织文化建设应遵循那些基本原则和步骤?

7. 企业如何形成和保持自己的文化？

8. 企业为何要变革自己的文化？如何变革？

二、案例分析题

案例 11-1 快乐的美国西南航空公司

美国西南航空公司，创建于 1971 年，当时只有少量顾客，几只包袋和一小群焦急不安的员工，现在已成为美国第六大航空公司，拥有 1.8 万名员工，服务范围已横跨美国 22 个州的 45 个大城市。

（一）总裁用爱心管理公司

现任公司总裁和董事长的赫伯·凯勒，是一位传奇式的创办人，他用爱心（Luv）建立了这家公司。Luv 说明了公司总部设在达拉斯的友爱机场，Luv 也是他们在纽约上市股票的标志，又是西南航空公司的精神。这种精神从公司总部一直感染到公司的门卫、地勤人员。

当踏进西南航空公司总部大门时，你就会感受到一种特殊的气氛。一个巨大的、敞顶的三层楼高的门厅内，展示着公司历史上值得纪念的事件。当你穿越欢迎区域进入把办公室分列两侧的长走廊时，你就会沉浸在公司为员工举行庆祝活动的气氛中。长走廊的两侧令人激动地布置着有数百幅配有镜框的图案，镶嵌着成千上万张员工的照片，歌颂内容有公司主办的晚会和集体活动、垒球队、社区节目以及万圣节、复活节。早期员工们的一些艺术品，连墙面到油画也巧妙地穿插在无数图案中。

（二）公司处处是欢乐和奖品

你到处可以看到奖品。饰板上用签条标明心中的英雄奖、基蒂霍克奖、精神胜利奖、总统奖和幽默奖（这张奖状当然是倒挂着的），并骄傲地写上了受奖人的名字。你甚至还可以看到"当月顾客奖"。

当员工们轻松地迈步穿越大厅过道，前往自己的工作岗位，到处洋溢着微笑和欢乐，谈论着"好得不能再好的服务"、"男女英雄"和"爱心"等。公司制定的"三句话训示"挂满了整个建筑物，最后一行写着："总之，员工们在公司内部将得到同样的关心、尊敬和爱护，也正是公司盼望他们能和外面的每一顾客共同分享。"好讲挖苦话的人也许会想：是不是走进了好莱坞摄影棚里？不！不！这是西南航空公司。

这里有西南航空公司保持热火朝天的爱心精神的具体事例：在总部办公室内，每月作一次 100% 的空气过滤，饮用水不断循环流动，纯净得和瓶装水一样。

节日比赛丰富多彩。情人节那天有最高级的服装，复活节有装饰考究的节日彩蛋，还有女帽竞赛，当然还有万圣节竞赛。每年一度规模盛大的万圣节到来时，他们把总部大楼全部开放，让员工们的家属及附近小学生们都参加"恶作剧或给点心"游戏。

公司专为后勤人员设立"心中的英雄"奖，其获得者可以把本部门的名称油漆在指定的飞机上作为荣誉，为期一年。

（三）透明式的管理

如果你要见总裁，只要他在办公室，你可以直接进去，不用通报，也没有人会对你说："不，你不能见他。"

每年举行两次"新员工午餐会"，领导们和新员工们直接见面，保持公开联系。领导向新员工们提些问题，例如："你认为公司应该为你做的事情都做到了吗？""我们怎样做才能做得更好些？”“我们怎样才能把西南航空公司办得更好些？”员工们的每项建议，在30天内必能得到答复。一些关键的数据，包括每月载客人数、公司季度财务报表等员工们都能知道。

“一线座谈会”是一个全日性的会议，专为那些在公司里已工作了10年以上的员工而设的。会上副总裁们对自己管辖的部门先作概括介绍，然后公开讨论。题目有：“你对西南航空公司感到怎样？”“我们应该怎样使你不断前进并保持动力和热情？”“我能回答你一些什么问题？”

(四)领导是朋友又是亲人

当你看到一张赫伯和员工们一起拍的照片时，他从不站在主要地方，总是在群众当中。赫伯要每个员工知道他不过是众员工之一，是企业合伙人之一。

上层经理们每季度必须有一天参加第一线实际工作，担任定票员、售票员或行李搬运工等。“行走一英里计划”安排员工们每年一天去其他营业区工作，以了解不同营业区的情况。

为让员工们对学习公司财务情况更感兴趣，西南航空公司每12周给每位员工寄去一份“测验卡”，其中有一系列财务上的问句。答案可在同一周的员工手册上找到。凡填写测验卡并寄回全部答案的员工都登记在册，有可能得到免费旅游。旅游鼓励了所有员工参加这项活动。

这种爱心精神在西南航空公司内部闪闪发光，正是依靠这种爱心精神，当整个行业在赤字中跋涉时，他们连续22年有利润，创造了全行业个人生产率的最高记录，1999年有16万人前来申请工作，人员调动率低得令人难以置信，连续三年获得国家运输部的“三皇冠”奖，表彰他们在航行准时、处理行李无误和客户意见最少三方面取得的最佳成绩。

思考题：

1. 西南航空公司的企业文化是什么？采取了哪些手段去贯彻？
2. 赫伯在创建西南航空公司的企业文化中起到了什么作用？
3. 哪些事实说明了西南航空公司的“爱心管理”是成功的？

案例11-2　西安杨森的企业文化

(一)杨森文化的精髓：建造学习型组织，止于至善

在西安杨森公司，你所接触的每一个人，无论是高级职员还是普通员工，从他们身上你都能感受到仿佛有一种无形的物质在流动，一种蓬勃向上、生生不息的精神在感染着你，这就是我们所称的“西安杨森的企业文化”。

1992年，针对当时西安杨森产品的销售状况，公司开始培养和建立自己的销售队伍。对于销售人员，只有两个标准：一是敢冒风险，二是好胜。这支全部由医科和药科大学毕业生组成的销售队伍，从接货、送货到为医生们作药品的讲解及演示，全部由一个人完成。渐渐地，公司领导人发现，用孤傲、强悍的雄鹰来形容这些销售人员是再合适不过了。每一个销售人员都像一只鹰。鹰是很骄傲的，它的能力很强，什么都可以做。

对于“鹰文化”，西安杨森的销售人员是这样理解的：争做雄鹰，因为鹰有一双坚实的翅膀，高高翱翔于蓝天，主宰着自己的命运，顽强积极地进取。他好强、好胜，抓住每一个得胜的机会。正是这支人人争做“雄鹰”的销售队伍在公司领导人的带领下，创造了一个又一个销售奇迹，西安杨森的年销售额也从当初1000多万元渐升到1996年的12亿元。

然而，鹰有一个最大的缺点。那就是，你看不到一群鹰在飞，它们是单独的。在开拓市场

的初期，单兵作战既可以充分调动销售人员的积极性，又可以减少一些不必要的摩擦。但是，随着西安杨森的声誉日隆，产品市场占有率的增长，这种强调销售人员个人英雄主义的“鹰文化”也需要作出相应的调整。

1996年，公司领导层开始考虑如何使很多雄鹰很好地合作，提出向大雁飞行的方式学习。雁飞的时候是一群，前面领飞的雁累了，后面的一个就会赶上去，互相照顾。“雁文化”还象征着一条原则：“双赢”原则，即两个部门主动配合，两个部门的业绩及报酬都会提高。所以西安杨森的员工一个人是一只雄鹰，几个人是一群大雁，全公司是一条巨龙。

（二）杨森文化的实质：信条为本

西安杨森的外方合资方是成立于1953年、1961年加入美国强生公司的比利时杨森公司。西安杨森的信条，有一个选择的过程，起初他们照搬了比利时母公司的宗旨：“忠实于科学，献身于健康！”后来他们借用中国古书《大学》中的“止于至善”。现在又引进了品位更高、跨国界的强生信条，即“德信至上，四个负责”。确立西安杨森的信条为“客户第一，员工第二，社会第三，股东第四”。杨森特别强调信条为本，而不是笼统地讲以人为本，立志将公司建成一个“客户信任，员工爱戴，同行尊敬，社会推崇”的公司。西安杨森公司每年都有“信条日”和“信条周”活动。对信条加以重申和强化，公司投产以来，从未发生过质量信誉问题，他们为陕西、江西、北京及全国公益事业的捐赠已达2000万元。

在西安杨森，每年都会有一定比例的员工被选送去国外或在国内培训，这就是今日杨森引以自豪的“西安杨森的MBA”——Many Business Action learning。杨森可以保证每年每个员工有100个小时的培训，最多的可达到200个小时，而工商管理硕士的课程时间是600个小时，这样，如果一个能在西安杨森工作五六年的员工，也就等于获得了MBA学位。

（三）杨森文化的实现：知行合一

文化是行动的积累，文化的第一步是行动，行动在同一个环境下不断重复，习惯了，继续下去就变成文化。

一个好的领导者，必定是一个好的跟随者。因为，如果不会服从别人的命令，就无法下命令给别人。

这两点基本认识是企业文化贯彻过程中的重要因素，即：第一，每个人的行为——大家的习惯——企业文化；第二，管理人员的以身作则。企业文化中较为成熟的伦理观念，应当及时转化为制度和行动，西安杨森在自己短短的14年历史上开展了多次贯彻企业文化的活动。

1992年“丈八沟管理营”培训，在公司高级管理人员中掀起了一场观念革命，确立了“世界上没有免费的午餐”和强化领导作用的思想；1994年北京香山的“雄鹰培训团”极大地调动了销售队伍个人勇往直前的精神，1995年天安门广场的“我爱中国”晨跑活动，又让员工深深地懂得了“爱国才能爱企业，做事先做人”的道理。

1996年，96名杨森高级管理人员和销售骨干参加了“96西安杨森领导健康新长征”活动，他们组成七路纵队由宁岗县茅坪镇向井冈山所在地茨坪镇挺进。在这段全长30.8km的蜿蜒山路上，长征者每走完3.08km，公司就拿出308元人民币作为长征者个人捐献给井冈山地区人民的费用，每位长征者人均背负着约重6公斤的背囊，里面是杨森向井冈山地区医院捐献的总价值为10万元人民币的杨森公司专利药品。新长征的目的是要让公司未来的领导者拥有一段共同的经历，产生更强的向心力和凝聚力。这次长征30.8km的路程，就是杨森力争2000年完成销售30.8亿元的奠基石。

许多企业前来西安杨森取经，有的还搬去了杨森的制度，但却未能创出同样的奇迹。为什么呢？原因就在于：杨森制度可以搬，人才可以挖，但杨森的企业文化是搬不走的；而企业文化的形成，又并非一日之功。

多数国有企业尚无真正意义上的现代企业文化，在很大程度上，也是因为早已公认正确的新观念没有及时转化为现实的制度和行动。企业文化是用来净化职工的灵魂，转变职工的观念，但必须有相应的制度与之配套，并认真执行，只有这样企业文化才能最终形成。

（四）杨森人的梦想

今天，杨森的奋斗目标是：在2000年完成销售30.8亿元，夺取SOQ银奖！让我们来共同分享杨森人的梦想：

与最生机勃勃、最具进取及首创精神的仁人志士携手并进，建设中国最神奇和最激动人心的公司！

培训一支不分国籍的成功和强有力的队伍，使之成为一群最自信、最能自我激励、极其努力进取和奋斗的高标准人才精英！

杨森人依然在为其梦想而努力，杨森的企业文化也还会存在并不断地赋予其新意。

搞活大中型企业、发展经济是我们这个时代的主旋律。无论是现代企业的经营管理，还是市场经济的运行机制，乃至建立强力型的企业文化，对大多数人而言都是新的课题。缺少现成的路可走，但又没有退路。解决的办法只有两个：一个是学习借鉴，一个是创新提高。而西安杨森的企业文化正是值得学习和借鉴的。

思考题：

1. 西安杨森的企业文化是如何建立起来的？

2. 西安杨森的企业文化在建立过程中采取了哪些措施来保证实施？

案例11-3　春兰集团的企业文化

春兰集团公司的前身是江苏泰州冷气设备厂。在1985年这家小型国有企业仅有固定资产280万元，净资产46.5万元已欠债高达500万元，资不抵债270万元。自1985年10月调整领导班子以后，经过12年的高速发展，到1997年年底时，总资产已达100亿元，净资产50亿元，总产值110亿元，销售额65.81亿元，利税14.2亿元，利润7.17亿元，全员劳动生产率达146.5万元，其主导产品春兰空调器的年产销量连续八年获得同行业全国第一。春兰集团公司经过12年的艰苦创业，使企业的总产值扩大1000倍，利润增长2084倍，资产增值3500倍，形成现有职工7400名，拥有24个独立法人单位，5大支柱产业集团，商标价值65.54亿元的国有大型企业集团。

春兰集团公司的快速发展得益于能够及时地抓住有利的发展机遇，较早地创建了适应市场经济的企业经营机制。同时，春兰人在多年的追求中所创建和归纳出的春兰企业文化也起到了不可低估的重要作用。

（一）富有个性的企业家形象

春兰集团公司总经理陶建幸是公司领导班子的杰出代表，曾获得“全国劳动模范”、“全国五一劳动奖章”、“全国十大杰出职工”、“全国有突出贡献中青年专家”等光荣称号和奖章，并在党的十五大上被选为中央候补委员。他具有勇于开拓的创新精神、永不满足的进取精神、务求实效的实干精神，不仅亲自策划企业的发展规划，亲自主持新产品的研制与开发，而且亲临现场解决生产上的技术难题，亲自设计具有国际先进水平的生产流水线工厂。同时，他还具有任劳任怨的敬业精神和无私奉献精神，废寝忘食、通宵达旦地忘我工作。因此，在公司中具有极高的威望和权威。工人们评价说："没有陶建幸，就没有今天的春兰。""在我们春兰人的心目中，陶总是春兰精神的象征。""陶总为我们树立了一座灯塔，指引我们向前。"

(二)具有一定实力的产品与服务形象

春兰集团公司为了树立良好的产品形象，首先从强化产品质量优势开始，制定了比国际标准更为严格的质量内控指标，使产品的开箱合格率达 99.7%，一次送检合格率达 99.9%。同时，他们还在全国推出"全过程、全天候、全方位、全身心"的 4 全金牌产品保姆服务，由此赢得了国内空调 30%的市场占有率。一位顾客在感谢信中写道；"春兰服务人员给用户带来的是春风惬意；留下的是春兰人的风格和风范：留给消费者的是信赖和崇敬。"

为了解决产品结构单一的问题，春兰公司近年来开始向产品多元化发展，陆续开发冰箱、洗衣机、VCD、汽车、摩托车、电动发动机、高能电池、程控电话交换机、IC、多媒体、PDP、计算机等产品。同时，为了求得企业规模有更大的发展，形成跨行业、跨地跨国经营的多元化产业集团，实现销售收入 1000 亿元，向世界 500 强进军的理想，春兰公司还实施高速扩张的资本经营策略后兼并和收购了包括苏州康洁尔空调设备厂、南京东风汽车厂在内的省内和香港的十几家企业，并决心在国外建立子公司直接与国际资本运作，包括国际融资、国际贸易等。在资本运作和资金筹措上，春兰公司多年来坚持依靠自己的工业积累来积聚财力不仅没有向国家要一分钱的贷款，而且还成为数家银行的债权人，这种现象曾被理论界称之为"春兰之谜"。

(三)简洁明晰的企业精神和企业理念

春兰公司在创业伊始就旗帜鲜明地提出了八个大字的企业精神："团结、奉献、务实、拼搏"。并在多年实践的基础上，建构了自己的企业理念："三个在于一个必须"，即春兰的生存空间在于整个世界：企业的生命力在于适应市场；企业管理的精髓在于不断地挖掘潜力；企业必须竭诚地为社会提供优良的服务，促使资本增值，造福于人类。

春兰精神和春兰理念构成"春兰文化"的核心内容，被作为警句贴在公司的厂房车间内。总经理陶建幸首先身体力行，践约春兰精神，并以自身的人格力量激励员工实现"高层次的追求"(陶建幸提出的广告语)，经常提醒自己及部下要有全球意识和未来意识。

思考题：

1. 试析春兰集团公司的企业家形象有哪些特色？

2. 分析春兰集团公司的产品形象和多元化战略。

3. 分析"春兰文化"的特点。

参考文献

1 (美)斯蒂芬·P·罗宾斯著.管理学.第4版.黄卫伟译.北京:中国人民大学出版社,1997

2 王凤彬,李东编著.管理学.北京:人民大学出版社,2000

3 周健临主编.管理学教程.上海:上海财经大学出版社,2001

4 吴志清主编.管理学基础.北京:机械工业出版社,2003

5 宋克勤,黄雁芳编著.管理学教程案例集.上海:上海财经大学出版社,2001

6 张雁,杨文士编著.管理学原理.北京:中国人民大学出版社,1994

7 (美)理查德·L·达夫特著.管理学.韩经纶,韦福祥等译.北京:机械工业出版社,2003

8 路宏达编著.管理学基础.北京:高等教育出版社,2000

9 徐子健主编.管理学.北京:对外经济贸易大学出版社,2002

10 朱永新主编.管理心理学.北京:高等教育出版社,2002

11 吴照云等编著.管理学.第3版.北京:经济管理出版社,2000

12 林建煌著.管理学.上海:复旦大学出版社,2003

13 王凤彬,朱克强编著.管理学教学案例精选.上海:复旦大学出版社,1998.

14 周三多,陈传明,鲁明泓编著.管理学——原理与方法.第4版.上海:复旦大学出版社,2003

15 张德,曲庆编著.管理.北京:清华大学出版社,2003

16 刘志坚,徐北妮.管理学——原理与案例.第1版.广州:华南理工大学出版社,2002